地域文脈デザイン

まちの過去・現在・未来をつなぐ思考と方法

日本建築学会 編

鹿島出版会

刊行にあたって

二〇二〇年は新型の感染症の世界的な流行により、これまでの価値観を大きく見直す必要性を強く感じることとなった。もちろんワクチン、治療薬と治療方法の開発などは最優先事項である。その一方で、人の直接的なコミュニケーションが感染拡大の根幹的な課題点として指摘されるなかで、都市・地域が標榜してきた将来像、アフターやウィズなどのキャッチフレーズにとどまらず、今後の人の生活、行動、その先にあるコミュニティについて現実的な議論を始めなければならないという圧力はぬぐいきれない。

本書の企画を構想したときと同時期の二〇一一年に東日本大震災が起こり、多くの人々の記憶にあるなかでも最大級の人的、心的被害を経験した。それ以前の阪神・淡路大震災、新潟県中越沖地震など様々な災害の経験も重なり、私たちは都市・地域の災害や復興等にかかるあらゆる困難に対応しなければならないという命題に対して多くの知識の蓄え、知恵を巡らせてきた。しかし、繰り返される災害や感染症など、広く見れば地球温暖化や貧困問題など都市にかかる課題は広く認識され、また対処してきているにもかかわらず飛躍的な展開には至っていないという自認もあることは共有していただけるものと思う。

東日本大震災を受けて二〇一二年に日本建築学会で開催したシンポジウムでは、都市計画委員会を代表して当時の当小委員会で、提言集を作成した。このなかで私たちが経験する災難などは大きくとも小さくとも繰り返される傾向があることを再確認し、眼前の災害などそれらへの対応と併せて都市・地域の持つ歴史と文化の系譜、地域文脈を読み解き、次のステージに向けてどのようなアクションが肝要であるかのテーマを多数提示した。さらに災害などに留まらず都市の骨格すら変容させうる外圧を契機とした状況をあえてフィールドからの視点で見直すこととし、大会で研究集会を開催している。

企画構想と同時に起きた災害、そこから発展する思考を本書のなかに反映されるべき事項としてあえて出版を延期したことを述べておきたい。

都市・地域は様々な背景や事由を伴ってかたちづくられ、長い時間をかけて成長や成熟を繰り返しながら今に至っている。それらは目には見えないことも多く、読み解きのなかで明らかにする方法論が成立し、多くの蓄積と成果を生み出してきている。加えて都市・地域のこれからを考えるとき、改めて蓄積された知識をより積極的に実存へと向かわせる試行が強く求められると考える。新型の感染症拡大のなかで、大きなパラダイムシフトが起こる可能性が強まるのであれば、都市・地域が持続していくための視点として日本建築学会の学術的知見と知識が社会実装につながる道標として必要とされていると考える。

二〇二一年一月

日本建築学会都市計画委員会

企画戦略小委員会地域文脈と空間変容ワーキンググループ

編者
土田寛
中島直人
清野隆
執筆者
青井哲人
鵜飼修
木多道宏
窪田亜矢
篠沢健太
田中傑
中島伸
中野茂夫
野澤康
山口秀文

目次

第Ⅲ部 定着のデザイン 読解からの実践 167

カタログ

はじめに

本書が主題とする「地域文脈」とは、私たちが生きる物的環境において、過去から現在、さらに未来への発展的なプロセスのなかに見出される何らかの継承的な構造であり、〝価値〟である。そして都市や地域が継承してきた〝価値〟をいかに読み取り、それらの断絶を防ぎ、どのように未来へと発展的に継承していくのかを論じる知的体系を「地域文脈論」とするとき、おそらく私たちの多くは、少なくとも一九九〇年代の前半までは、都市組織の形成原理や組成などの安定した構造に〝価値〟を見出し、「地域文脈」の持続や再生、既存の社会・空間への親和性を志向していたのではないかと思われる。

しかし、現代の都市・地域に新たに生じる課題として、開発規模の肥大化、計画都市の解体と成熟、大災害からの復興を考えるとき、たとえば東京オリンピック・新国立競技場の建設について、ザハ・ハディドの設計案をめぐる議論は収束をみないまま、隈研吾の設計により具現化された現競技場はその問題の本質が解決されているのであろうか。また、都市圏の遠隔地に自立都市として計画された筑波研究学園都市は、つくばエクスプレスの開業と公務員官舎の廃止によりベッドタウンとしての様相を強めている。このような、計画された自立性の「解体」をいかに評価すればよいのだろうか。さらに、福島原発事故被災地から住む場所を追われ度重なる移動を余儀なくされた人々が帰還するか否か揺れ動くなか、一人ひとりの移動の「文脈」をどのように理解し、どのように地域の復興の未来を描けばよいのだろうか。本書は、従来の「地域文脈論」の論理では解けない課題を分析し、解決の糸口を見出しうる新たな理論的な枠組みを得ようとするものである。

そのために、本書を四部の構成とし、第Ⅰ部で先人たちによる「地域文脈論」の再評価、第Ⅱ部と第Ⅲ部ではそれぞれ「地域文脈」の読解と定着のための新たな論理の構築を行った上で、第Ⅳ部で先述した東京オリンピック・新国立競技場、筑波研究学園都市、福島の復興の課題を取り上げ、戦略的な地域文脈デザインの方向性を提示するためのチャレンジを行った。

まず第Ⅰ部では、一九世紀後半以降の近代における計画思想や理論について、「地域文脈」の観点から再整理を試みた。地域を捉える学術・実践の領域には、建築集合、都市空間、自然生態がある。それぞれの領域ごとに考察した結果、近現代の計画思想には発展プロセスがあり、それは第一波（一九世紀後半〜二〇世紀初頭）、第二波（一九五〇〜七〇年代）、第三波（一九九〇年代後半〜現在）の大きな波があることを見出すことができた。第一波と第二波では、産業革命や資本主義などを背景とした破壊的な開発に抵抗する働きとして、当時の政治や思想の影響を受けながら、「地域文脈論」が飛躍的な発展を遂げてきたことが明らかとなった。たとえば、第一波のパトリック・ゲデス、第二波のケヴィン・リンチ、ジェイン・ジェイコブズらの思想は、現在も私たちに直接的・間接的に影響を与えている。そして、現代は第三波のなかにある。

第三波の「地域文脈論」は、経済のグローバル化や新自由主義のなかで、「地域文脈」を包摂してしまうような開発に抵抗しうる論理を持たなければならない。また、大災害により繰り返される破壊、人口減少による縮退など、これまでの都市・地域に対する価値観さえ揺らぐような事態にどのように対応するべきなのか。さらに、科学技術が都市・地域のあり方を変えるような飛躍的な進歩を遂げ、世界的な感染症によりこれまでの社会的・制度的システムの疲労が露呈するなど、第一波、第二波の「地域文脈論」が想定しえなかった時代の転換期にあって、深刻で複雑化した社会課題を解きながら、未来の都市・地域像を描くための方法論としての役割も期待される。

今はただ「地域文脈」の読解のみを目的としたり、あるいは、未来への眼差しを持たずに定着の活動を進める時代ではない。「地域文脈」への介入を意識する時期であり、それは読解とともに戦略的に行われなくてはならない。

第Ⅱ部では、地形や空間が改変され、社会さえも更新される事態において、いかにして「地域文脈」は継承されうるのか、あるいはいかにして新たにつくることができるのかを考察する。また、生活様式と生業の転換、資産の相続による土地の分割、居住者層の入れ代わり、相次ぐ建物群の更新など、社会・土地・空間システムが漸進的もしくは急激に変化するエリアにおける「地域文脈」の継承と発展のメカニズムの読解を行う。以上の読解は、グローバル経済のなかで肥大化する都市開発のあり方を見直す上でも、人口減少時代におけるこれからの都市・地域像を戦略的に描くためにも重要であろう。

前者については、関東大震災からの復興、第二次世界大戦による戦災からの復興、千里ニュータウン開発、三陸の津波常襲地域、海外の震災復興の事例を取り上げ、後者については国内外の集落、在郷町、地方都市官庁街、首都中心市街地などを読解事例として、自然環境構造、空間組織の融合、土地の所有と管理、漁業権の継承、記憶の集合化、読解の主体の転換などが新たな読み解きの「鍵」となることを提示している。

第Ⅲ部は「地域文脈」の定着のための実践である。第一波と第二波の地域文脈論における定着とは、地域固有の社会的・空間的組織を特定した上で、それを分断し破壊しようとする開発に対抗して、固有の組織を保全し持続させるための活動であったと総括するなら、第三波の定着とは、喪失・分断された（されつつある）「地域文脈」を読解しそれを治癒、復元、再生、創造すること、さらには読解さえも定着・介入を意図した上で戦略的・創造的に行うための論理をも含むものである。

その実践の本質は、地域文脈の復元や創造のための「駆動力」が空間と社会のどこにあるのかを見出し再起動すること、もしくは空間と社会に新たな「駆動力」を構築することが必要となる。第Ⅲ部では、都市開発、都市再生、震災からの復旧・復興、建築デザインルール、大学における人材育成などの事例を取り上げ、いかにして新たな生業・社会・場所を導入し「地域文脈」の再生や創造に向けて駆動させることができるのか、地域の人々がいかにしてまちづくりの創造と進化を問うための高度な議論の仕組みを構築することができるのか、そもそも「地域文脈」の読解と定着ができる人材をいかにして育成するのかを考察する。さらに、ニュータウンと郊外住宅地の再生については、第Ⅱ部の読解で明らかにした自然環境構造の視点から、大地の表層に構築された市街地の社会・空間組織と、水系・農地からなる生態系との「ズレ」を修復し、ランドスケープを再構築しようとする方法論について紹介する。

第Ⅳ部は、冒頭で述べた東京オリンピック・新国立競技場、筑波研究学園都市、福島原発事故被災地における「地域文脈」の新たな読解のチャレンジである。

これらの事例はいずれも、「近代」という名の下で推し進められてきた何かが、混乱を来たしていることに起因するものであり、従来の計画論の枠組みでは捉えきれない課題である。新国立競技場の考察では、複眼的な文脈の読解や柔軟なフレーム設定といった新たな方法論を得た。筑波研究学園都市と福島原発事故被災地では、生活者の立場から複層する文脈を解きほぐすことで、解体するニュータウンや破断する被災地に暮らす人々に、暮らしを再形成するための手がかりを与えることが専門家の新たな役割であることも提示できたと考えている。

開発途上国といわれる国々では特に、グローバル経済の影響下で、今も取り返しのつかない大規模な都市開発が進められている。地域で暮らしてきた人々が土地を追われ、地形や構造物もろとも「地域文脈」の破断が進んでいる。また、省エネルギー、AI、IoT、自動運転などの科学技術が飛躍的に進むことにより、人や物の移動原理と経済的制約が激変し、都市のさらなる「解体」と

「融解」が進む可能性もある。そして、地球規模での気候変動と大災害がより本格化することで、物的環境、社会的環境、制度的システムまでもが大きく転換する時期に差しかかっている。ぜひとも、本書をお読みいただき、課題がより複雑化する都市・地域から新たな価値を読解し、未来を展望するための手がかりを得ていただければ幸いである。

最後に、本書を発刊するに至った経緯について紹介しておきたい。本書の執筆チームは、日本建築学会において「地域文脈」に関する議論を継続してきた。その活動の場となったのは、都市計画委員会に設置された創造的地域文脈小委員会（二〇一五年四月〜二〇一九年三月、主査：土田寛）と、その前身の地域文脈デザイン小委員会（二〇一三年四月〜二〇一五年三月、主査：木多道宏）ならびに地域文脈形成・計画史小委員会（二〇〇九年四月〜二〇一三年三月、主査：木多道宏）である。以上の小委員会委員の構成は、建築計画、都市計画、農村計画、建築史、都市史、造園学を横断しており、分野を越えた知見を蓄積してきた。

二〇一二年三月には、東日本大震災一周年シンポジウム「東日本大震災からの教訓、これからの新しい国つくり」において地域文脈形成・計画史小委員会が「東日本大震災と都市・集落の地域文脈—その解読と継承に向けた提言—」を公表し、津波常襲地域において過去から現代へと繰り返されてきた大災害と復旧・復興の文脈に関する読解のガイドラインを提言した。また、二〇一三年八月には、地域文脈デザイン小委員会が日本建築学会大会研究協議会「成長時代のコンテクスチュアリズムから人口減少・大災害時代の地域文脈論へ」を企画・運営し、近代以降における都市の開発・刷新とこれへの抵抗の歴史は、第一波から第三波への地域文脈論の往還と進化の過程であることを見出した。

そして、二〇一七年九月に創造的地域文脈小委員会が日本建築学会大会パネルディスカッション「地域文脈デザインの貢献のフィールドを拓く──三つのチャレンジ、そのルポと討議」を企画・運営し、第二波までの地域文脈論では対応しきれない現代的な都市・地域の現象と課題を扱い、新たな地域文脈の読解と実践のチャレンジを行った。本書はこれらの成果を含めた一二年にわたる活動の集大成でもある。

このような長期にわたる活動にご支援をいただいた関係の皆様に対して、小委員会メンバー一同、紙面をお借りして心よりの感謝の気持ちをお伝えしたい。

日本建築学会都市計画委員会歴代の委員長である、小林英嗣先生、出口敦先生、有賀隆先生、鵤心治先生、小浦久子先生には、小委員会の活動に多大なご理解とご助力をいただいた。また、小林英嗣先生、西村幸夫先生には本書の査読を通して貴重なご助言とご指導をいただいた。

そもそも、「地域文脈」の概念の重要性を指摘し、「地域文脈」の理論化という役割を当小委員会に授けていただいたのは宇杉和夫先生である。宇杉先生は都市形成・計画史小委員会（一九九九年四月～二〇〇九年三月）の主査をされていた時、「近代の空間システム・日本の空間システム特別研究委員会」（二〇〇六年四月～二〇〇八年三月、委員長：鳴海邦碩、副委員長：宇杉和夫）を鳴海先生とともに立ち上げられ、日本国土における集落・都市・地域が古来より近代化を経て現代に至るまでの社会・

空間組織の変遷のメカニズムと今後の展望、近代化における欧米の影響や問題点を「近代の空間システム・日本の空間システム 都市と建築の21世紀：省察と展望」（二〇〇八年一〇月）として取りまとめられ、その活動の継承を（都市形成・計画史小委員会の後継である）地域文脈形成・計画史小委員会に託していただいた。「地域文脈」に関する一連の活動の原点を与えてくださった宇杉先生に改めて感謝の意を表します。

地域文脈形成・計画史小委員会、
地域文脈デザイン小委員会

第I部

地域文脈論の系譜

第1章
地域文脈論の三つの波

「地域文脈デザイン」という言葉を本書では用いている。周囲に展開する地域固有の環境の特質を尊重した建物・地区などのデザインといったものがイメージされており、それを支える理論を「地域文脈論」と呼んでいる。すぐさま想起されるのはいわゆるコンテクスチュアリズムであろう。アメリカで一九五〇年代に芽吹き、六〇年代に定式化され、七〇年代にはアメリカ、ヨーロッパをはじめ国際的に最も有力な建築・都市デザイン思潮の座にあったコンテクスチュアリズムは、しかし八〇年代には力を失っていった。

本書では、その後一九九〇年代後半から今日にかけて、コンテクスチュアルな思考は新たなフェーズを体現しつつあると考える。それをコンテクスチュアリズムという言葉で括る必要は必ずしもないし、コンテクスチュアルな思考そのものはもっと古くからある。そこで視野をいくらか広げ、地域文脈論の系譜学といったものを考えてみよう。秋元馨『現代建築のコンテクスチャアリズム入門』[*1]は、その歴史的な起点が一九世紀末頃にあることを教えてくれる。それを第一波と呼ぶなら、同書が多くのページを割く二〇世紀後半の一九五〇～七〇年頃は第二波とみなせるだろう。さらに、ここでは二〇世紀末から今日にかけての潮流を第三波とみることにしたい。本書はこうした見立てのもとに編まれている。

本章ではその見立ての概略を述べる。すぐれた入門書である秋元の前掲書をはじめ先学に導かれつつ、いささか単純化がすぎる部分もあるかもしれないが、思い切ってアウトラインを提示してみたい。

とはいえまずは、ここで系譜をたどろうとする地域文脈論そのものを特徴づけなければ話がはじまらない。

まず、コンテクスト＝文脈が主題になるということ自体が、ある種の認識の転回であったことを確認したい。言語表現の場合でいえば、意味は語に内在しており、それを組み合わせて文章をつくっているのだという古い観念から、むしろ語の意味は文の関係構造のなかに置かれてはじめて浮かび上がるのだという見方へと、ひっくり返される。これを建築・都市デザインの場合に置き換えることは難しくない。たとえば建物のデザインをその機能・構造・意味といった内的な諸条件だけに即して決定するのではなく、建物を取り巻くひろがりとの関係に着目する態度だ。建物は環境のなかに織り込まれ、環境の特質を取り込んでデザインされるべきだと考える。逆にいえばその建物のデザインによって環境の質が変わらないようにすることも、また積極的に書き換えていくこともできる。

要素を環境へ織り込んでいくデザインを考えるためには、環境の特徴が読み取られなければならない。もし、そこに何らかの秩序をもった組み立てが見いだされれば、介入の方法も見通しが立つし、多くの人と共有しやすい。実際、地域文脈論は、環境をなんらかの組織（tissue, organ）を備えた体（corps）として見る。都市組織（urban tissue）という視点はその典型だろうが、そうでなくとも一般に地域文脈論は環境を何らかのかたちで「組織－体」と捉える視線を含むといえるだろう。

もちろん、環境がどのような「組織－体」として見えてくるかは、私たちの読み方による。組織の要素、いわば細胞をどう取り出すかでさえ、実際の集落やまちなみ、地区などを対象にすると、皮膚細胞のように一義的に決まるわけではない。様々な選択がありえ、それがデザインのアプローチを左右する。つまり読解＝介入方法を組み立てる戦略が、地域文脈論を特徴づけるのである。

また、一般に地域文脈デザインといえば、デザインされる新しい要素を、所与の環境に同化ないし順応させることと考えられがちだが、それではデザイン行為も環境そのものも硬直化しかねない。文学や造形芸術の分野では、語と文、図と地のあいだの自明化した関係を意図的にずらすことによって、見慣れたものを「異化（defamiliarization）」する作用こそが芸術の本質であるとする考え方がある。見慣れた事物は日常的には顕在化しない新たな相貌や意味を与えられ、読み取り方が多重化される。建築・都市についていえば、それは要素のデザインによって環境を重層化することであろう。

すでに示唆されていると思うが、地域文脈論は、先行する環境を一掃し、白紙（タブラ・ラサ）に戻そうとする態度には対立する。全面的破壊の現場には調和も異化もない。そして、異なる段階の介入が積層していく時間的な厚みが生まれない。つまり地域文脈論はこの意味の蓄積を、環境に歴史的連続性や複雑な豊かさをもたらすものとして重視する。

言い換えれば、環境を「組織−体」として捉える、ということだけでは地域文脈論の条件として十分でない。実際、CIAMの都市理念や社会主義の都市計画に代表されるような、都市や集落の全体像を構想し、白紙とみなされた大地に焼きつけようとする、ホーリスティックかつユートピックな――ある意味では植民地主義的でもある――計画思想においても、地域環境を有機的な組織と捉える態度そのものは同様にその根幹にある。そもそも組織という見方は秩序の一貫性をみようとする。たとえば手の甲の皮膚を組織として捉えるということは、そこに一貫性があることを仮説的に前提とする態度だ。地域文脈論は、同様の目を環境に向ける。そしてそこに必ず固有の組織があると考える。場合によっては複数の組織が並存する重合的な状態が見いだされることもあろう。そして、新たな介入のデザインが、それをさらに重層的で複合的な環境へと編み直していくのである。

では、三つの波を素描してみよう。かなり乱暴ではあるが、政治的・経済的な背景とともに、それぞれの地域文脈論の動向についてアウトラインの提示を試みる。

第一波――一九世紀後半〜二〇世紀初

社会や環境が有機的組織として発見されたのは一九世紀である。たとえば、「社会」を人々が織りなす組織とみる視点は、「世界」を吊り支えていたはずの王や教会という超越的権力が産業革命と市民革命の進行とともに解体されることによって獲得されていった（アレクシ・ド・トクヴィルら）。あるいは、資本主義と国民国家が伝統的コミューンを解体していったがゆえに、失われた共同性への憧憬が頭をもたげ（ジョン・ラスキンら）、様々な共同体のオルターナティブが構想され（シャルル・フーリエら）、資本主義が編成しつつある社会が構造的に説明されようとしたのである（カール・マルクスら）。

乱暴な総括が許されるなら、いわゆる「一九世紀的自由放任」に対する抵抗の思想が一九世紀末までに出揃ってくるのだが、他方では、近代国民国家の成立にともなうナショナリズムの高揚が、同時に地方への関心を育てていった事情もあろう。たとえばドイツは一九世紀初期にはまだ三〇〇ほどの小国の集まりであり、一〇〇年がかりで国民国家を形成していった。一九世紀後半に政治的統一を遂げたイタリアも「一〇〇の都市とひとつの共和国」といわれた。

都市や集落の空間的・物理的な成り立ちへの関心もまた、こうした破壊と統合のなかで立ち上がってきたといえるだろう。地理学、風景論、生態学などの知識体系、あるいは現実の都市開発・都市改造の圧力のなかでの歴史的な建造物や地区環境の保存・修復の実践が、そのあらわれである。しかし、そこに萌芽した地域文脈論的な思考は、二〇世紀前半、とりわけ第一次世界大戦後の近代主義の大波に飲まれて後退していく。

第二波――一九五〇〜七〇年代

戦後のいわゆる西側諸国では、カール・ポパーの批判的合理主義や、T・S・エリオットの伝統論が大きな影響力を持った。一九世紀的自由放任の行き着いた先が二〇世紀前半の全体主義国家と社会主義国家の誕生であると考えられ、またひと握りのエリートによる国家支配やそのイデオロギーとユートピア思想が現実を否定し塗り替えようとしたことが痛切な反省にさらされた。一九五〇年代は、無名の生活者の現実や歴史の連続性に目を向ける、いわゆるリアリズムの時代となった。しかし現実には戦後復興から経済成長へのプロセスはむしろタブラ・ラサ主義を大規模に推し進めさえした。

一九六〇〜七〇年代には、その行き詰まりが近代そのものの閉塞とともに広く意識され、資本主義・商業主義やあらゆる保守的体制に反発する多様なカウンター・カルチャーの思想や実践が噴き出す。アメリカでは建築・都市分野でフォルム（形態）やシンボル（記号）からアプローチするコンテクスチュアリズムが体系化され、深められた。ヨーロッパでは芸術諸分野で新しいリアリズムやラショナリズムなどの多彩な運動が起こり、建築・都市の分野では建物の類型や集合的記憶が議論の主題となった。これら欧米の動向が合流し、広い意味でのコンテクスチュアリズムが一時はモダン・ムーブメントに代わる最有力の思潮と目されるに至るのだが、八〇年代には早くも力を失っていく。歴史的環境の保全にかかわる思想・制度・技法が確立していくのはこの時代であり、設計手法の多様化も含めてコンテクスチュアリズムはむしろ急速に当たり前のものになってしまったともいえるだろう。

第三波——一九九〇年代後半〜現在

第二波の地域文脈論は、西側諸国の福祉国家的な体制、あるいは少なくとも左右の緊張やバランスがそれなりに有効に働いた戦後的パラダイムのもとで、どちらかといえば左派的な政治的・文化的傾向と結びついて伸長したということができる。これに対して、第三波のそれは、すでにいわゆるイデオロギーの時代が終わりを告げ、経済のグローバル化と新自由主義的な経済・政治体制の特質のもとにある点で大きく事情が違う。

新自由主義への転換は欧米と日本では経緯が異なるが、そのはじまりは一九七〇年代後半にさかのぼる。公共主体による建設事業や強力な環境制御は段階的に放棄され、規制緩和によって空間利用は民間資本の競争に委ねられるようになった。ある意味で公的な支援をうけた開発規模の増大は先行環境へのインパクトを増大させる。地方都市では極端な空洞化が生じ、農村部もその存続の構造が揺らぎ出した。こうした変化は介入デザインにあたってのコンテクストの定義を難しくしている。

さらに、日本では戦後数十年にわたって比較的少なかった地震や津波が再び活発化している。気候変動、諸種の環境汚染や放射能災害、紛争やテロの激化、移民の増大、資本活動のグローバル化と金融危機なども無視できない。居住は不安定化し、大地さえ不確実な「動くもの」とみなさなければならなくなっている。第三波の地域文脈論は、こうした現実のもとにある。実際、議論も実践も多様化しているが、それらに共通する特徴は、いまや環境を構成するあらゆる要素が——街路や建物だけでなく地形、地質、水や風の動き、あるいは動植物など、互いにかかわりあうすべてが——等価に扱われ、いかなる環境も、そうした諸要素の織りなす広義の生態系として、それも変動や危機を内包したダイナミックな系として、捉え直されようとしていることだろう。そこからみれば、第二波における地域文脈論では、多かれ少なかれ、いわば歴史的にも政治的にも正しい、不動のコンテクストを想定できたといえるのではないか。対して第三波の関心は、正しいコンテクストの決定不可能性といった認識の上にどのような新たな地域文脈論を構想するか、という点にあるといえるだろう。

以下では、「建築集合」「都市空間」「自然生態」の三つのカテゴリーについて、それぞ三つの波というモチーフを踏まえて地域文脈論の系譜をみていくことにしたい。

都市空間	自然生態
オスマニゼーションと衛生主義的都市計画	都市空間と自然生態との関係の喪失
カミロ・ジッテ『広場の造形』(1889) 都市空間におけるピクチュアレスクな美への関心、人間のより豊かな経験を基本として場の多様性や個性 →レイモンド・アンウィン『実践の都市計画』(1909)、ヴェルナー・ヘーゲマン『アメリカのヴィトルヴィウス』(1923) パトリック・ゲデス 都市に対する市政学の確立、詳細な都市調査の重要性(過去、現在→未来) 「保存的外科手術」 市民主体の地域文脈のほりおこし→都市協会運動	フレデリック・ロー・オルムステッド 都市という人工の表層とその基盤となる自然生態とのかかわりを探りつつ、その特徴が都市の骨格をかたちづくるように表出させる
戦後都市空間の変容(スラムクリアランス型の再開発) トップダウン型都市計画	大気や河川・湖沼の汚染 都市開発の最前線での自然との対峙
ケヴィン・リンチ 都市認識の転換(人々が認識するものとしての都市) 『都市のイメージ』(1960)→『時間の中の都市』(1972) 時間の方向づけに関する感覚 ジェイン・ジェイコブズ まちそのものの中に内在する多様性を生み出す論理 都市をつくる論理+観察の力 環境形成主体の転換 『アメリカ大都市の死と生』(1961)	イアン・マクハーグ Design with Nature レイヤーケーキモデル 潜在自然植生と自然立地的土地利用計画 ビオトープ、ランドスケープ・エコロジー——垂直構造から水平関係
多文化化、社会階層の分化 同質的集団から多様なコミュニティが共生、共存する多数のマイノリティの時代へ ジェントリフィケーションによる主体の入れ替わり(物理的な地域文脈の市場価値化→社会的な地域文脈の断絶)	自然生態　モチーフやメタファとしての形骸化 自然災害　都市を覆う表層を剥ぎとり地域の自然環境の構造を露呈
ドロレス・ハイデン『場所の力　パブリック・ヒストリーとしての都市景観』(1995) →社会史としての都市のランドスケープ シャロン・ズーキン『都市はなぜ魂を失ったか』 →オーセンティシティの二つの側面	都市構造としてのランドスケープ―Landscape Urbanism― 機能としてのランドスケープ―Green Infrastructure― →Landscape Infrastructureへ

3つの波		社会的背景	建築集合
第一波 19世紀後半〜	潮流・現実	19世紀的自由放任	伝統的都市の破壊 建物類型・都市組織の混乱 クラシカルなもの、メカニカルなもの
	地域文脈論	有機的組織論（社会・環境）	近代的な科学的精神＋中世主義的な思想 アカデミーにおける建築の平面構成組織法の深化 ネオ・ゴシック　社会と環境の有機的理解 モニュメントや都市空間の修復 →カミロ・ボイト　オルガニズモ（組織） →パトリック・ゲデス　保存的外科手術、生命地域主義 bioregionalism
第二波 1950 〜70年代	潮流・現実	イデオロギー・ユートピア型社会変革近代主義 （タブラ・ラサ志向、 エリート主義・作家主義）	ル・コルビュジエら近代建築家のアーバニズム 近代主義のユートピア志向、タブラ・ラサ志向
	地域文脈論	戦後的な福祉国家体制 近代主義の修正 ネオリアリズム、ラショナリズム ユーロコミュズム コンテクスチュアリズム	［イタリア］ グスターヴォ・ジョヴァンノーニ『古い都市と新しい建物』　動態学 cinematico　チェントロ・ストリコ →サヴェリオ・ムラトーリ　ティポロジア・エディリツィア（建物類型学）、テッスート・ウルバーノ（都市組織）、レスタウロ（修復＝改変） →アルド・ロッシ、ジョルジョ・グラッシら　ネオラショナリズムと集合的記憶 ［アメリカ］ コーリン・ロウ、ロバート・ヴェンチューリ　コンテクスチュアリズム クリストファー・アレグザンダー『形の合成に関するノート』（1964） ニコライ・ハブラーケン　infil - support - tissue H・クローツ　順応する建築
第三波 1990年代後半 〜現在	潮流・現実	新自由主義的経済・社会体制 資本の増殖と競争	人間中心主義的な環境観 伝統／近代の二項対立
	地域文脈論	広義の生態系 正しいコンテクストの決定不可能性	ケネス・フランプトン　テクトニクス（モノの構築の詩学）地域主義の更新 レイナー・バンハム『ロサンゼルス』（1971） レム・コールハース『錯乱のニューヨーク』（1978） ポスト都市文化（ポスト都市建築史） マイク・デイヴィス『シティ・オブ・クォーツ（要塞都市LA）』（1990）、『スラムの惑星』（2006） コールハース『ミューテーションズ』（2001） →オブジェクト指向存在論（object oriented ontology）、思弁的実在論（speculative realism）、アフターネットワーク、マルチスピーシーズ 自生的な再組織化　微視的なダイナミクス　長期の持続・残存　自然・人為災害 危機と移動

第2章
建築集合——建築家・建築史家による地域文脈論

本章では地域文脈論の系譜を建築集合の水準に絞ってみていく。建築集合とここで称するのは、ひと言でいえば都市組織（urban tissue）の視点が有効に働くレベルのことである。都市組織論とは、建物（＋土地）を単位要素として、それが道路などとともにどのようなパタンで配列されているかを捉える見方であるが、それはちょうど皮膚細胞が血管とともにどのように配列されて皮膚組織をなしているかを観察するのと同じである。このレベルの議論では建物の形態（型）が切実な意味をもつ。言い換えれば、建物の形態がほとんど意味を失うようなマクロな都市計画のレベルは扱わない［次章参照］。したがって建築集合レベルの議論はおおむね建築家や建築史家を中心に組み立てられてきたと考えてよい。

第一波

手はじめに、一九世紀の二大建築思潮であったネオ・クラシシズムとネオ・ゴシックの運動のなかで建築・都市を有機的組織として捉える視点が獲得されていったことを確認したい。ネオ・クラシシズムにおいては、まずエコール・ポリテクニークの教授ジャン・ニコラ・ルイ・デュランの、建築物とは「諸部分の結合・構成の結果以外の何ものでもない」とする建築観が先駆的だった（一九世紀初頭）。その一〇〇年後にエコール・デ・ボザールのジュリアン・ガデもまた豊富な機能的知識と要素構成主義的な方法を詰め込んだ『建築の諸要素と諸理論』を出している。彼らは、産業革命・市民革命の進行にともなう建築プログラムの複雑化に対して、様式表現と平面構成とをいったん分離し、いかなる様式をも扱うことのできる平面形式の組織法を研究した。これをモダン・ムーブメントのひとつの源流とみなすこともあるが、ここで重要なのは、扱う問題が複雑さを増すことでむしろ組織への意識が研ぎ澄まされていったことである。

一方のネオ・ゴシックは、より直接的に地域文脈論の母体とみなせる。そこでは先行して存在する環境そのものの読解や保存が問題とされたからである。フランスのE・E・ヴィオレ＝ル＝デュクは、中世ゴシック大聖堂の修復を通じて、建物全体を構造的に一貫したひとつの組織＝体と捉えようとした。裏を返せばそれは、建物に歴史的に刻み込まれた、出自の異なる要素の積層を見出すことでもあったはずである。イギリスのラスキンは、産業革命によってもたらされたあらゆる生産と生活の様式と、中世以来の伝統的なそれの両方が、いずれも総体的なシステムであるとして、部分だけを切り離した議論を批判した。国家社会主義に対抗しつつ共同体社会主義を唱えたウィリアム・モリスは、建築を「環境の探求と発見と形成」と定義した。いずれも社会や環境を有機的組織として理解したが、ラスキンは歴史的建造物の保存に関する独特のロマン主義的思想によっても知られる。

イタリアでは、ヴィオレ＝ル＝デュクやラスキンの思想を受け継いだカミロ・ボイトが歴史的建造物の修復に取り組んだが、彼は建築物をその「骨格」や「内部空間の配列」による「オルガニズモ（組織）」と捉えた。また、それを「シンボリズモ」よりも優位に置いていたことは、先にふれたデュランやガデとも通じる。ジョルジュ・オスマンのパリ改造が最も象徴的に示すように、一九世紀後半以降、ヨーロッパの歴史都市は多かれ少なかれ近代化を掲げた都市改造による破壊に晒され、それゆえに環境の固有性への意識が呼び覚まされていったわけだが、その観点においてイタリアの一九世紀を代表するのがボイトであり、後述するように、この線上に半世紀後のティポロジアが連なることになる。

歴史都市の連続性を、建築単体からその集合へと焦点を移して考えた点で先駆的なのは、オーストリアの建築家カミロ・ジッテである。著書『広場の造形』（一八八九）でジッテは、過去半世紀ほどの自由放任的な開発のもとでの都市の変貌を振り返り、過度の単調さ、規則正しさ、対称性優位、固有性の希薄さ、開放性などを批判して、広場・街路・モニュメントをめぐるデザインに教訓を与えた。ただし、ジッテが「意図的な無計画さ」によって不規則で多様な経験をつくり出すべきだと主張するときの判断はいわゆるピクチャレスク美学のそれ、つまり絵画的な風景の組み立てが問題であった。その見方は一九五〇年代のイギリスのタウンスケープ派の思潮に連なるだろう。

最後に、地理学・社会学・生態学などに基礎を置く地域主義的な思想にふれておこう。これは一九世紀末イギリスのP・ゲデスから二〇世紀アメリカのルイス・マンフォードへ、さらには一九七〇年代以降の世界的な地域主義思潮へと受け継がれる流れだ。ゲデスは自然科学・社会科学の幅広い知識から、地域社会を生態学的な自立圏をなす「オーガニズム（組織）」として捉え、「生命地域主義（バイオリージョナリズム）」を唱えた。ゲデスが二〇世紀初頭に植民地インドでの豊富な実践のなかで唱えた「保存的外科手術」は、まだその実態がよく知られていないものの地域文脈デザインの重要な先駆と目される。

ここに紹介した思潮は、その多くがローカルな共同体を生命的な有機体とみる中世主義的なものであると同時に近代的な科学的精神や社会統治への関心とも無縁でなかったことに注意したい。たとえばゲデスに大きな影響を与えたフランスの社会学者P・G・F・ル・プレーは複雑化する社会の官僚統治に強い関心を寄せた保守主義者であった。どちらも伝統的な共同体や風景が解体されていくなかで、混乱を観察し、介入の指針を立てようとする動機や方法を共有していた。ただ、やはり先行する環境の固有性を重んじ、連続性や重層性を重視するある種の倫理は、第一次世界大戦後の国土計画・都市計画・住宅供給政策の合理主義志向、社会主義国家の誕生、ユートピア志向、一九三〇年代以降の全体主義国家の成立や国家統制主義的な趨勢のなかでは水面下に押しやられてしまう。

第二波

その地下鉱脈が再発見され、近代主義に対する修正や批判の思潮をかたちづくりはじめるのが一九五〇年代である。

イタリアの系譜からみていこう。ボイトにあっては希薄だった建築集合レベルへの着目はグスターヴォ・ジョヴァンノーニによって間もなく中心的主題となる。彼は歴史的建造物の保全を組み込んだ都市計画手法を確立し、一九三一年にその名も『古い都市と新しい建物』を出版した。新旧の都市は、ちょうどラスキンが中世社会と近代社会について考えたように、諸要素が異なる原理で構成された異なるオルガニズモ（組織）を備えるが、「古い都市」に「新しい建物」を組み込む漸進的な複合によって両者は「動態学 cinematico」的に調停されるのだとジョヴァンノーニは考えた。彼はル・コルビュジエら近代建築家のアーバニズムに対抗して、こうしたある意味で折衷的な都市論を積極的に打ち出すのであり、そのなかで「チェントロ・ストリコ（歴史的中心地区）」という概念や、都市建築の歴史的変遷への関心が醸成されたのである。一九五〇年代には、彼のもとで学んだサヴォリオ・ムラトーリがこれを引き継ぎ、対象とする都市や地区のテッスート・ウルバーノ（都市組織）を歴史的積層として読むための必須の方法論としてティポロジア・エディリツィア（建物類型学）を確立する。この理論によれば、都市組織はいくつかの異なる類型の建物からなり、それら類型は各々の建物が建設された時代を代表するとともに、その後の時代のレスタウロ（修復＝改変）により変形している。すなわち、類型と変形をつかまえれば、都市の時間的な成り立ちに建物という小さな単位から迫ることができる。そして今日の建築家も、建物のレベルの介入が都市の時間への介入でもあることを意識できる。

ジョヴァンノーニやムラトーリが、建築史家であり建築家であり都市計画家でもあった事実が物語るように、イタリアではこれら職能間に事実上明確な区別はない。このことは、イタリアでは都市は建物の歴史的な集積として観念されてきたことを示唆しよう。この土壌から、ティポロジアを独自の類推的都市論へと展開したアルド・ロッシのような建築家も登場し、一九六〇年代末にはロッシに加え、建築家のカルロ・アイモニーノ、ジョルジョ・グラッシ、そして歴史家・批評家のマンフレッド・タフーリらによるネオ・ラショナリズム運動が生まれている。その特徴を概括するのは難しいが、古代ローマ、ルネサンス、新古典主義、そして二〇世紀初頭の近代建築を源泉としつつ、都市の分厚い集合的記憶あるいは無意識の層を、現代の建築家個人に先んじてある厳然たる全体性として理念化した、とでもいえようか。ロッシはそれを「事物の把握・理解から出発して関係性の世界のなかに建築を置くことである」と説明する。

イタリアに比して、アメリカでは建築の集合をすなわち都市として捉えることはそう容易ではないだろう。しかし、ここでも近代主義のユートピア志向、タブラ・ラサ志向への批判と、伝統や無名の環境を再評価する機運が高まる。一九五〇年代後半には複数の大学でアーバン・デザイン・スタジオが展開され、建築学と社会学の学生による対象地区の緻密な共同調査が行われた（これが六〇年代後半の日本に紹介され、独特の熱気を帯びたデザイン・サーヴェイの隆盛につながる）。この流れのなかで醸成されたのがコンテクスチュアリズム思想である。この語そのものはコーネル大学におけるコーリン・ロウのアーバン・デザイン・スタジオで学生だったスチュワート・コーエンとスティーブン・ハートが一九六五年に定式化したものであるが、コンテクスト概念を建築論に導入したのは一九五〇年代のロバート・ヴェンチューリが最初らしい。ロウはカール・ポパー、ヴェンチューリはT・S・エリオットの思想に、それぞれとくに強い影響を受けた。

設計対象の建物や地区を、その周辺のコンテクストに組み込むようにデザインすることを求めるコンテクスチュアリズムの概念および方法体系は、主としてコーネル・スクールを中心に整備されたが、そこでは二〇世紀前半の造形美術論において探求された図／地あるいは透明性などの知覚の理論、あるいは文芸批評のなかで発達した異化や変形の理論が積極的に応用され、主として周辺環境を物的エレメントの形態学的な組成と捉えて応答する方法が探求された。ロウ、ヴェンチューリともその理論の基礎となった彼ら自身の研究がヨーロッパの歴史的な都市や建築を対象とするものであったことは重要だが、しかしヴェンチューリの場合はイェール大学で一九六八年に行ったラスベガス調査を通して、シンボリズム、つまり建築を意味の伝達（コミュニケーション）の回路で社会とつないでいく方向に傾いていく。

イタリアのティポロジアやラショナリズムの思想は、歴史的都市の保全を推し進めるフランスなどのヨーロッパ諸国に浸透していったが、オランダのハウジング理論家ニコラス・ジョン・ハブラーケンが六〇年代に都市を「infill - support - tissue」という階層組織として理論化しようとしたのも、また七〇年代にドイツのハインリヒ・クローツが「順応する建築」というコンセプトでわかりやすいアジェンダを掲げたりしたのも、大きくはこうした運動の一部とみることができよう。こうしてヨーロッパを席巻したラショナリズムに、それと親和性の高かった（「アメリカのラショナリズム」とも形容された）コーネル・スクールのコンテクスチュアリズムが合流する。七〇年代にあっては、この動向こそがモダン・ムーブメントに代わる建築・都市デザイン思潮なのだと目されていた。なお、以上の流れからみれば、イギリスで五〇年代に影響力を持ちはじめたゴードン・カレンらのいわゆるタウンスケープ派は、ジッテなどのアプローチを引き継ぐ、いくぶん素朴なピクチャレスク的な美学的思潮であったと総括できるかもしれない。

ところで、クリストファー・アレグザンダーは一九六四年の『形の合成に関するノート』で、近代における形の決定ではそのコンテクストを構成する諸条件を徹底的に意識化することを避けられないと述べた。かつては、たとえば民家をつくるときその諸条件をことさらに意識化する必要はなく、各地域の集合的経験を蔵した安定した家の型は高い冗長性をもって多様な要求を満たしていた。しかし、そんな伝統的なあり方はもはや成り立たないのである。この問題を都市へ拡張した一九六五年の「都市はツリーではない」でも、伝統都市と近代都市の対比が示されるのだが、この論の冒頭で紹介される、ある人が偶然に信号で立ちどまったとき、彼と信号と新聞スタンドとコインといったもののあいだに相互連関の系をそれこそ瞬間的に次々にかたちづくる（それゆえたちまち消える）という例示は、実は安定的・固定的なコンテクストに寄り掛かることのできない現代都市への冷徹な認識を示していたのではなかったかとも思われる。

この視角からすれば、コンテクスチュアリズムあるいはラショナリズムという七〇年代の支配的な潮流も、それなりに成熟した安定的なコンテクストがなければ方法化の難しい議論ではあったし、それゆえ正しいコンテクストへの適合という保守的回路へと後退し、通俗化していく面があったことは否めない。実際八〇年代には、それは歴史的環境の保存をめぐる諸制度と結びつき、他方では設計者の当然のアティテュードとして自明化し、さらには建築表現に対する拘束として意識されるようにもなった。他方でヴェンチューリ的なシンボリズムは差異を競うポストモダン・デザインの趨勢に飲み込まれ、また消費文化と癒着していくことで、力を失っていった。

第三波

問題のひとつは、コンテクスチュアリズム−ラショナリズムが、地域文脈をフォルムあるいはシンボルでしか考えない傾向があったということにある。他ならぬラショナリストの思潮にもコミットしてきたケネス・フランプトンは、この限界をテクトニクス（モノの構築の詩学）への着目によって超えようとする。表層的な調停やアリバイ的なシンボリズムに歯止めをかけるのは建築の材料・構法の具体性だというわけである。

もうひとつの問題は、承認済みのクライテリアとしての安定的なコンテクストと、それに適合させるべきものとしての介入のデザイン、という図式が、実は自明のものではない、という点だろう。だからこそ、投入されるデザインは所与のコンテクストを異化（defamiliarization）する批評性をもたねばならないという議論が、コンテクスチュアリズムやラショナリズムにはその初期から含まれていたわけだが、むしろ、コンテクスト理解そのものをよりダイナミックに書き換えること、あるいは新しき悪しき現象や力に対する読解と応答の方法を構想することが、より積極的な課題として残されていた。その展開可能性を示したのが、レイナー・バンハム『ロサンゼルス』（一九七一）や、レム・コールハース『錯乱のニューヨーク』（一九七八）であり、磯崎新がすでに一九六三年に発表していた「見えない都市」の議論はそうした感性の早い現れのひとつだった。

ロウやヴェンチューリがイタリア都市史の研究からコンテクスチュアリズムに向かったのと対照的に、バンハムはロサンゼルスという、伝統的な都市の枠におさまらない、速度と無意識が育てた奇妙な環境の読解を楽しむ。彼の答えは、「サーファービア」「斜面地」「イドの平原」「オートピア」と呼ばれる四つの生態系として都市形成を説明し、建築物をその生態学の産物として捉え直すことだった。この散漫で流動的で奔放な都市は、もはや伝統的な意味での「建築集合」、あるいは都市・建築の稠密な組織–体をなさず、だらしなく散漫にひろがっていく。

バンハムがあらゆるポスト都市的文化の集積地たるロサンゼルスを選んだのだとすれば、コールハースは一見すると伝統的な都市組織の垂直的延伸といえそうなマンハッタンを選んだ。しかし、その資本増殖の欲望に突き動かされた都市開発の自動性は、近代建築の教義をあざ笑い、古代にも中世にも結ばれず、建築家の主体性を萎縮させ、民衆の集合的記憶を蔵することもない。そしてにもかかわらず一定の論理やパタンを生成しうる、いわば無意識としてのメガヴィレッジなのだとコールハースは指摘した。

彼らの都市観は七〇年代に生み出されながら、むしろ九〇年代以降に広範に展開される都市・建築観をこそ準備したようにみえる。そこでは資本主義下の大衆や産業の欲望が、都市を水平に（ロサンゼルス）、垂直に（マンハッタン）に膨張させつつ、いわば「ポスト都市－建築史」的な状況をもたらしている。その状況を踏まえた環境読解を戦略化していくことは、むろん従来的な意味でのコンテクストを定義しがたい環境への介入の戦略を新たに模索していく試みだった。コンテクスチュアリズム－ラショナリズムの都市建築デザイン思潮が新鮮さを失っていくのと交叉するように、こうした新しい試みが現れていることは興味深い。

これらの先に、現代都市のダイナミックで非伝統的な様相を捉える実に多様な試みが連なる。たとえば、アメリカや日本の郊外住宅地はすでに、かつてレヴィット・タウンや公団住宅を事例として揶揄されたような、たんなる人工的で非人間的な均質性・画一性といった理解ではすまなくなっており、つまりは自生的な再組織化によってある種の多様性や生態的特質を獲得しつつある。日本の建築家が、大都市周辺の住宅地の歴史的変遷や世代論的な系譜学に、七〇年代以降かなり一貫して興味を持ち続けてきたことも見逃せない。あるいは、九〇年代以降のセキュリティの前景化がゲーテド・コミュニティをはじめとする異様な建造環境を生成させていることへの注目をあげることもできよう。M・デイヴィスの『シティ・オブ・クォーツ（要塞都市ＬＡ）』（一九九〇）のように、ここでもまたロサンゼルスは兆候的な事例を提供している。同じ著者の『スラムの惑星』（二〇〇六）もまた、第三世界の急激な都市化にともなう驚異的なスラム拡張の要素を観察するだけでなく、むしろそれを先進国の都市ですら今後経験することとなるかもしれないポスト都市的状況を占うものとみる視点をうかがわせる。コールハースも『ミューテーションズ』（二〇〇一）で、たとえばナイジェリアの当時の首都ラゴスが、西欧近代的なインフラの寸断を代替する生態系の形成によって予想外の機能と様相を獲得していく状況を、都市の変異体として捉える。

持続可能な建築・都市環境のありようを模索する、といっても、第一波に色濃く見いだされる中世主義的な思想はもはやその現実的な基盤をほとんど失っており、第二波の思潮もまたそれが前提としていた伝統的・人間的な環境が根本的な変異をとげつつある今となってはもはや有効性を持ちえないという認識は当然のものであろう。有効な介入の戦略を組み立てるには、正しく安定的なコンテクストと介入のデザインとの調停といった常套的な枠組みを超えることが求められる。それは、環境を構成するあらゆるエレメントやアクターが相互作用しあうことで形成される生態系とその可塑性をしっかりと見据えるような構えを要請するだろう。しかし、その着眼は実に多様でありうる。

たとえば、都市史の松田法子による「大地／地面／土地」への着目も、このことと無縁でない。「大地」とは地球史的規模の地殻の運動であり、「地面」は水害などによって比較的短期間に形態を変えるレイヤであって、人間もほとんどそこばかりに介入して環境を構成しているのだが、地面に社会制度として刻みつけられるのが所有の分節パタンとしての「土地」なのである。これらは長期／短期の歴史的スパンの層的構成をも示唆するわけだが、そのいずれもが固有の変動と危機を内包していることに注意しよう。またこれは、イタリアでは七〇年代に確立されていたテリトーリオと呼ばれる領域史研究が近年日本に紹介されたことと無縁ではない。都市の存立はより大きな地理領域の編成という問題のなかで再考されねばならないし、問題はすでに存立している都市を理解することではなく、危機をはらんだ都市存立そのものの条件なのである。それは文化的景観（cultural landscape）への関心とその保全政策にも実は根源的には潜在する関心なのではないか。こうした問題意識が東日本大震災（二〇一一）以後に急速に説得力を高めている事実もあわせて、これからの地域文脈論の方向性を大いに示唆しているというべきだろう。

都市建築への眼差しも、近年では動的なプロセスとメカニズムへの注目がかなり当然のものになってきた。日本では、自然災害や戦争によって壊滅した都市が、いかに仮設的再生の段階をへて恒常的なものへと再組織化されていくのか、といったテーマがその最もわかりやすい事例を提供しており、関東大震災後あるいは太平洋戦争後の都市復興過程の研究が精緻な蓄積を急速に積み上げている。そこには人間の地理的・階級的な移動への注目も含まれ、持続性という問題が必ずしも物的連続性というオーセンティックな歴史性と同じでないことが発見されている。実際、世界の都市史は、移動と定着の豊富なドキュメントに満ちている。

これらが人間活動の微視的・微分的なダイナミズムに注目する視角だとすれば、他方ではきわめて長期的な痕跡の残存とその影響力に注目する視角もまた都市の持続という問題に新しい光を投げかけている。モノの形として定着された痕跡は、国家や経済の盛衰をこえて残り、私たちの環境形成に意識下で作用しつづけるのである。こうした歴史的パースペクティブの解放はまた、近代主義の産物たる建築物や土木構造物をも都市環境に定着したものとして地域文脈論のなかに受け入れていく素地をつくる。

こうして今日の地域文脈論は、介入実践の直接的土台となる都市・建築認識を大胆に拡張しつづけている。その行き着く先は、現代思想で唱えられる脱人間中心主義的な世界観とかなり親和性が高いように見受けられる。人間を優位に置くバイアスを斥けたところにひろがる開放的な知的地平に、あらゆるエレメントとアクターが放り込まれ、その相互作用がつくる環境の動的平衡が、あるいは崩壊と再生が、観察され、論じられているのである。こうした水準の議論なしに、今日有効な環境への介入は戦略化できないだろう。

第3章

都市空間——都市計画家による地域文脈論

都市空間における地域文脈論は、常に近代都市計画に対する批判的言説として提示されてきたといってよい。批判の対象となった近代都市計画は、機能主義に代表される都市空間の抽象的把握と操作・還元、官僚主義に代表される都市空間への公的一元的な介入体制に基礎づけられてきた。一方で、地域文脈論の根底には、こうした近代都市計画の基本コンセプトに対抗するかたちで、都市や地域の固有性、差異性、多様性への眼差しと、都市や地域の多元的な主体性や自律性への眼差しがある。そうした眼差しがいかにして獲得されていったのかが、本章でトレースされるべき主題である。エドワード・ケーシーは、デカルト的延長性を有する「空間」の覇権をかいくぐって、具体的で多重的で経験的な側面を重視する「場所」が復権していくさまを西洋哲学思想のひとつの系譜として描いた。都市空間における地域文脈論の系譜も、先に建築集合としての地域文脈論で提示された建築物や街路などを都市組織として見出していく系譜と時に並走し、時に一体化しながら、場所論的な指向性に基づき、都市計画の空間論に修正を迫っていく、その歴史的展開として描かれるだろう。
とはいえ紙幅は限られている。先に提示された第一波、第二波については、それぞれ二名ずつ、極めて大きな影響力を持った人物の議論をもって、系譜を綴ることにしたい。一方で、現在進行中の第三波については、その動向を簡単にスケッチするに留め、詳細は第II部以降の議論に委ねたい。

第一波――カミロ・ジッテとパトリック・ゲデス

オスマニゼーションと衛生主義的都市計画

一九世紀末の地域文脈論の第一波の時代、近代都市計画はまさにその胎生の最中であった。ひと足早く産業革命、そして国民国家の形成を成し遂げた欧州諸国では、初期資本主義の形成過程における都市への過度な人口集中と住居の質や交通混雑といった類の住環境の悪化が都市問題として顕在化していた。

この都市問題に対して、中世以来の都市パリを直線幹線道路や上下水道、公園といった近代的なインフラをもって全面的に改造しようと試みたのがセーヌ県知事のジョルジュ・オスマンであった。パリの試みは、ルネサンスの庭園様式の影響を色濃く受けた美学的なスタイル＝パースペクティブとして、しかし次第に地図上に定規で直線道路を引くことで事足りるといった機械的な適用が可能な幾何学的な都市改造技術として、パリを越えて広まっていった。フランス国内諸都市だけでなく、隣国ドイツ、ベルギー、イタリアの都市にも適用されていくさまは「オスマニゼーション」の伝播と呼ばれた。

一方で、イギリスやドイツといった国々の都市では、パリのような直接的な公的介入ではなく、都市の住居やその集合のあり方に対する規制＝ルールというかたちで、近代都市の環境整序を図った。イギリスでは一八四八年の公衆衛生法を皮切りとして、一九世紀末までに一〇〇〇以上の自治体で建築条例が制定され、いわゆるバイロウハウジング（条例住宅地）がまちなみを埋め尽くすように建設されていた。ドイツでは、既存都市ではなく郊外地の整序に都市問題の解決を委ねた。きめ細かい街路網や建築様式・密度のゾーニングを備えた一九〇〇年制定のザクセン一般建設法、減歩概念を取り入れ、道路整備と宅地供給を一体化した一九〇二年のフランクフルト市長フランツ・アディケスが制定した区画整理法といった郊外地の計画的形成技術としてのドイツ近代都市計画を生み出したのは、当時、ドイツ公衆衛生協会に集ったプランナーたちであった。

カミロ・ジッテの芸術原理と地域文脈

カミロ・ジッテは、そうしたオスマニゼーションと衛生主義的都市計画が席巻する欧州の状況を、「もっぱら製図板の上で合理的に設計するだけの文明には扉が閉ざされている」と批判し、別の方向性を提示したのである。ジッテが一八八九年にウィーンで出版した著書『広場の造形』（原題の直訳は『芸術原理に基づく都市計画』）は、その名のとおり、都市計画における技術（エンジニア）的偏重に対する、芸術的観点の恢復の必要性を、邦題にもなった欧州諸都市の中世以来の広場の造形を題材として議論したものであった。ジッテは幾何学的なパースペクティブではなく、「malerisch」（絵画的＝ピクチュアレスク）な美しさを重視し、その美しさを発現させるものとして、建物、モニュメント、街路、広場の関係性＝都市組織に着目し、そのピクチャレスクの原理を、衛生や交通といった他の都市計画の原理と両立させるべく、いくつかの都市の都市計画案作成を手がけたのである。

ジッテの都市空間におけるピクチャレスクな美への関心は、後に中世主義、ロマン主義といった誤解も含みながらドイツ国内、そして欧米に広がっていった。特に、バイロウハウジングの単調な景観に強い問題意識を持ち、アメニティ概念を軸とした都市計画を展開しはじめていたイギリスの都市計画家、レイモンド・アンウィンは、一九〇九年にロンドンで出版した著書『実践の都市計画』において、ジッテの仕事を大きく取り上げ、紹介した。さらに、一九二二年にドイツ人の都市計画家、ヴェルナー・ヘーゲマンが出版した『アメリカのヴィトルヴィウス』でも、ジッテは再評価された。ル・コルビュジエが一九二四年に出版した都市計画論『ユルバニスム』をジッテ批判から始めているのは、それだけ、ジッテの影響力が大きかった証左であろう。

しかし、ジッテの功績を、単に芸術原理の都市計画への導入として捉えるだけでは、地域文脈論の原点としては不十分であろう。ジッテと同時代のドイツにおいて、やはり同じように都市空間における芸術原理を探求したヘルマン・メルテンスの仕事と比較することで、ジッテの特徴がより明確になる。メルテンスは、建物の見え方とD／H（街路幅員と沿道建物の高さの比）の関係性について科学的な知見を提供したことで知られ、現在でもその理論は「メルテンスの法則」として景観分析に用いられている。メルテンスはジッテの仕事に関心を持っていたが、視距離や視角といった道具立てで分析をしないことに不満を感じていた。一方、ジッテはメルテンスの仕事に関心を寄せていなかったという。メルテンスは、静止した観察者を前提に、普遍的に応用可能な公式を探求したが、ジッテは人間のより豊かな経験を基本として場の多様性や個性を見出そうとした。メルテンスは空間を、ジッテは場所を見ていたのである。

日本において、ジッテの主著の受容は遅れたが（翻訳初版は一九六八年）、アンウィンの著書を原書で読んで、ジッテの思考に触れていた都市計画家は多数いた。とりわけアンウィンと直接面会し、「君の計画にはライフがない」と批判された経験をもつ石川栄耀は、広場に強い関心を持ち、ジッテの仕事から学んだ都市設計方法を実際に歌舞伎町の広場などに応用している。とはいえ、ジッテの主著の邦題が『広場の造形』であるように、近代都市計画批判としてのジッテ、さらには地域文脈論としてのジッテの議論という理解は不足していたし、現在も状況はあまり変わっていない。

パトリック・ゲデスの都市調査論と地域文脈

パトリック・ゲデスは、ジッテと並んで、近代都市計画の形成期に大きな役割を果たしたパイオニアの一人である。おそらくその名が現在もよく知られているのは、主著『進化する都市』（一九一五年）が綿々と読み継がれているからである。その書名が示唆するように、ゲデスはもともとダーウィン派の生物学者を師として生物学を修めた人物であり、生物と同様に都市も有機体であり、成長、進化していくものだと捉えていた。そして生物学が生物について子細な把握を試みるのと同様に、都市に対する市政学の確立、詳細な都市調査の重要性を主張した。ゲデスのこのような議論が、実証的なデータに基づく科学的都市計画の確立を導いたとされる。ゲデスの都市調査の内容は、

『進化する都市』で「過去と現在は、都市の開けゆく未来の諸問題を提示し、その処理をも決定する」と明確に述べているように、都市の歴史と現在を対象としており、都市の未来を予測するものであった。地域文脈論として見ると、眼前の都市の時間的な文脈を見出す方法そのものであった。都市をそのような時間軸を有する文脈を湛えている存在と見なしたこと自体が、草創期の都市計画において新鮮であった。一方で、ゲデスは当時の都市計画を次のような比喩を用いて批判している。「医学や公衆衛生において治療よりも診断を先行させるのがもっともよいとされているように、いわゆる「実際的人間」にこれまでよくあったように、およそ診断の名に値するものの前に治療の万能薬ともっともよく宣伝されているものを採用すべきでない。都市についても同様である」。ゲデスは後にインド諸都市の都市計画に実際に携わることになるが、そこでも時間をかけて都市の診断を実施し、その上で、過去、現在、未来をつなげる「保存的外科手術」と呼ばれる手法を提案していく。

しかし、地域文脈論の観点からは、ゲデスのもうひとつの重要な功績を見落としてはならない。それは市民博覧会や都市研究を通じた市民に対する都市計画の教育について議論し、実践したという点である。ゲデスは「本当の都市とは（中略）市民のまちで自分たちの市庁舎で自治を行い、しかも自分たちの生活を支配する精神的理想をも実現しているまちである」とし、「都市計画市民博覧会」の題材かつ出発点としての都市調査が、市民の手によって行われることの意義を説き、実際にいくつかの都市でそれを実践した。すなわち、ゲデスは、地域文脈論の観点でいえば、その文脈を見出し、活用するのは、市民自身であるということを主張していたのである。ゲデス自身がエディンバラで築いていた拠点アウトルックタワーは都市調査の展示空間が積層された、まさに博覧会の日常的実践であった。

ゲデスのこうした議論や実践に最も影響を受けたのは、後にイギリスを代表する都市計画家となるパトリック・アバークロンビーであった。アバークロンビーが草創期から主要会員として活動に参画していたリヴァプール都市組合は、アメリカのシティビューティフル運動の影響を受けて一九〇九年に設立された先駆的な都市協会（Civic Society）であった。ゲデスを講師とした都市調査の検討や都市計画講演会などを開催し、市と密接な関係を築きつつも、市民組織としての独立性を保ち、活動を行った。アバークロンビーはその経験も踏まえて、一九一九年に『都市計画批評』誌に寄稿した「都市協会について」という論考において、第一次世界大戦時の過度な中央集権化によって引き起こされた地方のパトリオティズムの喪失や、一点集中型組織の脆弱性といった問題と絡め、地方分権の基礎としての市民意識を高めていくという役割を主張することで、都市調査を最も基本の活動とする都市協会の必要性を論じたのである。同時期、ブランフォード夫人（夫のヴィクター・ブランフォードはゲデスの愛弟子）は、アバークロンビーの論考を補佐するように、地方都市の個性の現出、市民意識の育成などを都市協会の重要な役割だと主張し、全国で設立されていた都市協会の活動を紹介している。こうした都市協会運動は、一九五七年にシヴィックトラストとして全国ネットワーク化されるイギリス各地で歴史をいかしたまちづくりを担うローカル・アメニティ・ソサイエティの活動の一つの起源にあたる。ゲデスの思想や活動は、科学的な都市計画を導いただけでなく、市民主体の地域文脈のほりおこしやそれらを活かしたまちづくりの原点にもなったのである。

近代都市計画の祖の一人としてのゲデスは、若い頃にゲデスに私淑し、自他ともに認めるゲデスの一番弟子であるアメリカの文明批評家のルイス・マンフォードによって広く紹介されることになった。日本でも、マンフォードを通じてゲデスの市政学の議論が知られるようになった。一方で都市協会運動やローカル・アメニティ・ソサイエティの活動については、一九八〇年代になって、日本の町並み保存運動関係者がひとつのモデルとして見出し、直接の交流を重ねていくことになった。ゲデスはこうして直接というよりも間接的に我が国の地域文脈論に影響を与えたのである。

第二波——ケヴィン・リンチとジェイン・ジェイコブズ

戦後都市空間の変容とトップダウン型都市計画への批判

地域文脈論の第二の波は二〇世紀の半ば、一九五〇年代から一九七〇年代にかけて生じた。都市空間に関する地域文脈論の第一の波が欧州から発せられたのに対して、第二の波はアメリカが発信地であった。その理由は、二〇世紀半ばのアメリカの都市の状況、あるいは都市計画の状況から説明できるだろう。アメリカではすでに一九一〇年代からモータリゼーションが進行し（T型フォードの量産体制が整ったのは一九一三年）、都市の郊外化が進んでいた。第二次世界大戦ではアメリカ諸都市は戦災を被ることはなかったが、都心部の経済的衰退、環境の悪化は顕著であり、むしろ戦災復興よりも複雑な「再開発」の必要性が高まっていた。一九四九年には連邦議会で住居法が通過し、スラムクリアランス型の再開発が連邦政府の資金によって進められることになった。

もともとＣＩＡＭを中心とした建築、都市のモダニズム運動は、ヨーロッパを舞台に展開されていたが、第二次世界大戦を契機に、その主要な担い手たちがアメリカに移り、教育や実務に携わりはじめ、結果としてアカデミックな領域においてアーバンデザインが提唱されるようになった。モータリゼーションとスラムクリアランスを契機に、形態を大きく変化させていく現代都市をどう把握するのかという都市論的関心とともに、従来の単体建築とは異なる規模の、群としての都市空間のデザインの要請が増加するなかで、新たなプロフェッションの形成が求められていた。「アーバンデザイン」という言葉を意識的に使いはじめたのは、元ＣＩＡＭ事務局長のホセ・ルイ・セルトを招聘し、建築、ランドスケープ、都市計画の協働を掲げて、新たにアーバンデザイン・プログラムを創設したハーバード大学であった。ハーバード大学は一九五六年に第一回アーバンデザイン会議を開催したが、その後一九七〇年までに一三回開催されたこの会議では、アーバンデザインの理論と実践が報告され、議論が行われた。つまり、地域文脈論も含む現代都市論の舞台は、アーバンデザインの先端地であるアメリカに移っていたのである。

しかし一方で、現実のスラムクリアランス型の再開発、あるいはその前提としての高速道路などのモータリゼーションに応答する大規模なインフラの建設など、いわば従来の都市計画同様のトップダウン型の都市政策に対して、人権問題、人権意識の高まりという社会的な背景もあって、当時から批判の声が挙がっていた。アカデミックな場での高尚な都市論を展開する以前に、実践的な場で、トップダウン的な都市計画そのものの妥当性が激しく問われ、批判にさらされていた。さらにその問いを突き詰めると、為政者や専門家と呼ばれる人々が都市を計画する、デザインするということ自体の自明性が疑問視され、専門家自身が自己批判というかたちで計画やデザインの根拠を見つめ直し、新たなあり方を追求していく必要に迫られていた。

ケヴィン・リンチによる都市認識の転換と地域文脈

都市デザインの研究者であり、実践家であったケヴィン・リンチが、都市論の表舞台に登場してくるのは、まさにそうした時代であった。一九六〇年に出版された『都市のイメージ』のインパクトについては、すでに多くのことが語られている。リンチが設定した「人々が認識するものとしての都市」という見方そのものが、旧来の都市計画家や、あるいは為政者の立場からの都市把握を一八〇度転換するものであった。しかもジッテに始まるピクチャレスクのような個別の都市景観に対する視角的な認識に留まらず、都市スケールの構造を捉える心象、つまりイメージを問題としたことの革新性は疑う余地がない。そして、エッジ、パス、ノード、ランドマーク、ディストリクトという五つのエレメント表記方法が各都市の個性を描き出すことに成功したことは、その後の定着ぶりから見て明らかであろう。また、リンチは、「われわれには、イメージアブルな——見てわかりやすく、首尾一貫し、明晰な——景観を持つ新しい都市世界を形づくる機会が与えられている。それは都市の住民の側の新しい心構えを必要としている」と書いたように、都市の認識を一八〇度転換するだけでなく、都市計画や都市デザインの主体の転換をも見通していたように思われる。

地域文脈論という視点からは、『都市のイメージ』は予感に満ちた議論であったが、あくまで予感にすぎなかった。実際には、リンチのその後に続く研究、議論の展開が重要であった。リンチは、空間の認識に留まらず、時間の認識の問題に踏み込んでいったのである。『都市のイメージ』であえて捨象された意味の問題ともかかわる領域である。一九七二年に出版された『時間の中の都市』では、外部の時間＝都市空間に具現されている時間と、内部の時間＝内的体験としての時間との関係を扱った。構図は『都市のイメージ』と同じで、関心が一貫していることを示している。ジッテにせよ、その後のフォロワーにせよ、街並みの変化やそこでの新旧のデザインの関係など外部の時間の議論に限定されていた地域文脈は、リンチによって、個々人の内部にある時間イメージ、特に過去や未来との結びつきを保証する連続的な時間のイメージ、方向感覚の問題へと広げられたのである。

後にリンチは改めて「この時間の方向づけに関する感覚は、多くの人びとにとって、場所の方向づけに関する共通的な感覚よりもずっと重要のようである。しかも、時間に対する内的な表象は、場所に対するそれよりも貧弱なので、われわれは、自分を時間的に方向づけるためには、外的な手段に、より多く依存しているのである。」（『居住環境の計画』）と述べている。リンチは一九七六年出版の『知覚環境の計画』（原題は *Managing the Sense of a Region*）、一九八一年出版の『居住環境の計画』（原題は *A Theory of Good City Form*）において、空間イメージと時間イメージを地域知覚環境、さらには都市形態の規範理論という枠組みの中で体系化を試み、さらに逝去後に弟子のマイケル・サウスワースの編集を経て出版された『破棄の文化誌』（原題は *Wasting Away*）では、時間の連続性や方向づけとはあえて全く逆の「破棄」という概念から時間にアプローチを行っている。つまり、『都市のイメージ』以後のリンチの関心は、都市空間における時間を人々の側の内的時間に立脚して理解していくことにありつづけたと思われる。地域文脈を空間の側だけではなく、それを認知する人々との関係性のなかに見出そうとしたのである。

リンチの空間と時間のイメージへの問題は、たとえば哲学者のモーリス・アルヴァックスの『集合的記憶』（一九五〇年）でも先行して扱われているし、一九七〇年以降の議論の展開は、当時、計量的地理学の行き詰まりを背景として台頭してきた、イー・フー・トゥアンやエドワード・レルフに代表される人間主義的地理学（現象学的地理学）者たちが目指した「空間」から「場所」への転回と軌を一にしているようにも映る（『時間の中の都市』の序文のタイトルは「時間と場所」である）。リンチがそうした現象学という学問の大きな潮流を受けて生み出された記憶論や場所論と一線を画すのは、最後まで都市計画や都市デザインに立脚しつづけ、介入、マネジメントの手法を探求しつづけた点にある。地域文脈論は、その立脚点を意識しつづけないと、一種の解釈学へと変容していってしまう。しかし、リンチ自身が「時間の方向づけは、時間の関係性を記述したり、時間や時間の持続性を推定したり、過去や未来を記述したりすることを、人びとに依頼することによって分析されるだろう。しかし、その技術は場所の方向づけを分析する技術のようには発達していない」（『居住環境の計画』）と述べているように、その探求は未完に終わっている。

リンチは多数の著作をものにしたが、そのほとんどがほぼ同時代的に邦訳されている。都市計画や都市デザインの世界では稀有なことである。リンチの『都市のイメージ』の翻訳は丹下健三とその研究室の卒論生であった富田玲子であり、『時間の中の都市』は、東京大学で丹下の都市設計研究室を継承し、しかし歴史的環境保全に大きく舵を切った大谷幸夫の研究室の面々であった。リンチは日本の都市デザインの黎明期に理論的中心となり、さらには歴史的環境保全、都市保全という文脈のなかでその関心は引き継がれていった。リンチは、日本の地域文脈論に与えた影響は大きなものがあるといえるだろう。

ジェイン・ジェイコブズによるまちをつくる論理の転換と地域文脈

一九六〇年代を迎える頃のアメリカの都市の状況や都市デザインの自己認識に対して、リンチとは全く異なる地点から、最も重大な問題提起を含む都市論を提示したのが、ジャーナリスト、文筆家のジェイン・ジェイコブズであった。地域文脈論の系譜においても、ジェイコブズの議論は大きな位置を占めている。ジェイコブズの主著『アメリカ大都市の死と生』は、一九六一年、すなわち『都市のイメージ』の翌年に出版されている。その宣伝広告の最も大きなキャッチコピーは「都市計画家たちが私たちの都市を破壊している」であった。そして、ジェイコブズは当時のニューヨークのマスタービルダーであるロバート・モーゼスと闘い、最終的に勝利したというのが、ジェイコブズの英雄的ストーリーの始まりであった。

ジェイコブズによって、少なくともアメリカの都市計画の専門家は大きなダメージを受けた。一ジャーナリストであったジェイコブズが『アメリカ大都市の死と生』で展開したのは、都市の論理はどこにあるのか、どこから生み出されるのかという議論であった。ジェイコブズは『アメリカ大都市の死と生』に先立って発表していた論考「ダウンタウンは人々のものである」（W・H・ホワイトほか著『爆発するメトロポリス』所収）において、次のようにはっきりと書いている。「ダウンタウンを計画する最上の方法は今日、ダウンタウンを人々がどのように利用しているかを見ることである、ということがこの批評の前提である。すなわち、ダウンタウンの力を探ることであり、そしてそれを利用し補強することである。都市の上に置くことができる論理はないのである。人々がそれをつくるのであり、建物がそれをつくるのではない。私たちは計画を人々がつくった論理に合わせなければいけないのである」と。ジェイコブズにとって、従来の都市計画は、人々が経験している都市とかけ離れた論理を持つ疑似科学だと感じられた。都市計画の専門家と呼ばれる人たちは「願望やおなじみの迷信、過度の単純化やシンボルといった安寧と決別しておらず、いまだ現実世界を探求するという冒険に乗り出していない」と批判したのである。

かつてゲデスも、都市調査論における診断と治療との比喩を通じて、暗に同じような批判を行っていた。しかし、ゲデスとジェイコブズとの違いは、ゲデスがあくまで都市の課題の同定や未来の予測のための診断を主張したのに対して、ジェイコブズは都市、まちそのもののなかに多様性を生み出す論理が備わっているとし、一流の観察力によってその論理を導き出してみせたことである。それがその後人口に膾炙した「多様な用途」「小さな街区」「古い建物」「高い密度」であった。

ジェイコブズは地域文脈の重要性を「場所らしさ（sense of place）」の保全として説いた。「場所らしさ」は、人々の行動も含めたまちの観察によって見出される論理に依拠した場合に、結果として継承されていくものであろう。都市やまちはこれまでも変化してきたし、これまでも変化していくが、その変化の論理は、あくまでそれぞれの都市やまちに内在しているもので、普遍的な論理といった類のものではないということである（したがって、先の四つの要素もあくまでジェイコブズの観察が見出した視点であって、その適用可能性が吟味されたものでもないし、尺度や具体的な数字を持たないものである）。そのまち、地域ごとの固有の論理を見出し、その論理でもって従来の必ずしも現実世界の探求に基礎づけられたものではない、都市の上に置かれる論理としての都市計画を代替することで、環境の変化は、リンチが主張したような過去や未来との結びつきを保証する連続的な時間のイメージを維持するものになるのであった。

ジェイコブズは地域文脈に関する議論を、都市をつくる論理のレベルに引き上げたが、一方で、そのような論理は観察の力によって生み出されるものであり、それは都市計画の主体の転換を意味していた。まち、地域、そこに暮らす人々自身が自分たちの環境を見つめ直すことで、環境形成の主体となっていく。ジェイコブズの議論を地域文脈論として理解する要諦は、そうした主体形成のプロセスにあった。それは、ゲデスが描いたよりも、もっと動的なものであった。ジェイコブズが長年暮らし、『アメリカ大都市の死と生』での観察の主要な舞台であったマンハッタンのグリニッジビレッジは、ジェイコブズがリーダーを務めた反対運動によって大規模再開発が中止とされた後の一九六九年に保全地区に指定された。ジェイコブズ自身はその前年にカナダに移住してしまっていたが、ジェイコブズに鼓舞された住民たちは保全運動を展開し、地区指定後も地区の「特別な性格」を守るための建築物の公開デザイン審査会に積極的に関与していった。グリニッジビレッジだけではない。ジェイコブズに鼓舞されるかたちで、アメリカ全土、いや世界各地でコミュニティ主体の保全型のまちづくりが展開されていったのである。

第三の波――リンチとジェイコブズの後で

以上のように、系譜をジッテとゲデス、リンチとジェイコブズという都市計画史上きわめてよく名の知られた人々の議論の展開として把握した。リンチとジェイコブズらの著書は、その主張が受け入れられ、定着したからこそ新鮮さが失われたところもあるが、一方で、いまだに世界中の書店に並んでいるし、よく読まれていることからもわかるように、まだまだ議論としての現在性を維持している。とはいえ、近年、感知される地域文脈論の第三の波は、リンチやジェイコブズの議論の限界や、あるいは時代の変化による変質によって生じているのも確かである。第三の波の全貌をここで明らかにする用意はないが、リンチとジェイコブズの議論に限定して、その現在に言及することで、この系譜をいったん終わらせることにしたい。

リンチは『都市のイメージ』以降、人々の内面の認知にもっぱら関心を寄せたが、その内面の問題と都市デザイン、都市計画を結ぶためには、個人個人のイメージではなく、それを合成した一つの集合的なイメージが存在していて、それを抽出できることが大前提であった。しかし、リンチ自身も気づいたのは、社会階層やジェンダー、そして民族の違いによって、その集合的なイメージは大きく異なり、一つに合成することはできないということであった。第三の波が生まれた背景の一つは、マジョリティに目を向けていればよかった時代から、ますますの多文化化、社会階層の分化が進み、ジェンダーバランスも変わり、いわば同質的集団という仮定は現実とは大きく異なるようになり、多様なコミュニティが共生、共存していく、多数のマイノリティの時代へ移行するなかでの地域文脈とは何かという課題が前景化してきたということがあろう。それはまた、社会政治的な要素が空間、場所の課題に密接に結び付くようになり、時にある集団にとっては負と捉えられる地域文脈も議論の対象として浮上してくるようになったということである。

アメリカの都市史学者で、長年都市におけるジェンダーや人種の問題に関心を持ちつづけてきたドロレス・ハイデンは、『場所の力――パブリック・ヒストリーとしての都市景観』（一九九五年）において、「主流派と目される社会階層の経験を再定義し、その忘れ去られた部分を可視化する」方法を模索し、社会史としての都市のランドスケープという視点を設定した。さらに、地域住民も関与できるパブリックアートとして、そのランドスケープ史を浮かび上がらせる試みを各地で展開した。地域文脈論の第三の波は、こうした社会経済、政治的にも多様な地域文脈をどう扱うかという課題を抱えながら、波紋を広げていっている。

一方で、ジェイコブズの『アメリカ大都市の死と生』での観察の舞台であったグリニッジビレッジは、先に述べたように、保全地区に指定された結果、現在でも低層の街並みが残り、雰囲気も一九六〇年代と変わらず、小さな飲食店が軒を連ね、生き生きとした街路風景が展開されている。地域文脈は継承されたように思える。しかし、そこに住まう人は変化した。マンハッタンの都心部で低容積を維持するということは、同時にマーケットの原理によって家賃は高額化し、いわゆるジェントリフィケーションが起きたのである。ジェイコブズは主体形成のプロセスとして地域文脈論に迫ったが、一度形成された主体はいつの間にか地域から消えていった。ジェイコブズが見出した物理的な地域文脈そのものが、地域の市場価値となり、地域の社会的な文脈を破壊することになったのである。

ニューヨーク市立大学の社会学者のシャロン・ズーキンは、「本物の都市空間の死と生」という副題を持つ『都市はなぜ魂を失ったか』において、オーセンティシティ（真正性）をキーとなる概念として用いて、ジェントリフィケーションを分析している。ズーキンは、オーセンティシティの二つの側面、すべての世代がオリジナルであると考える特徴＝「由来」と、新しい世代が自分たちで形成した特徴＝「新しいはじまり」との関係を問うている。特に後者を認識し、そのあり方を議論することが、消費文化の排他的な浸透と表面的な創造都市の氾濫、グローバルな都市間競争を背景とした都市再生のための文化戦略の画一性といった現象を理解し、「近年の高級化に向けた都市成長の負の効果を打ち負かすための潜在的なツールになりうる」としている。ズーキンのこうした（やや輻輳した）議論の顰《ひそみ》にならえば、第三波の地域文脈論においては、従来から努めてきた「由来」を正確に捉えることで事足れりと考えることはできないし、そうすべきではない。「由来」に根差した地域文脈を飲み込むかたちで場所の権利を主張し、他の人々の権利を奪ってしまうような市場の存在に正面から向き合いつつ、地域文脈は誰によって、何のために見出されるのか、少なくともその目的を、その足元を意識化していく必要がある。その上で、望むべくは、地域文脈論の蓄積から地域の新たな創造、マネジメントの枠組みが導き出されることである。近代都市計画批判としての地域文脈論の役割は、その時点でようやく終わりを迎えることができるのだろう。

第4章

自然生態

——ランドスケープアーキテクトによる地域文脈論

1 はじめに

私たちは、自然環境を生活・文化の基盤とし、そこで営まれた生活・文化やヒトの関与により新たに生まれた生態系、それらの歴史的な積み重ねがかたちづくってきた空間組織の姿を「ランドスケープ」と認識している。この自然環境（生態）とその生活・文化の表現の通史が地域文脈を編み出すわけだが、これらを国際的な視野から網羅的・体系的に捉えることは、筆者の力量を大きく超えている。ここでは、わが国にも影響を及ぼし、地域文脈の第一～三波の特徴を理解する上で「鍵」となると思われるランドスケープ分野の思想・概念や事象のいくつかを取り上げて説明するとともに、地域文脈の読解や当時の他の分野の思想とのかかわりについて、散漫になるが述べてみたい。

2　第一波——都市計画とランドスケープ

地域文脈の第一波の時代、近代都市の発生とほぼ時を同じくして、都市や近郊におけるランドスケープ計画やデザインを扱う「ランドスケープ・アーキテクト」という職能が生まれた。初めてランドスケープ・アーキテクトを名乗ったフレデリック・ロー・オルムステッドが、当時、セントラルパークやボストンの公園緑地系統「エメラルドネックレス」で行った仕事は、都市空間に内包された衛生条件の悪い土地（今でいうブラウンフィールド）において、地形・地質や水系などの自然環境の文脈を読み解き、都市を機能的に補完する場へと転換することだった。言い換えれば近代のランドスケープは、都市という人工の表層とその基盤となる自然生態とのかかわりを探りつつ、その関係の特徴が都市の骨格をかたちづくるように表出させることから始まった。

しかしその後、都市が拡大・発展するにつれて、地域の自然環境の表層は都市に覆われ、都市空間と自然生態との関係は薄れていった。当初、表層の都市の端部や裂け目に現れていた自然生態は計画的に補われ克服されて、当初都市と自然をつなぐ存在であった公園緑地は、都市機能を健全に維持するための「図」として、都市の表層に貼り付けられていった。ランドスケープは都市と自然をつなぐことよりも、都市と人間を対象とした計画論や計画手法の対象となり、都市計画や建築との関係に比重を移していった（詳しくは佐々木葉二ら、武田史朗らがまとめたランドスケープの近代史を参照いただきたい）。

3 第二波

地域文脈の第二波時代は、わが国では高度経済成長期にあたる。一九六〇年代以降、社会経済状況が好転し、人々の生活水準が高まった反面、新たにさまざまな社会・環境問題が生じた。同時にそれらは地域文脈の第二波の契機にもなった。大気や河川・湖沼の汚染は、人体への被害を伴う「公害」として顕在化し、ランドスケープや環境計画など自然生態に依拠する計画思想も大きな転機を迎えた。都市開発の最前線である丘陵地のニュータウン開発の場などで都市は再び「現実の」自然生態に直面し、限られた技術と効率の下でそれに真摯に向き合わなければならなくなった。一九七〇年代から一九八〇年代にかけて、多くの研究者、計画家が、理念や抽象的な概念ではなく、実際の自然生態を都市（および地域）計画に反映させるためのエコロジカルな計画立案とその実現に挑みつづけた。

［1］『デザイン・ウィズ・ネーチャー』――レイヤーケーキモデルの先駆性と課題

人間活動の自然環境への影響は見えない領域にも及んでいた。一九六二年、レイチェル・カーソンは『沈黙の春』（*Silent spring*）[*3]で、生きものの鳴き声がしない春の朝の無気味さを通じて化学物質の環境への影響を「告発」した。一九六九年、わが国の環境計画に大きな影響を残した『デザイン・ウィズ・ネイチャー』（*Design with Nature*）[*4]が出版された。著者、I・マクハーグは、地形、地質など複数の土地の環境情報をもつ主題図を重ねることにより、自然環境の特徴を読み解く「レイヤーケーキモデル」を提唱した。一九七〇年代、わが国に紹介されたその思想と手法は[*5]、今日の地理情報システムＧＩＳの根幹をかたちづくったともいえる。マクハーグの意志を受け継いだリジオナルプランニングチーム Regional Planning Team は、日本全土でエコロジカル・プランニングを実施し、建築専門誌上で二度にわたり特集された。しかし、当時このモデルは広く一般に普及するには至らなかった。それはたとえば、①主題図を作成するための手順が複雑で収集すべき情報量が多いこと、また、②重ね合わせる要素の相関関係と評価基準の客観性担保に課題があったためと考えられる。前者はその後のコンピュータの普及・発展と情報処理能力の向上、さらに地理・空間情報の公開と共有の進展によって、後者はそれに加えて多変量解析などのデータ構造解析の発展によって解決されつつある。ただし、③詳細な分析の結果、分割されて得られた地図上の区分がどのような「空間単位性」をもつのか。区分された個々の単位に付加された情報をどのように評価し意味づけ、その後の計画・設計・実施の過程でどのように操作しうる／されうるのか。細分化された「パズルのピース」が、「大きな絵にはまっていく」ための一貫した手続きの整合性は十分とはいえなかった。

［2］潜在と開発――潜在自然植生と自然立地的土地利用計画

この時期、生態学の分野からも計画論へのアプローチが行われた。ここでは地域の自然環境に空間的な単位性を見出そうとする「植物社会学」の取り組みを例に述べてみたい。植物の種個体群の連続した分布の「波」が重なりあって植生帯を形成すると考える北米学派と異なり、当時のヨーロッパでは立地の環境や種間関係に基づいて「同所的に存在する、異なる植物個体群からなるグループ」である植物群落に、組成の特徴やその特徴と立地環境特性との関連を見出す植物社会学が主流であった。わが国に植物社会学の基礎的な概念を確立、定着させたのは宮脇昭を中心とする応用生態学分野のグループであった。植生調査に基づいて単位性を見出し、その成果としての植生図化を行うこの方法論は、環境庁（現・環境省）自然環境現況調査や現存植生図の作成、植生自然度など、全国共通のフォーマットとして定着した。

この植物社会学を基盤とする計画手法として、井手久登と武内和彦は『自然立地的土地利用計画』[*6]を提唱した。[*7・8]それまでの環境計画論では、本来評価される対象であるはずの現存植生や現況土地利用が、地形・地質などの自然環境条件とともに評価する基準に含まれているなど、評価体系に齟齬があったのに対し、自然立地的土地利用計画では、私たちの目前にある現況土地利用、現存植生は、生物自然としての植生が人々の利活用や破壊などの影響を受けた結果として「評価されるべき」対象であると捉え、立地の潜在的な特性を表す「潜在自然植生」を現存植生とは明確に区別した。そして潜在自然植生と現在の土地利用状況の乖離度／適合度を植生遷移の概念から判断し、計画の指針としている。

自然立地的土地利用計画は、「潜在自然植生」を計画論に導入して現状を評価する地域の潜在的な「基準」を示したと同時に、計画によって最終的に得られる立地単位を、対象地域の土地特性を反映する、意味のある境界をもった「空間単位」として区別し、さらにそれぞれの立地単位の過去・現状と潜在能力を「植生遷移のプロセス（遷移系列）」により示したことが他の生態的計画手法と大きく異なっていた。つまり「計画単位」を（オーバーレイした結果、機械的に生み出される）無個性な単位へと細分するのではなく、それぞれの単位が自然生態の特徴に基づいて設定される点、さらにそれぞれの単位ごとに将来への指針・方向性や計画実現のためになすべき管理手順などが「植生遷移系列」という軸上で示しうる点で、自然立地的土地利用計画は他の計画思想と大きく異なっていたのである。

自然立地的土地利用計画は、農業的土地利用や自然公園など、生物自然に根づいた土地利用計画への提案に結実する一方で、丘陵地のニュータウン開発などにも示唆を与えている。*9

［3］ビオトープ、ランドスケープ・エコロジー——垂直構造から水平関係

厳密には第二波のあと、第三波の少し前の時期に、自然生態から地域文脈を考える上でトピックとなる二つの概念が日本に紹介された。

一つはビオトープである。日本に紹介された当初、「ビオトープ」という言葉が、本来欧州で用いられていた意味と同様に伝わったとはいいがたい。地域の自然環境や生態系が十分顧みられないまま、ビオトープの名の下に多くの「人工の池」が造成されたことに忸怩たる思いをもったランドスケープ関係者は少なくない。*10 西欧（特に旧西ドイツ）では、ビオトープは広く「生物の生息する場所」を意味し、生物種が利用する多種多様な植生や地被、土地利用すべてが対象と考えられた。特定の植生や土地利用、水辺空間を偏重するわけではなく、時にまちなかの砂利舗装の駐車場ですらビオトープとなりうる可能性がある。地域はさまざまな異なるタイプのビオトープで塗り分けられ、

その状態を記録する「ビオトープ地図」の作成が重要とされた。

このビオトープ地図情報が注目された背景にも身近な生物相の消失への危惧があった。かつてカーソンが示した『沈黙の春』は、化学物質による汚染によってのみでなく、より身近な都市開発を起点とする連鎖によっても顕在化した。面積的には小さな開発が、地域の生物相に予想以上に大きな影響を与えてしまう……それまで十分解明されていなかった生物（動物）の移動経路の分断の要因になること――たとえばある種の生物にとっては越冬、繁殖、採餌のための空間タイプは異なり、その生存にはそれぞれの単位が保全されるのみでなく、それらをつなぐ移動経路の確保が不可欠であること――が明らかにされはじめた。[*11]「ビオトープ結合」と呼ばれる、生物の生存を支える空間の機能的な接続を保全するためには、個々の地点の自然生態の情報のみでなく、地域をつなぐ地図が必要だったのである。

もう一つの概念は「ランドスケープ・エコロジー」である。一九八六年にリチャード・フォアマンとマイクル・ゴッドロンが出版した同名の著書[*12]では、従来の生態学が空間単位の地図上の大きさや面積などで定量化して測定・分析するのに対して、生態系の「構造」、単位空間相互を結ぶ「機能」や、その時系列的な「変容」を重視した。この考え方は先のビオトープ結合とも関連し、生物にとって空間の「量」のみでなく「かたち」（質）が重要な意味を持つことを示した。たとえば、生物にとって生息空間のかたちは、形状の輪郭、エッジ（の厚み）とそれに包まれるコアとの関係・比率に影響を受ける。同じ面積の緑地でも円形に近い場合は一定の厚みの輪郭に包まれた「内部」が存在するが、細く延びた緑地では、周囲の輪郭が大部分を占めてしまい「内部」は存在しなくなる。たとえば森の一部が道路で分断されただけでも、森林内に生息する移動能力の小さな小動物にとっては開発された面積以上に輪郭部分の比率が増え、「内部」の面積が減少して移動が大きく阻害されることになる。フォアマンとゴッドロンはこうした土地の空間要素の「かたち」のもつ意味を内部の生物相の生息と移動などを元に説明しつつ、さらにその特性をパッチ－コリドー－マトリクスというシンプルなキーワードで示した。

こうして一九七〇〜一九八〇年代、立地－植物群落という垂直方向で捉えられてきた地域の自然生態は、一九九〇年代にはそれらの個々の要素のカタチやつながりなど、水平方向の関係性の議論へと移行した。わが国では「地域の生態学*13」とも訳されるこの考え方は、植生や土地利用がかたちづくる景観的なパタンから地域に潜む自然生態を読みとり、それを構成する要素の水平的な関係を「空間規模・スケール」や「時間軸」などの観点から議論・把握する点で、地域文脈とも深いかかわりをもっている。

4 第三波

それでもなお、都市では自然生態はモチーフやメタファーとして形骸化され、あるいは計画思想として抽象化されることが多かったが、二〇世紀末から二一世紀初頭にわが国の都市・地域を大規模に破壊した自然災害は、都市を覆う表層を剥ぎ取り、地域の自然環境の構造を露呈させた。たとえば、阪神・淡路大震災では木造住宅倒壊密集地と旧河道との関係が指摘され*14、東日本大震災では、浜堤上のイグネ（屋敷林）に囲まれた集落と、特に高度経済成長以降に開発されたまちで被害の程度が異なることが指摘された。[*15] これらの災害は一方で、被災を免れた歴史的な街道や墓地や神社などが、過去の災害の歴史的な経験を通じて、移動や遷座を繰り返し選びとられてきた人々の生活の姿であったという地域文脈を明らかにした。これらは、自然環境の長期的な時間スケールのなかで地域の潜在的な土地特性が許容する開発の文脈と読み替えることもできるのではないだろうか。

［1］都市組織としてのランドスケープ――Landscape Urbanism

空間・社会組織を併せもった「都市組織」としてランドスケープを捉えようとする議論は今なお収束しておらず、ランドスケープ・アーバニズム Landscape Urbanism は、そうした議論の最前線に留まっている。一九九七年にランドスケープ・アーバニズム会議を主催し、二〇〇六年『*The Landscape Urbanism Reader*』を出版、[*16] ランドスケープ・アーバニズムを世に広めたチャールズ・ウォルドハイムは、ランドスケープ・アーバニズムがマクハーグが主張した「都市化させない」環境計画の系譜に位置するのではなく、「いかに都市化させるか」を検討するランドスケープデザインの領域にあると主張する。かつて地域文脈の第一波の時代に生まれたランドスケープ・アーキテクトの職能が、庭園や公園などの単一の土地利用に留まらず都市全体の改善を使命としていたことを再確認した上で、ランドスケープ・アーバニズムが対象とするのは原生自然ではなくヒトとの関係で築かれてきた／築かれていく都市自然であり、都市自然とヒトとの良好な関係を今後も継続するためには、機能と経済との関係が不可欠だと彼らは主張する。ただし、ランドスケープ・アーバニズムは都市のタイプによって適用しうる内容は異なり、計画的で規則的な欧米の都市で検討されたランドスケープ・アーバニズムを、不規則に成長するアジアの都市に安易に適用するべきではなく、状態に応じて類型や方向性が異なるランドスケープ・アーバニズムを模索すべきであるとも指摘した。ランドスケープ・アーバニズムは哲学を示したものの明確な手法や事例を導けず、すでに活動としては収束したという意見もあるが[*17]、ランドスケープ・アーバニズムは地域文脈第一波の、「都市機能を支えるインフラとしてのオープンスペース＝ランドスケープ」への再考を促すとも考えられる。空間組織の基盤である自然環境を意識しつつ、それとともに営まれてきた歴史の上に成り立つ生活・文化、社会組織を同時に視野に入れながら、災害の危険性とともに生活しながら縮小しつつある現代日本の都市でのランドスケープ・アーバニズムのあり方が問われている。

［2］機能としてのランドスケープ——Green Infrastructure

ランドスケープ・アーバニズムの概念を補完し拡充するものとして、グリーンインフラ Green Infrastructure が注目されている。緑地に多面的な機能があることはこれまでも知られているが、最近になって、特にグリーンインフラが注目されている背景には、都市がこれまで整備してきた既存のインフラが地球規模での環境変動には対応しきれないという切実な事情がある。特にモンスーン気候に位置するアジア諸国では、短期に集中する激烈な豪雨に対応できない既存インフラを補完するグリーンインフラの雨水貯留・洪水調整機能などが着目されている。グリーンインフラの議論もまた、用いられる時と場所によってその意味が大きく異なる。たとえばわが国では欧州のグリーンインフラは、主に水系等、「系」を強く意識する「包括的な計画論」のなかで捉えられることが多く、アメリカのグリーンインフラについては、米国環境保護庁（EPA）が行った雨水処理対策のうち、一部が技術的に紹介されることが多い。[*18] グリーンインフラを、計画と技術、流域と敷地のどちらで（あるいは両方で）考えるのか。その空間スケールを適切に設定し、地域の自然環境を読み解き、個々の立地特性に応じた適材適所の計画立案や技術適用が重要となる。

5 おわりに——第一波と第三波をつなぐもの

近年グリーンインフラを取り巻く社会的な流れは勢いを増している。[*19] そのなかでも、宮城の、グリーンインフラを「ランドスケープインフラ」へと発展させるべきだという主張は注目に値する。[*20] ランドスケープ・アーキテクトは確かにこれまでもそうした素材を扱ってきたが、新たな空間秩序として明確に言語化、概念化して、カタチに残すためデザイン言語や手法へとまとめなければならない。そのためにはポテンシャルを発掘し、機能を裏づけ、その合理性を説明し、説得のある「かたち」に顕在化させるランドスケープの方法、さらにそれを意識・啓発させるための「言語」を含め、新たな思想・哲学をかたちづくっていかなければならない。

特にランドスケープにかかわる時間と空間スケールには慎重な配慮が必要であると筆者は感じている。東日本大震災後、土木工学的に計画整備された堤防への批判は少なくないが、発災後数年で起こるかもしれないアウターライズ地震による津波の危険に早急な対応が必要だとする国家的プロジェクトと捉えることもできる。この堤防整備の背景には、広く、そしてアノニマスな一般社会の「安全」への合意が隠れている。国、地方、地域、それぞれの場所の計画と合意のスケールにずれがあり、巨大で迅速な国家レベルの復興プロジェクトにおいて「ヒサイチ」はいくつかのタイプには分類されたものの、計画整備を地域ごとの事情と合意形成によって覆すことは容易ではなかった。それぞれの地域がその特徴や意向に基づいて主張するには、自然環境、生活文化に根づいて築かれた空間・社会組織である「地域文脈」を携えておく必要があるのではないか（嵩上げや防災集団移転の多くの現場では、コミュニティの合意と地域のアイデンティティを明らかにする努力が続けられている）。

一方、土木工学的な堤防に沿うように、かつてその場にあった松原を再生する動きや、それに代わって（補完して）「緑の堤防」をつくる動きもある。これらの取り組みは一見似ては見えるものの、時空間スケールからは質の異なる行為である。松原の育成は、一〇〇年単位で行われる、人の管理と活動の営みである。たとえば「奇跡の一本松」で知られる高田松原では、失われた松原のなかに数多くの歌碑が点在し、松原は人々の生活文化と活動の場でもあった。「緑の堤防」は海岸平野の浜堤列に相応する、一〇〇〇年規模の長期間を視野に入れた。地震性浜堤列に相当する規模と時間を有する取り組みと考えられる。津波堆積物と海岸線の変動などにより形成される浜堤列に相当するモノを人の営力によって造成する一方で、その上に育成される緑には潜在自然植生を用い、人の管理の手からは早々に離れる活動である。

松原か？「緑の堤防」か？ のどちらかではないだろう。それらの取り組みは地域の自然環境や生活文化との関係の深さによってその地域に受け入れられ、整合性とともに継承され、あるいはこれまでとは異なる新たな文脈として「根づいて」いくことになるだろう。そこには、新たな空間組織と社会組織が織りなす新しい文脈が存在する。

地球規模での環境変化に伴い、これまでの想定を上回る規模と頻度で自然災害が発生しつづけている。「事前防災」や「フェイズフリー」など、災害などの「非日常」を「日常」と表裏一体のものとして考えることも一般的になりつつある。日々の生活、日常の経済状況と、長期的な計画目標を調整しなければならなくなったとき、そこには、「地域文脈」の読解と定着が求められるだろう。

［注釈・参考文献］

第1章

＊1　秋元馨『現代建築のコンテクスチュアリズム入門――環境の中の建築／環境をつくる建築』彰国社、二〇〇二年

第2章

秋元馨『現代建築のコンテクスチュアリズム入門――環境の中の建築／環境をつくる建築』彰国社、二〇〇二年

八束はじめ『建築の文脈都市の文脈――現代をうごかす新たな潮流』彰国社、一九七九年

今村創平『現代都市理論講義』オーム社、二〇一三年

陣内秀信『イタリア都市再生の論理』鹿島出版会、一九七八年

横手義洋『イタリア建築の中世主義――交錯する過去と未来』中央公論美術出版、二〇〇九年

福村任生「20世紀イタリアの歴史的環境論――建築家サヴェリオ・ムラトーリを中心に」東京大学修士論文、二〇一二年

L・ベネヴォロ、武藤章訳『近代建築の歴史』（上・下）鹿島出版会、一九七八、一九七九年（二〇〇四年再版）

P・ゲデス、西村一朗訳『進化する都市』鹿島出版会、一九八二年（改訂版二〇一五年）

第4章

＊1　佐々木葉二・三谷徹・宮城俊作・登坂誠『ランドスケープの近代――建築・庭園・都市をつなぐデザイン思考』鹿島出版会、二〇一〇年、一三三―一九四頁

＊2　武田史朗・山崎亮・長濱伸貴編著『テキスト ランドスケープデザインの歴史』学芸出版社、二〇一〇年、一九九頁

＊3　レイチェル・カーソン、青樹簗一訳『沈黙の春』新潮社、一九七四年、三九四頁

＊4　イアン・L・マクハーグ、下河辺淳・川瀬篤美総括監訳『デザイン・ウィズ・ネーチャー』集文社、一九九四年、二一二頁

＊5　『建築文化』一九七五年 vol. 30 no. 344、一九七七年 vol. 32 no. 367 の二回にわたって「エコロジカル・プランニング　地域生態計画の方法と実践」の特集が組まれた。

*6 井手久登・武内和彦『自然立地的土地利用計画』東京大学出版会、一九八五年、二二七頁

*7 井手久登『景域保全論——農業地域の景域保全に関する植物社会学的事例研究』応用植物社会学研究会、一九七一年、一二一頁

*8 武内和彦「生態学的開発計画の概念と方法」『応用植物社会学研究6』一九七七年、三八―四二頁

*9 松井健・武内和彦・田村俊和編『丘陵地の自然環境——その特性と保全』古今書院、一九九〇年、二〇二頁

*10 ただし何度かの「揺り戻し」もあった。たとえば河川・水辺では一九八〇年代、それまでの治水・利水に加えて親水機能をもたせる「河川環境」が意識されはじめ、一九九〇年代にはより立地の生物的な自然環境に基づいてビオトープが整備されはじめた。その反面で、主にドイツ・スイスなどで用いられていた「近自然河川工法」に対して、「多自然型川づくり」という用語が導入され、これらの間の微妙な「ずれ」は今も筆者の疑問であり続けている。坂本いづる・福島秀哉・中井祐「思想と技術に着目した近自然河川工法及び多自然型川づくりの導入過程に関する研究」『土木学会景観・デザイン研究講演集』No. 13、二〇一七年、四八一―四八八頁など

*11 ヨーゼフ・ブラーブ『ビオトープの基礎知識——野生の生きものを守るためのガイドブック』財団法人日本生態系協会、一九九七年、八二頁

*12 R. T. T Forman and M. Godron, *Landscape Ecology*, Wiley, 1986

*13 武内和彦『地域の生態学』朝倉書店、一九九一年、二五四頁

*14 たとえば、高橋学「土地の履歴と阪神・淡路大震災」『地理学評論』69A―年7、一九九六、五〇四―五一七頁など

*15 たとえば、馬場弘樹・氏家深志・石川幹子「沖積平野における自然立地的条件から見た集落の発展と津波・震災被害に関する研究——宮城県岩沼市玉浦地区を事例として」『日本都市計画学会都市計画論文集』47（3）、二〇一二年、九〇七―九一二頁

*16 C. Waldheim et. al., *The Landscape Urbanism Reader*, Princeton Architectural Press, 2006（C・ウォルドハイム編著、岡昌史訳『ランドスケープ・アーバニズム』鹿島出版会、二〇一〇、三〇二頁）

*17 「特集・ランドスケープ・アーバニズムがもたらしたもの」『ランドスケープ研究』78（4）、日本造園学会、二〇一五年、三一三―三四六頁

*18 たとえば前者については、木下剛ら「リバプールグリーンインフラストラクチャー戦略における小地域を対象とした

計画手法」『ランドスケープ研究』79（5）、二〇一六、六八一－六八四頁など、後者については、遠藤新「米国都市における雨水流出管理政策としてのグリーンインフラ計画に関する研究――ペンシルバニア州フィラデルフィア市の雨水規制長期計画を題材に――」『日本都市計画学会都市計画論文集』46（3）、二〇一一年、六四九－六五四頁などからその傾向が読み取れる。

＊19 大学・学会などでグリーンインフラが研究されている一方、近年では国土交通省がグリーンインフラの社会実装を推進するために国・地方公共団体・民間企業・大学・研究機関などが参画する「グリーンインフラ官民連携プラットフォーム」を設立、また二〇二〇年一一月にはグリーンインフラ・ネットワーク・ジャパン全国大会が開催されている。

＊20 宮城俊作「グリーンインフラからランドスケープインフラへ――現代の都市デザインにおける「緑」の意味の転換」『都市緑化技術』No.93、二〇一四年、二－五頁

第Ⅱ部

読解のデザイン

第1章
地域文脈を「読み解く」とはどういうことか

1 「読解」の種別——第二波へのバックキャスト

現在、私たちが目にしている風景や地域は、それを眺めていれば、自然にその特徴が読み取れてしまうほどわかりやすいものではなくなっている。過去のさまざまな時代の波は複雑に重なりあって、読み取ろうという意思をもって向き合わなければ、背後に潜む地域文脈は明らかにはならず、方法が適切でなければ誤読されることもある。私たちが「第三波」と呼び、向き合い、取り組もうとしている現在の地域文脈は、これまで先人たちが捉えようとしてきた地域文脈とどのように違うのだろうか。

地域文脈の議論が活発となった第二波と、現在の第三波との間では、その読解の方法は大きく変化している。その背景には当然、社会情勢の変化がある。第二波と第三波の時間経過に伴って社会がどのように変化し、その変化が読み解く対象や主体にどのような影響を及ぼしたか。また読解の手法や手順、評価方法がどう違うのか。特に、第三波の地域文脈の読解にはさまざまな主体が関与するため、主体による評価の違いを包含して初めて地域文脈を読解できるようになる。そこに「読解のデザイン」の必要性が生じると筆者らは考えている。本章ではまず、第二波と大きく異なる第三波の地域文脈の読解に必要となる三つの視点を考えてみたい。

［1］検証——過去の評価の洗い直しと新たな情報の発掘

地域文脈の読解における最も基本的なスタンスは、これまで明らかになっている地域文脈の層を「発掘」し、新たに文脈の一層を加える方法だろう。当時の計画を丹念に紐解きつつ、これまで明らかになっていなかった資料などに基づいて検証するこの方法は、歴史研究における最も基本的なスタンスであり「一時代に焦点を当てた地域史学」といえる。この検証では新たな判断材料としての歴史資料が重要視され、それらを当時の基準に基づいて検証する。第三波の現在、多くの検証がされはじめているのは、第三波で読解の手法・方法論が革新的に発展したというより、二〇世紀後半の「近現代」から、五〇年経過し、客観的な検証が可能な範囲・射程に入ったということでもあるのではないだろうか（たとえば、中野茂夫の島根県松江市の官庁街の分析など[*1]）。

［2］変遷過程——後日譚

対象とする地域や計画が、時間の経過とともに変化・変遷していく過程を追う方法もある。現在

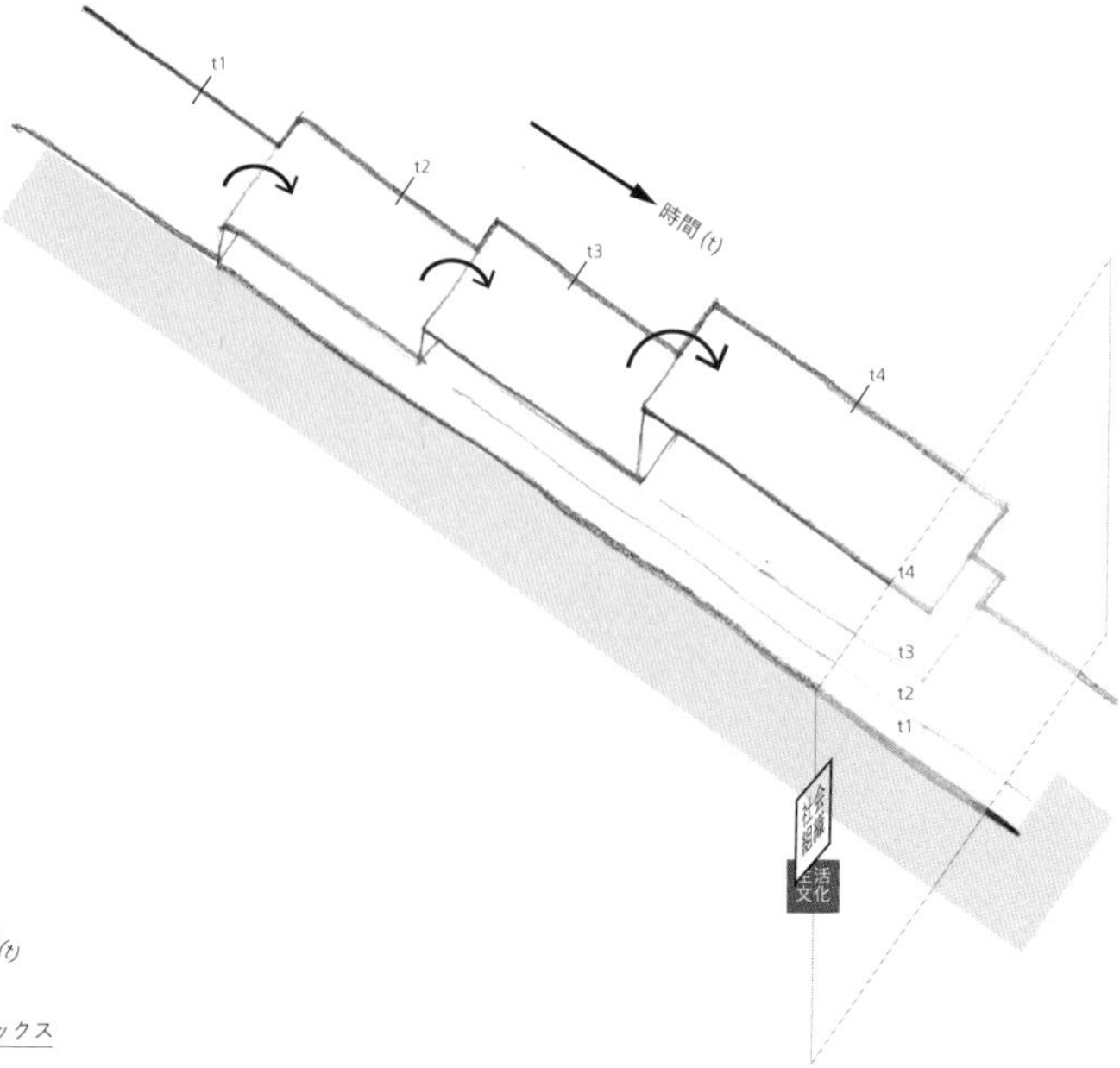

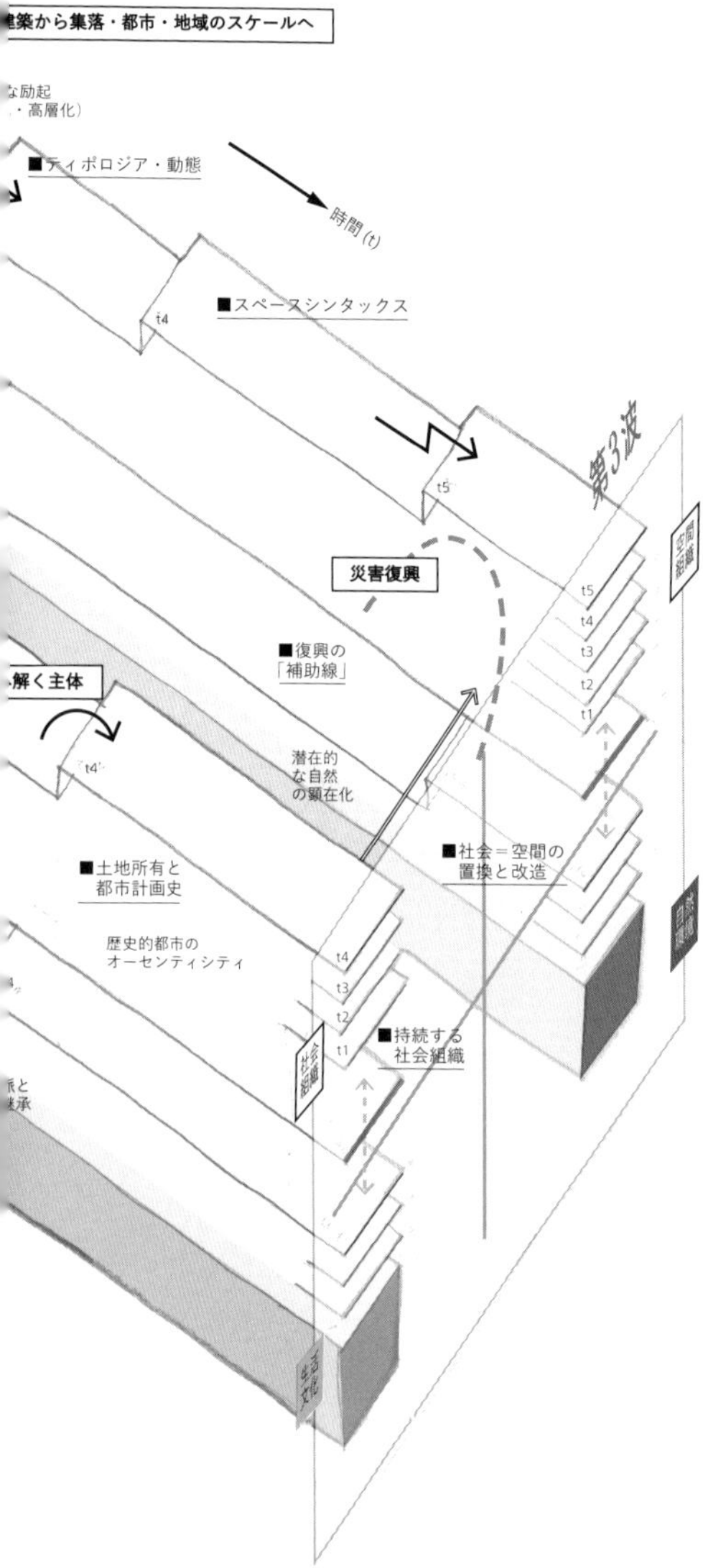

［図1］地域文脈の階梯
地域文脈を構成する
空間組織、社会組織、
自然環境、生活・文化の
各側面は時間の経過とともに
階段状に(時にスロープ状に)、
より高いレベルに
成長する前提で、
地域文脈の図化を試みた

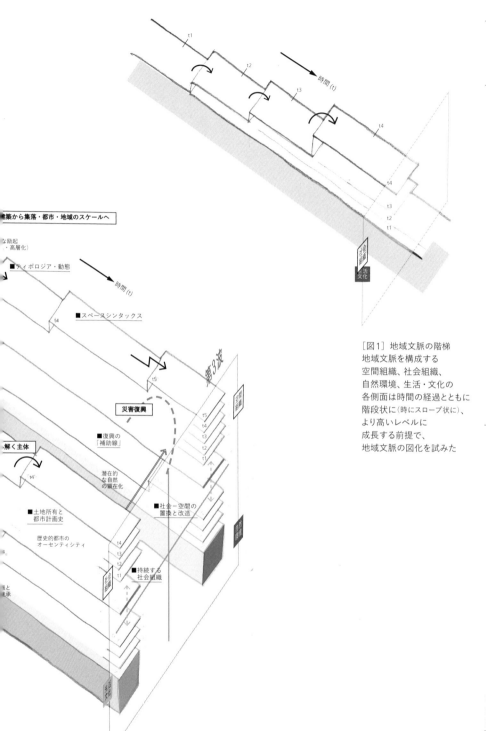

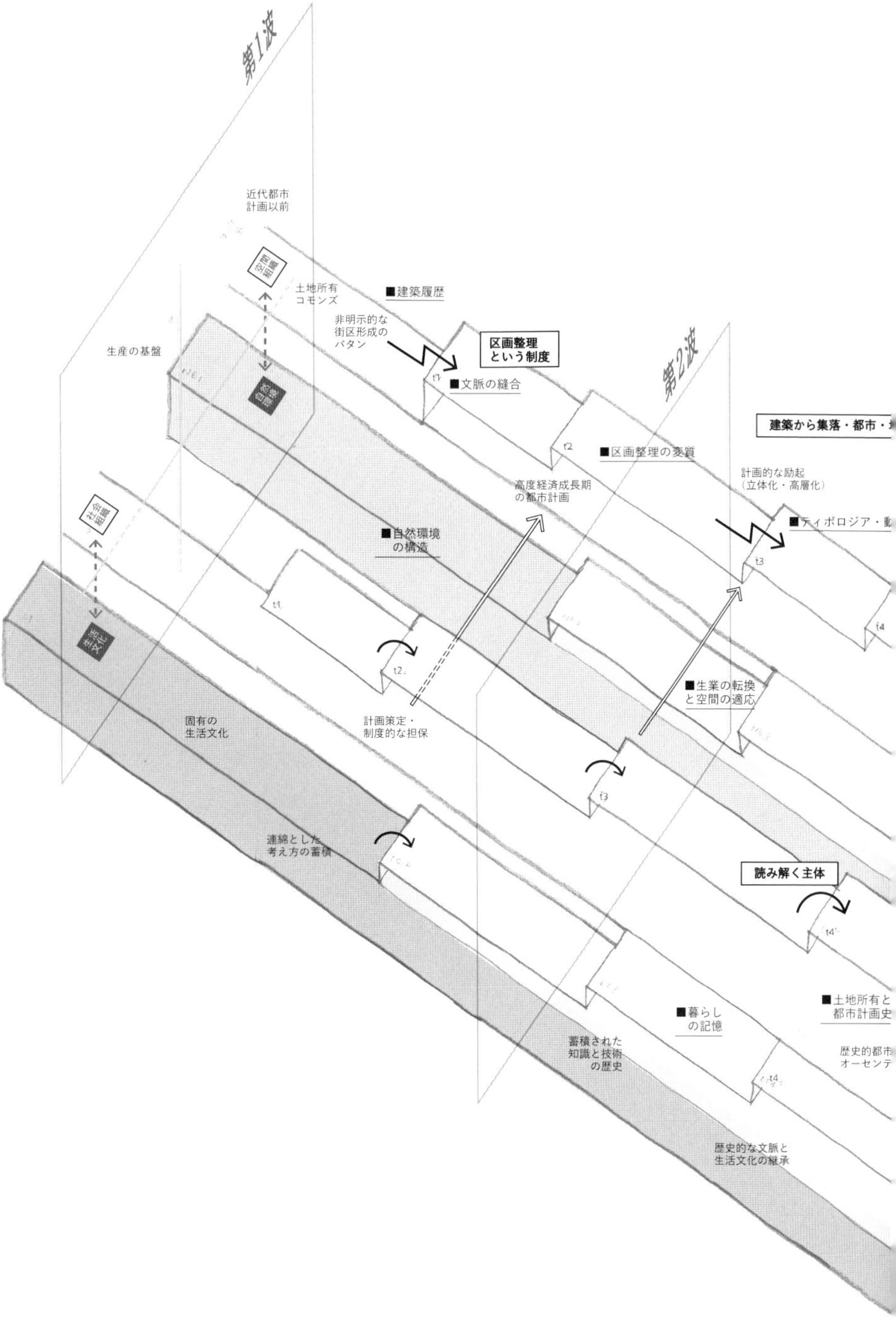

［図2］地域文脈読解のデザインの概略。本書のカタログのマッピング
地域文脈を構成する空間組織と自然環境、社会組織と生活・文化は
互いに重なり、空間組織と社会組織は時間の経過に沿って並走する

の都市に、かつての計画やその後の変遷を投影し、都市構造・空間組織の変化を照らし合わせる。当時の基準のみでなく、「現在の価値観」で判断、評価されることもある。たとえば、第II部カタログで田中傑が指摘したスコピエ計画[*2]の変遷は、当時の計画が策定された後にまちがどのように変化していったかを調査・検討している。

[3] 再評価・再解釈——新たな視点による新たな評価

計画だけではなく、計画を取り巻く社会構造や評価する視点もまた変化する。当時の計画は変化していないものの、社会状況が変化するとともに価値観・判断基準が変化し、既知と思われていた

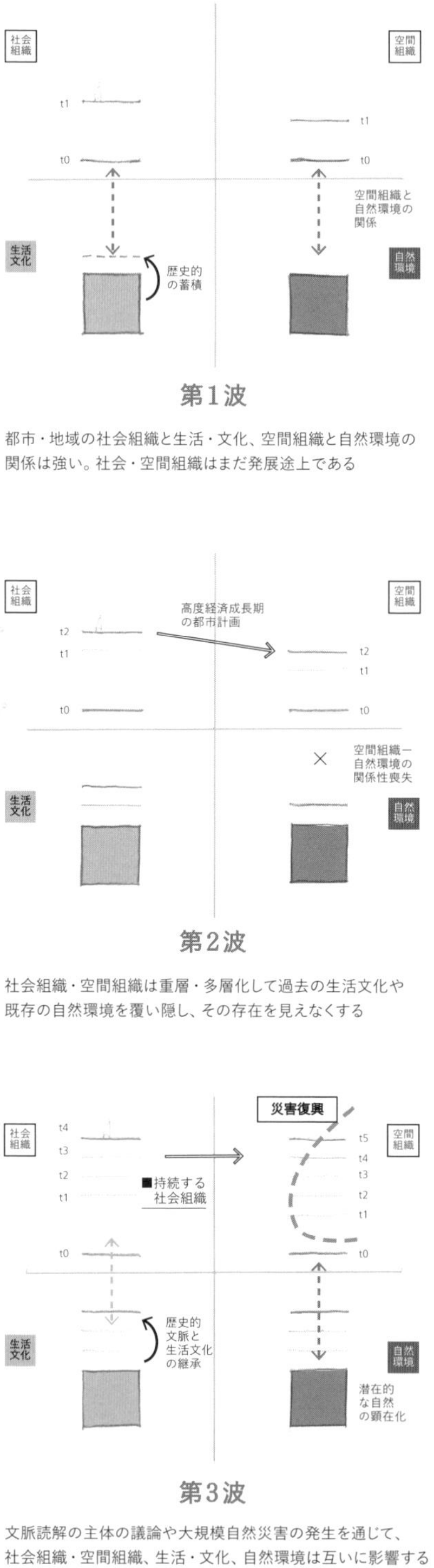

第1波

都市・地域の社会組織と生活・文化、空間組織と自然環境の関係は強い。社会・空間組織はまだ発展途上である

第2波

社会組織・空間組織は重層・多層化して過去の生活文化や既存の自然環境を覆い隠し、その存在を見えなくする

第3波

文脈読解の主体の議論や大規模自然災害の発生を通じて、社会組織・空間組織、生活・文化、自然環境は互いに影響する

[図3] 第1〜第3波における地域文脈読解の断面

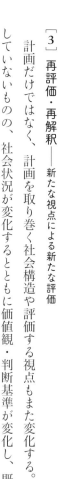

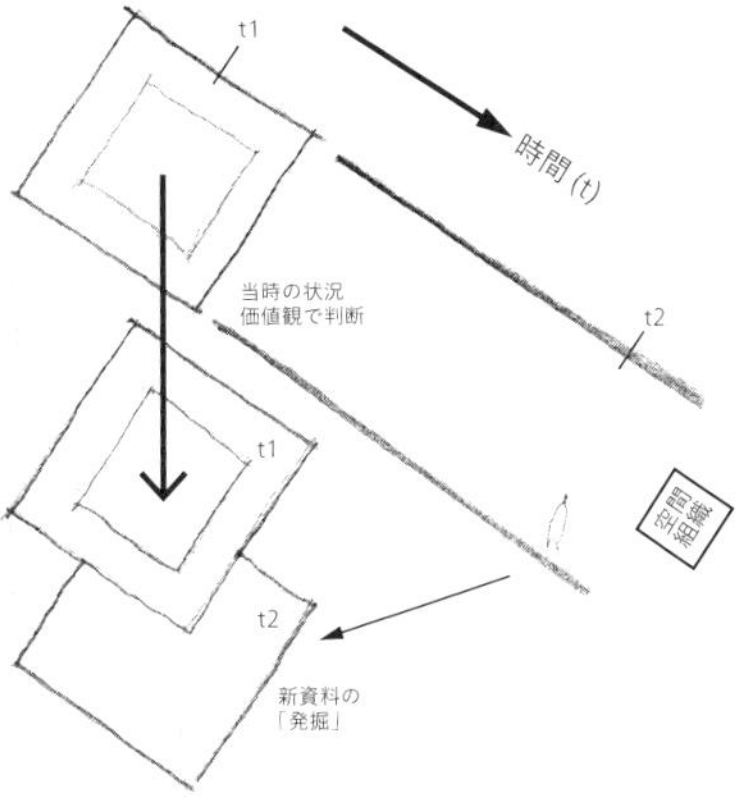

［図4］検証

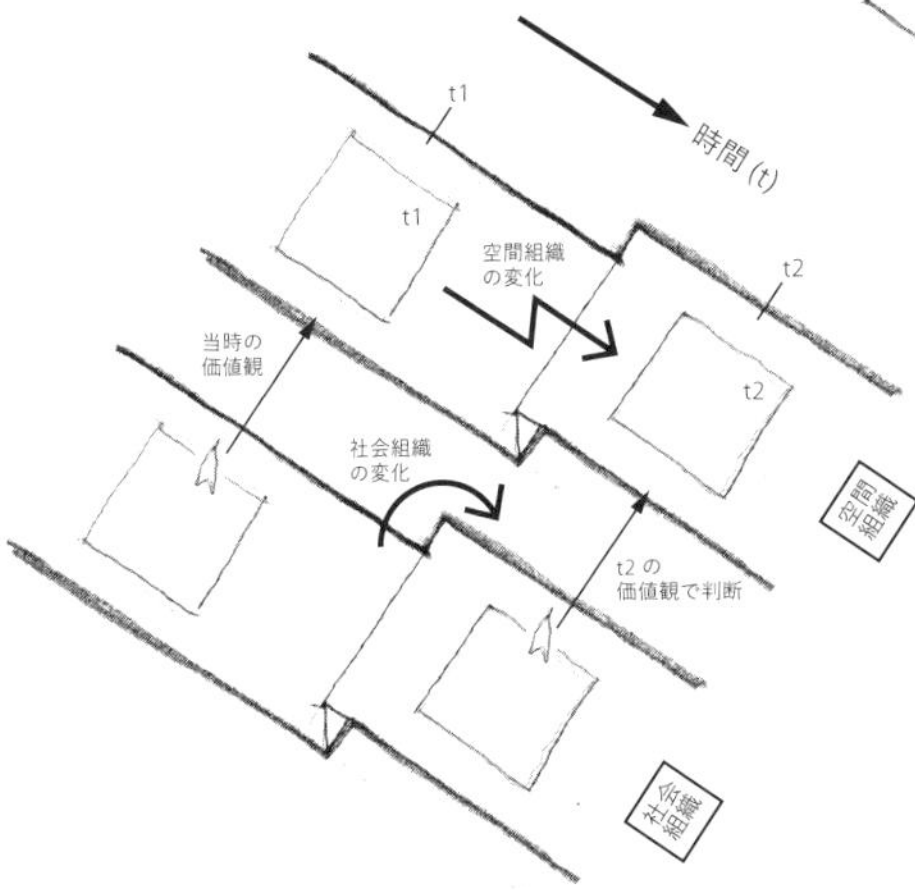

［図5］変遷

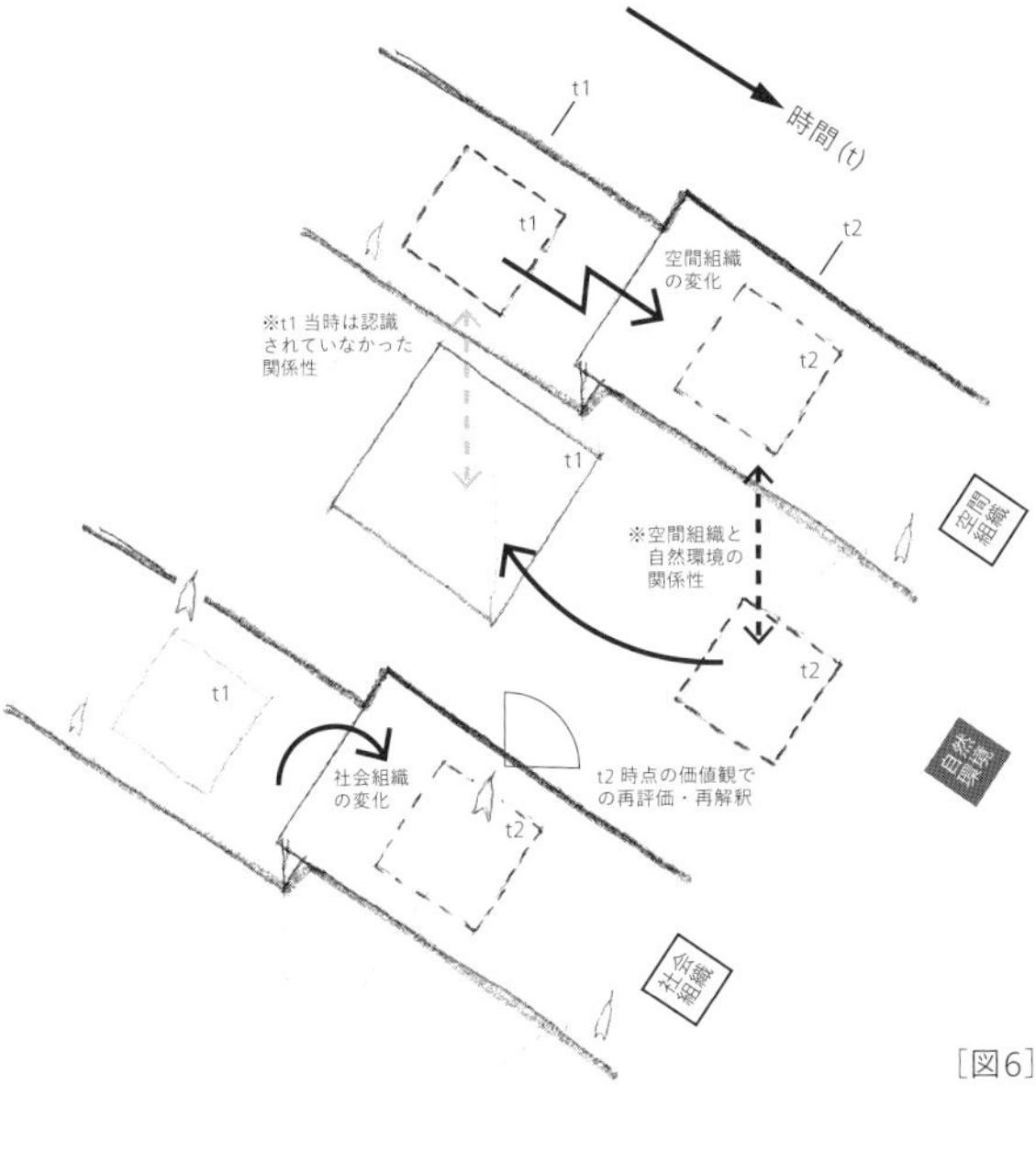

［図6］再評価・再解釈

計画内容について、当時とは異なる、新たな視点・基準が加わって計画の成否が判断される場合がある。第二波の都市・地域計画のなかには、当時の計画思想や判断基準が十分検証されないまま、「定番」であるかのように理解されているものも少なくない。実際には定番であると理解されている理論や基準のなかには、個別の事情が大きな影響を及ぼし、年を経て現実との違いが明らかになる場合がある。首尾一貫した計画理論が徹底されていた（あるいは計画が失敗した）と一般的には理解されてきたものが、ある分野では新たな評価の対象となりうる。たとえば、筆者は千里ニュータウン[*3]の造成・インフラ・住棟配置などについて、当時はまだ十分理解されていなかったランドスケープに視点を「ずらして」、新たな視点から評価を試みている。

こうした議論が可能となった背景には、第二波当時には十分でなかった基礎資料・情報の蓄積と、その公開による社会組織の知識の共有、さらに地域文脈への理解が不可欠だった。さらにスペースシンタックスなどの新たな分析方法は、地域文脈の異なる断面・切り口を提供し、その理解に大きな影響を及ぼしている（詳しくは、本書第II部カタログ6のプラハの分析[*4]参照）。

第2章 地域文脈をとりまく社会情勢の変化

1 「地域文脈」と外圧

歴史的な都市がかつての都市に重層して構築された時代から、またそうした歴史の蓄積が改変・整序されて近代都市が誕生した当時に至るまで、都市は読解されつづけている。ジョルジュ＝ウジェーヌ・オスマンがパリ改造で詳細な模型（図面）を作成し、都市を俯瞰しつつ、その内部に立ち入って計画を検討した様子は、そのまま現代の都市開発にも重なる。

地域文脈に関する議論は、それまで継続的に生活が営まれていた地域に自然・人為を問わず何らかの「外圧」が影響を及ぼしたとき再び顕在化してくる（東京大学建築学専攻 Advanced Design Studies（T-ADS）[*5]の「これからの建築理論」での討議に際し、小渕祐介は、世界の経済動向と建築理論の波の位相が逆転したダイアグラムを示している）。

2　緩やかな外圧と確率論的な外圧――「環境変化」と「撹乱」

地域文脈を顕在化させる外圧は、大きく二つに分けられるだろう。緩やかで捉えにくいが、徐々に（確実に）浸食・浸潤する外圧と、急激に明確な破壊をもって現れてくる確率論的な外圧である（本章ではそれらを自然生態的な捉え方から、前者を「環境変化」、後者を「撹乱」と呼んでみる）。どちらも最悪の場合、地域文脈の破壊という結果として私たちの日常に顕在化するが、緩やかな「環境変化」は顕在化するまでに何らかの兆候はある。たとえば第三波では、地球規模での環境問題、少子高齢化、世界経済の地域への浸透などが例に挙げられるだろう。こうした「環境変化」に伴う都市構造の変化は、兆候があり予測可能で変化の速度は緩慢だが規模が大きく、変化の波に抗って都市構造を大きく変化・改善することは容易ではないことが多い。たとえば高度経済成長期に建設された都市施設、道路・橋梁などの土木施設の老朽化は不可避な課題として目前にあり、長寿命化や交通手段の転換による都市縮退への対策は一部、提案されてはいる。しかし少子高齢化、生産年齢人口の減少による社会構造の変化や世界標準の経済の蔓延・浸透と地域経済の影響など、より上位の社会構造下にある。

一方、急激かつ明確な破壊を伴って現れる「撹乱」の例としては、私たちが二〇世紀末から二一世紀に経験した阪神・淡路大震災、新潟県中越地震、東日本大震災など大規模な自然災害が挙げられる。これまで都市やまちが制御し、生活への影響を排除してきたかのように考えられていた自然環境は、都市の時間軸を超えた長期的なスケールでは今後もさまざまな事象を確実に発生させる。

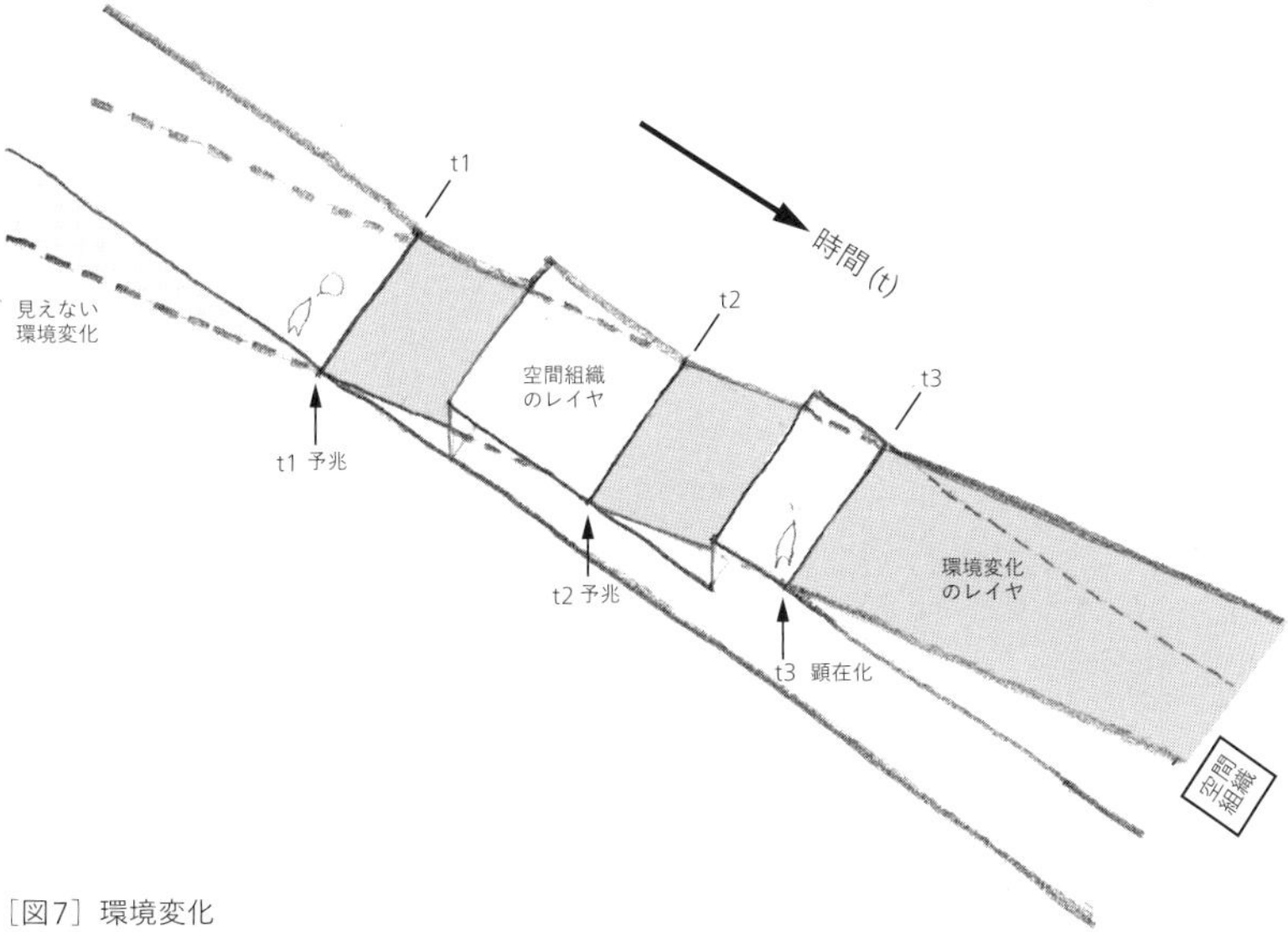
時間(t)
t1
t2
t3
見えない
環境変化
空間組織
のレイヤ
t1 予兆
t2 予兆
t3 顕在化
環境変化
のレイヤ
空間組織

［図7］環境変化

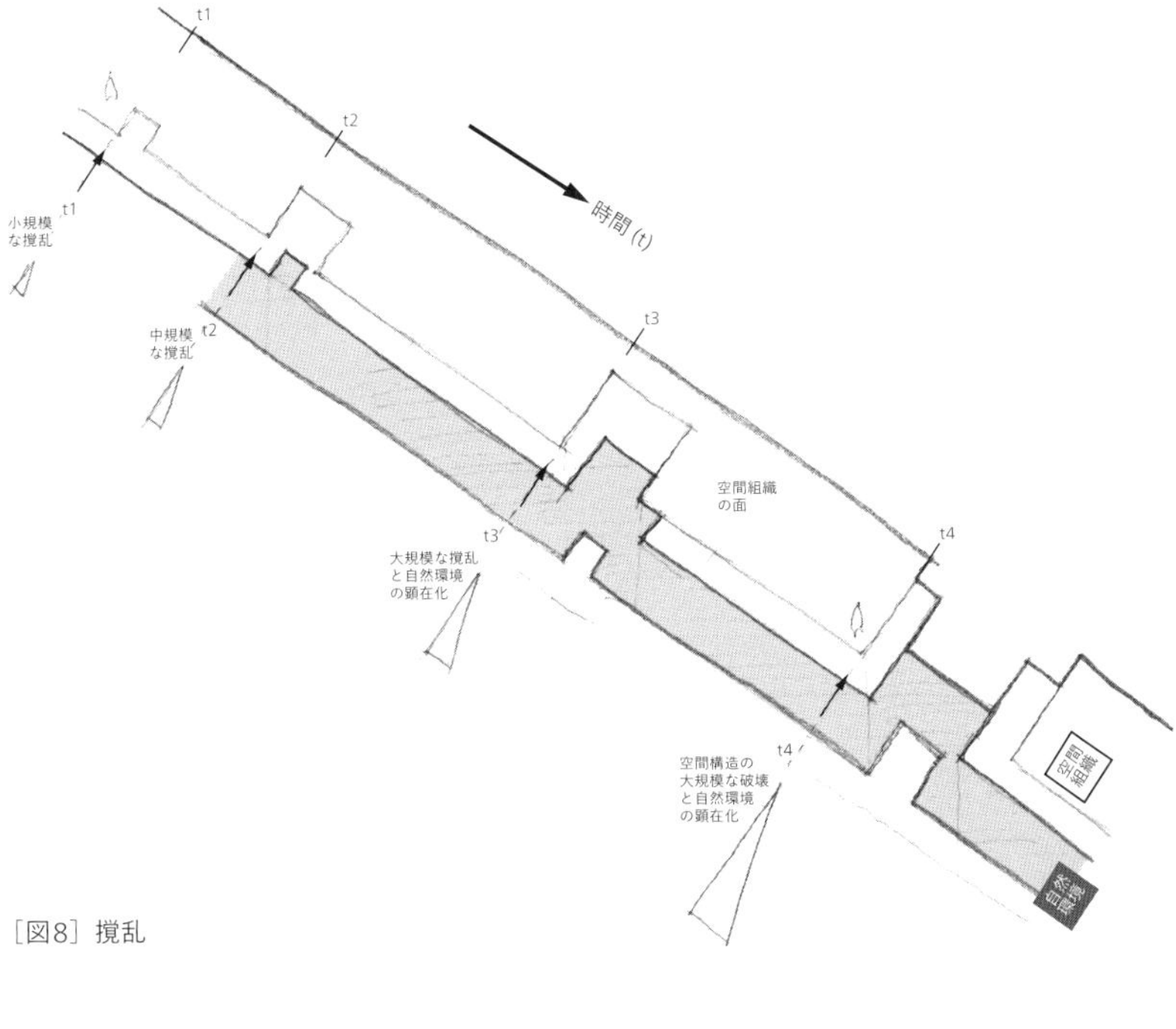
t1
t2
時間(t)
小規模
な撹乱
中規模
な撹乱
t3
空間組織
の面
t4
大規模な撹乱
と自然環境
の顕在化
空間構造の
大規模な破壊
と自然環境
の顕在化
空間組織
自然環境

［図8］撹乱

しかし、こうした「撹乱」の発生は予兆がないことが多く、予測は困難である。第三波の時代に発生した大規模な自然災害は、これまで私たちが想定してきた都市の時間軸を超えて発生し、その規模も想定の閾値を超えて大きく、都市構造そのものに影響を与えた。壊滅的な破壊を受けた都市の「傷口」には、これまで都市が意識していなかった、あるいは第二波では直視しきれなかった地域文脈の痕跡が露呈した——たとえば丘陵地に開発された住宅地では、造成による切盛の違いなどが被害程度の差として、自然生態の特性を表していた——。こうした自然災害の発生頻度や規模に、地球規模での環境変動も影響を及ぼしていることは否めない。

3 変わらない文脈と変化した「読解のデザイン」

第二波が議論された高度経済成長時代には、地域文脈の「読解」の主な対象は、都市の成長によって開発の外圧にさらされた伝統的な建築、まちなみ、集落であり、検討の成果は文化財行政へと結実した。また、自然環境への影響は公害というかたちで顕在化し、環境改善へのさまざまな施策と法制度の成立に結びついた。一方、第三波の外圧は、地球規模での経済が地域の経済に大きな影響を及ぼすよう徐々に浸透し、あるいは確率論的に発生した大規模な自然災害の「撹乱」によって日常のまちが失われて、覆い隠されていた地域文脈が顕わにされていった。第二波と第三波では外圧の種類、外圧による地域文脈の露呈の仕方が変化したと同時に、外圧に対する社会構造の反応も変化した。

地域文脈の「読解」の対象は、第二波では空間組織の物的・空間的特徴であったが、第三波では、社会組織が何を選ぶかといった意識、選ばれた結果への意思、その結果生じる工夫とその意図まで、幅広い対象を「読解」する必要が生じている。ただし、私たちが対峙する第三波の「地域文脈」は、第一波、第二波の変化の履歴を含めた、ひと続きの「文脈」であることは忘れてはならないだろう。一貫して変化しない部分と大きく変化した部分をともに持ち、現代に通じる一貫性を見定めて将来を見通そうとする行為は第一波、第二波と変わらない。このことこそが「地域文脈」の強みでもあり、継続して読解を続けなければならない点でもある。

第3章
空間組織から社会組織へ

1 分類と編年——ティポロジアとヒストーリオ

一九七九年、陣内秀信は広島県竹原市の集落調査において、イタリアの文化財調査・保護の基本概念である「ティポロジア typologia」を用いた。[*6] ティポロジアは、建築の空間組織を形態的・空間的特徴に基づき分類する「形態分類学」である。さらに、これらの空間組織の形態的特徴を時間軸に配列・整理し、過去から現在の形態変化を読解して背後にある社会組織（生活、住まい方）を探る、「編年学＝ヒストーリオ historio」を行う。この分類と編年が、民家採集、デザインサーベイと並び、第二波の地域文脈読解の主要な手段であった。「読み解かれる」対象は、保存と改修を積み重ねてかたちづくられた伝統的な建築群であり、建築物保存のため、現在までの生活の歴史の重層を記録し、価値づけを経て重要伝統的建造物群の保存地区指定などに結実した。現在でも文化財行政の現場では同様の手法で調査が行われている（たとえば二〇一三年に新たに重要伝統的建造物群保存地区指定された秋田県横手市増田町[7]など。デザインサーベイなどとの関連については参考文献[8]参照）。

さらに第三波においては都市と都市を支える後背地の活動との関係を捉える領域論、「テリトーリオ territorio」が着目されている。[9] 植田暁は、歴史保存地区から始まる「都市－後背地 citta strico－territorio strico」の関係と領域の拡大の過程を整理している。[10]

2 積層——レイヤーとオーバーレイ

第二波の地域文脈に関する調査研究によって基礎資料が蓄積され、知見が整理された。そのイメージは、この時期、イアン・マクハーグが提唱した「レイヤーケーキモデル Layer-Cake Model」[11]の「積み重ね」「積層」とも通底する（第I部第4章自然生態——ランドスケープアーキテクトによる地域文脈論参照）。情報処理技術と速度向上により、扱える情報量は増加し、レイヤーケーキモデルは現在、GISの基本構造に継承されている。一方、層状に積み上げられたデータの質も変化した。デジタルカメラ、カラープリンタなど入出力機器の解像

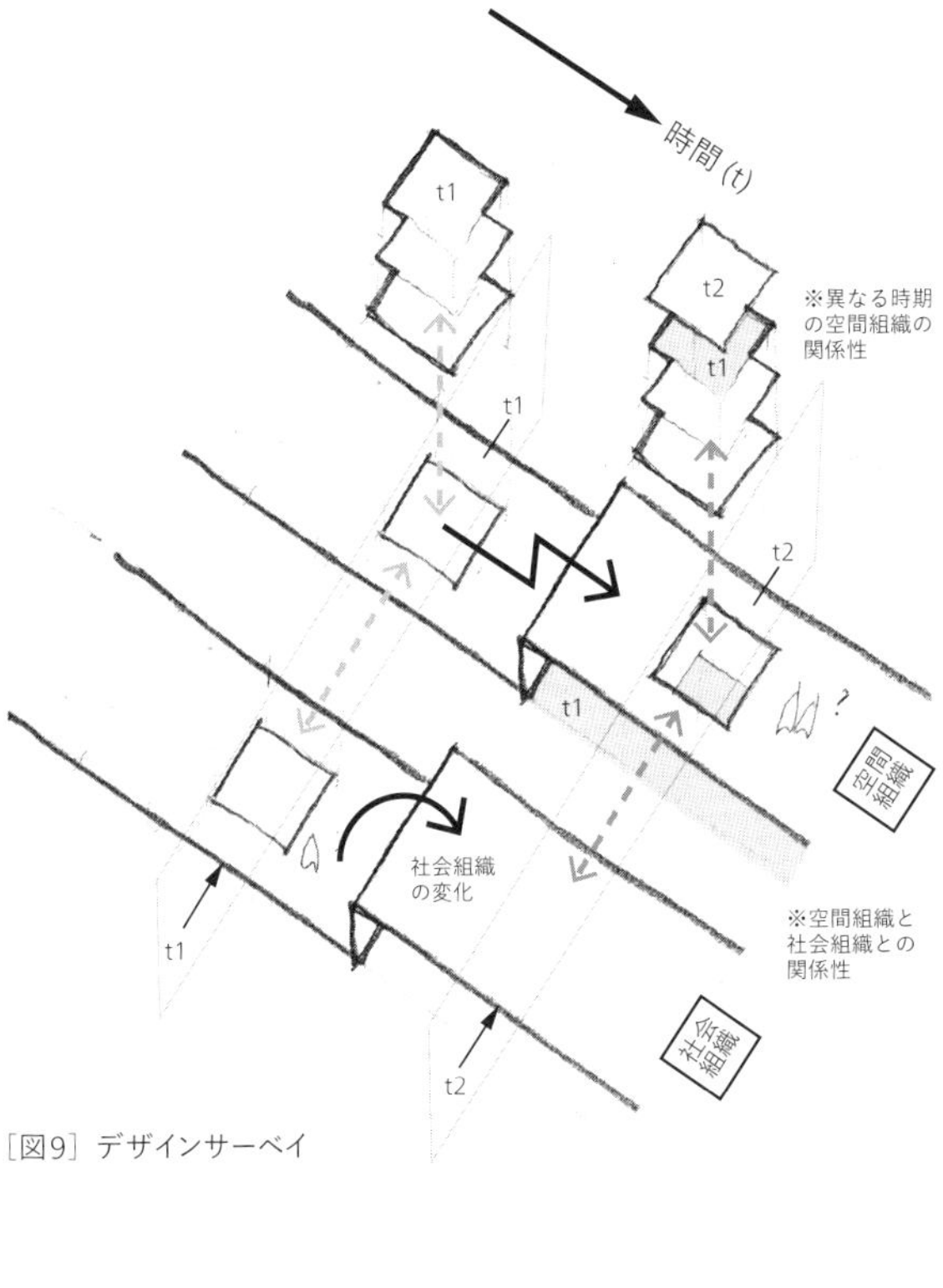

［図9］デザインサーベイ

度が増加し質的にも情報量的にも変化し、同時に情報通信網の拡大伝播による情報検索の自由度が向上、地域文脈に関わる情報の共有も進んだ。たとえば、国土数値情報をはじめとする各種の地理空間情報や空中写真などの情報アーカイブ化とその一般利用への公開、DEM・DTMなどによる3D技術の発達、さらにはGoogle EarthやGoogle Street Viewなどによるデータの日常利用と、スマホ・GPSなどによる携帯可搬性の向上など、第二波とは格段に精度が高まった情報を安価（あるいは無料）で入手し、利用できることがスタンダードになった。

3 編集——パタンとマニュアル

空間組織のカタチを並べ、そこに潜む規則性を見出して分類する操作は、当初「地域文脈」の読解の基本的な作業であったが、分類、評価手法も変化していった。一九八〇年代、日本に紹介されたクリストファー・アレグザンダーの『パタン・ランゲージ』*12は、本来、土地に根づいた「固有

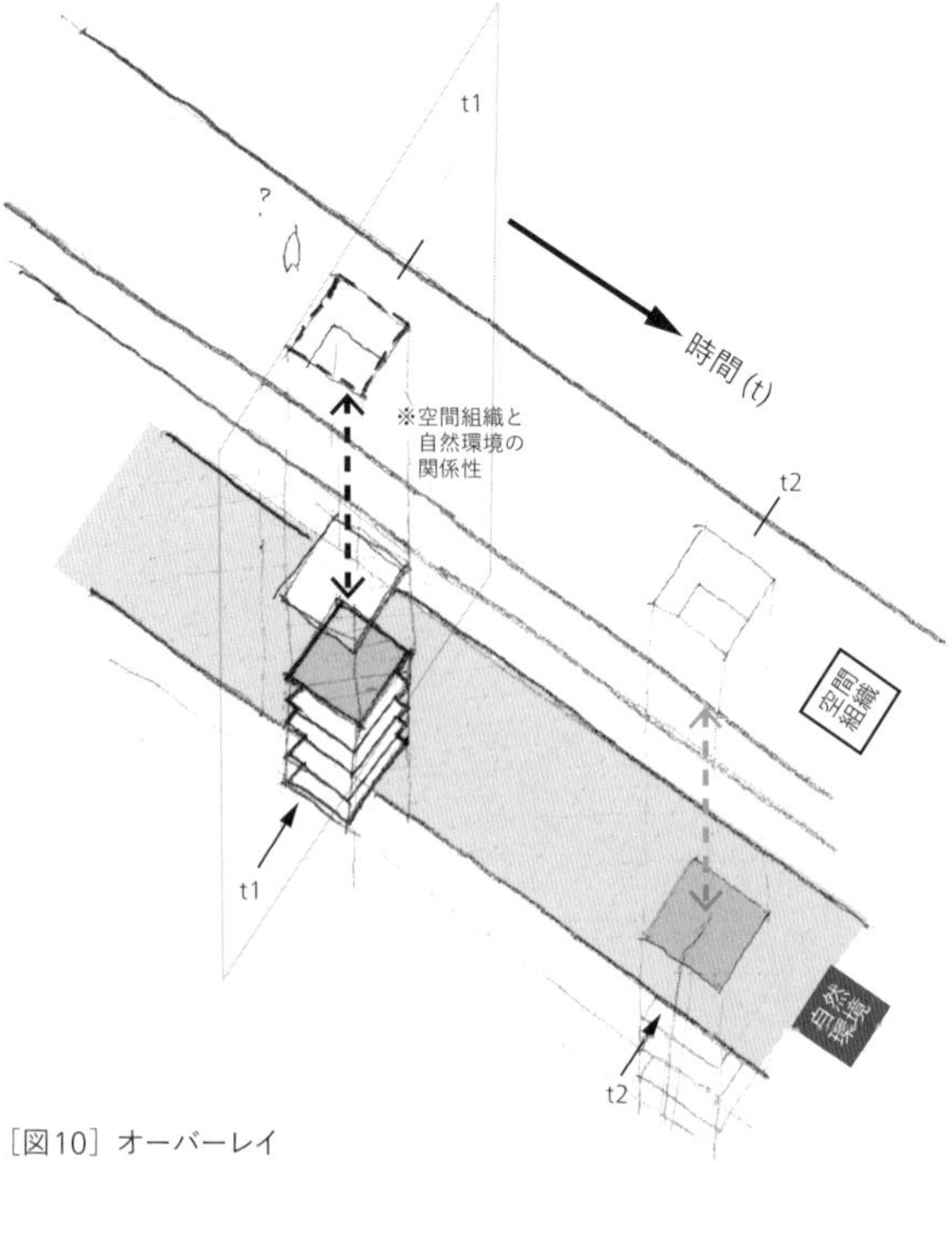

［図10］オーバーレイ

解」を得るための方法論であったが、手続き論とカタチのカタログが注目される傾向が強かった。

分類作業がマニュアル化された結果、ティポロジアでは「分類作業を通じて地域文脈との関係性を読解する手段・対象」であったカタチが、操作可能なパタンとして扱われることが多くなった。（地域に合わせて「カスタマイズ」される場合もあるが）多くの場合、カタチは地域文脈に根づいた結果として生じるものとは扱われず、カタチと履歴・敷地・立地との関係は失われていった。

ただし、このマニュアル化、パタン化は必ずしも弊害だけをもたらしたわけではない。これに続く時代、後述する社会組織が地域文脈読解の主体として参加・関与していく過程で、空間組織のパタン化された「かたちのカタログ」と手順を示したマニュアルは、概念の一般化と情報共有のためには有効だったのではないか？　この時代、地球規模の情報ネットワークの拡大は加速し、それに伴う情報の均質化、均一化の時流は、地域文脈や都市計画・建築分野との関わりも浅くない（たとえば芸術分野での「スーパーフラット」の流れは、みかんぐみや塚本由晴らがこの時期多用したアクソメ図や立地に左右されないダイアグラム[*13]にも関連する）。情報の一般化と共有はコミュニティの醸成という面にはプラスに働き、第Ⅲ部で述べられる「定着のデザイン」の底辺で深く関わっていると思われる。

ただし、ヴァナキュラーな視点から遊離し、ゲニウス・ロキとの関係を失った「軽い」情報が一般化をもたらした反面、カタチが地域から遊離するのみならず、人々もまた地域の文脈から遊離してしまうことは大いに危惧される。地域文脈の「当時者」は誰か？　空間組織と社会組織の相互関係から成り立つ第三波の「地域文脈」ではそのバランスも課題となっている。

第4章
社会組織の変貌

一九九五年一月一七日阪神・淡路大震災、二〇〇四年一〇月二三日新潟県中越地震、二〇一一年三月一一日東日本大震災と、二〇世紀末から二一世紀初頭にかけて、私たちは大規模な自然災害に直面した。倒壊する高架道路、崩れた棚田と流木に埋もれる谷、津波に押し流された建築・土木構造物……。被災した都市や地域における復興への活動の多くは、地域文脈を取り戻す活動のようにも感じられた。たとえばArchi + Aid[*14]に代表される活動は、第二波のデザインサーベイと（当然相違はありながらも）共通性が感じられた。それは単に物理的、空間的な構造を取り戻すことだけでなく、一見、文脈が消去されかのように見える地域に残る「不可視なもの」を捉えようとしていたからではないだろうか。ここではその「不可視なもの」として「自然生態のポテンシャル」と「社会組織」について述べてみたい。

1 「撹乱」としての外圧と「潜在」する地域文脈の発露

一つの傾向は「潜在する地域文脈のポテンシャル」の顕在化といえる。第I部の自然生態分野の取り組みで示した、土地に潜在する何かを把握しようとする試みは、自然生態分野に留まらず、地域に潜むもの（たとえば地霊、ヴァナキュラーと称される漠然とした何か）から遊離した地域や集落の根源、根幹を問い直し、「地域文脈」を取り戻そうとする動きとも通底していた（たとえば宮本佳明が『10＋1　先行デザイン宣言』[*15]などで示した「環境ノイズエレメント」の考え方をそうした地域文脈の検討に位置づけられるかもしれない）。

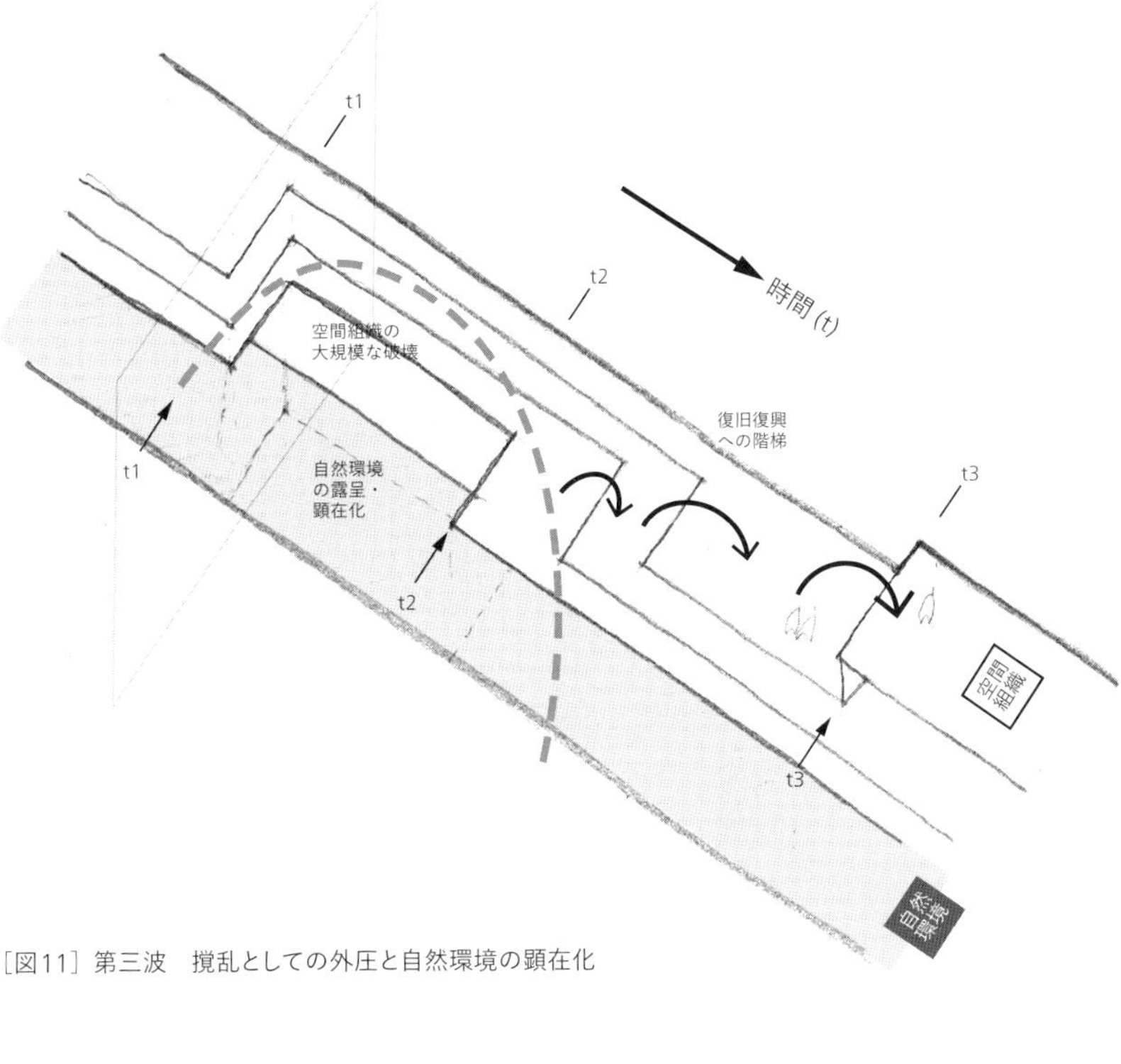

［図11］第三波　撹乱としての外圧と自然環境の顕在化

2 空間組織のポテンシャル、社会組織のポテンシャル

自然災害の現場には、目に見える物的な地域文脈の痕跡は消去されたかもしれないが、一方で空間組織のポテンシャルが顕在化していた。たとえば津波到達範囲には、墓地や神社、浜堤上の居久根の集落など、災害に対して人々が長年かけて探り出した生活と自然環境との「境界」を読み取ることができた。*16

社会組織についても同様に「不可視な」ポテンシャルが顕在化したとも考えられる。山口秀文*17は第II部カタログで、地震によって空間組織が失われたジャワ島の復興プロセスにおいて、社会情勢、価値観を引き継いだ社会組織が、災害の現地に「同所的に留まること」によって空間組織の復興を先導したことを指摘している。

また一ノ瀬友博の、空間組織を「支えうる」社会組織の規模についての指摘も興味深い。*18一ノ瀬は、速水融による江戸時代後期の人口変動の分析を元に、現在農村において縮退が生じている地域は、江戸時代後期の人口が増加した地域に多いことを指摘している。これらの地域は地域的には生産力が豊かで空間組織のポテンシャルが高く、当時新たに人口を受け入れる余裕があった一方で、移入者は集落内でも条件が悪い場所へ入植せざるをえなかった。農村は都市へ人口を供給しつつ、一方で都市の人口が増加した場合、それを受け容れる調整能力を有しており、より広い範囲で人口の流入と流出は繰り返されていたと考えられる。「空間組織と社会組織が互いに関連を持つ状態では、現在生じている縮退が江戸時代から増加傾向にあった集落規模が空間組織が支えうるかつての

適正な規模に『回帰』している、あるいは地域の自然環境にとっては望ましい環境に戻っているなどの指摘もあるが、社会組織との関連（具体的には人口構成）を考えずには正しく評価できない」と指摘した。社会構造や経済は緩やかな外圧により変質しつづけ、以前の枠組みから逸脱してしまった場合、縮退は地域文脈の議論とは時間的・技術的に調整することが困難となる。

3　社会組織の変貌
――読み解かれる対象から読解の担い手・主体へ

第二波と第三波で最も大きく変化

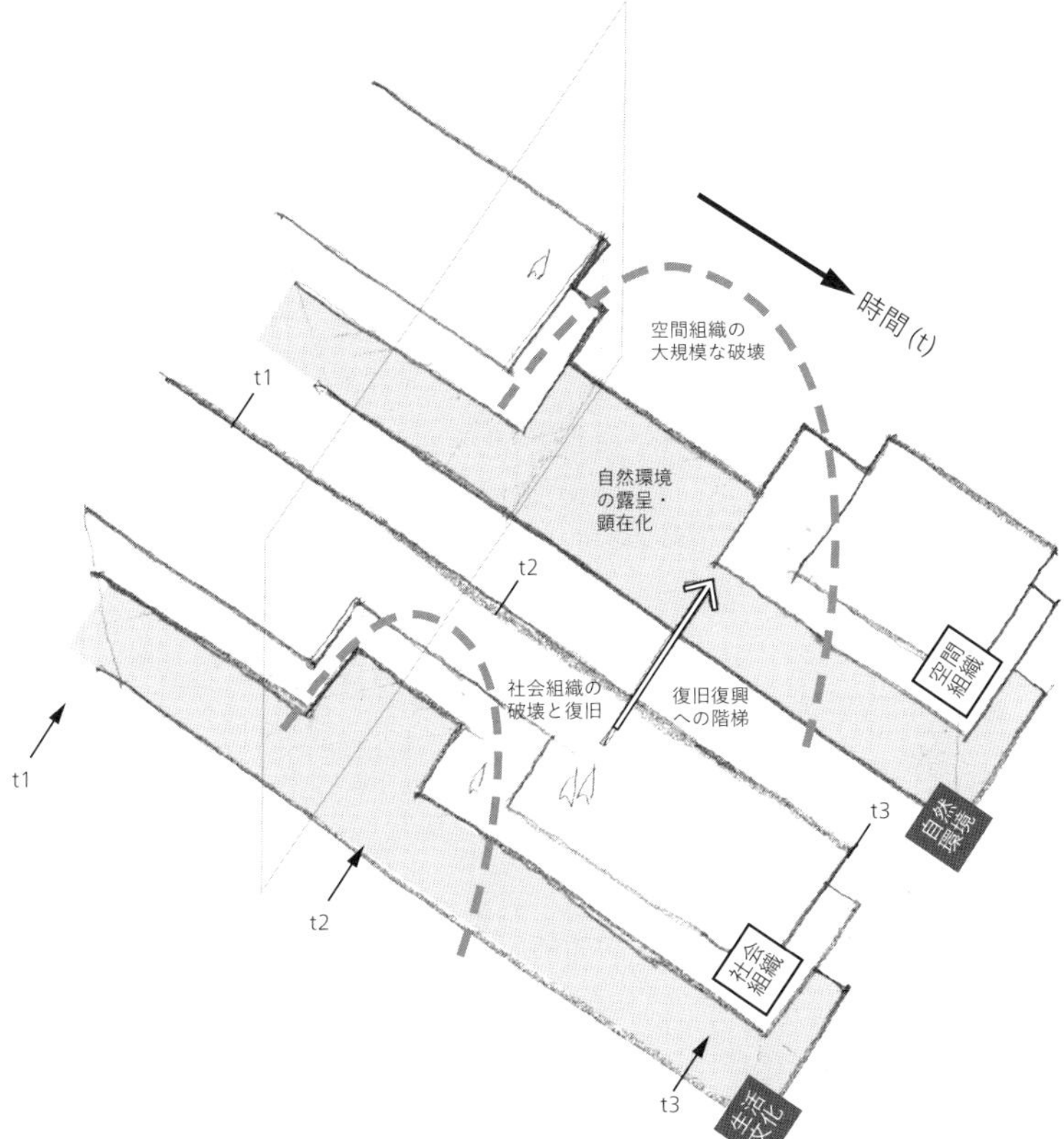

［図12］第三波　空間組織のポテンシャル、社会組織のポテンシャル

したのは地域文脈を捉える主体である。第二波で地域文脈を読み取ろうとしたのは主に専門家であった。空間の形態を探り、分類する作業を通じて専門家が価値づけ、権威づけする。「空間組織」に関する記述は（価値の評価を行う上で）客観的であるべきで、結果として文化財、伝統的建造物群保存地区など、過去の住まい方のかたちが生活の姿、地域文脈となった。

第三波における地域文脈の読解では、必ずしも客観的な評価が重視されないのではないか。一般性、客観性よりも「属人的」「属地域的」に「人間−環境系」としての「地域文脈」を探ろうとする姿勢が一つの特徴となっている。ヤーコプ・フォン・ユクスキュルとゲオルク・クリサートの「環世界 Umwelt」[*19]とも共通するこの主体−環境系の捉え方は、第三波の同世代の建築家・都市計画家にも広がりつつある。

第二波で地域文脈を客観的に評価する役割を果たした専門家は、第三波では客観性を維持しつつ空間、社会組織などを読み解きながら、一方で地域の社会組織の主体によっては認識や評価が異なることを視野に入れて、「当事者」をサポートする役割を担いつつある。そして最終的な決断は「当事者」である地域の住民に委ねられる。都市やまちの空間組織とそこに生活する人々、社会構造とのつながり、関わりを読み解くことに重点が置かれることが多くなってきている。客観的な評価と主体による認識の差異について、窪田亜矢[*21]は第二波において重要伝統的建造物群指定を受けた千葉県の水郷・佐原における調査を例に、第二波の地域文脈を支えた「歴史的なもの」に対して、現在の住民の「記憶の枠組み」を探り、その差異を明らかにしている。

さらに、一度は失われた社会組織を空間組織を手がかりとして再生し、「地域文脈」を継承するために、専門家が住民を鼓舞する役割も見られる。中島直人[*22]は、一九六〇年代に複数の地権者によって行われ、「再々開発」の時期を迎えている藤沢駅前の民間共同開発事例について、「当事者」による「共同」自治力、マネジメント力の持続性、共有しうる「価値観」のデザインを紹介している。

第5章

第三波における地域文脈「読解」の課題と定着への足がかり

最後に、本章のまとめと次章への足がかりとして、「第三波」における地域文脈「読解」課題を小括しておきたい。

私たちは第三波の読解の作業のなかで、第二波の作業を見直して新しい価値を見出す「検証」、変化していく都市構造や町並みを記録しつつその文脈を検討する「変遷過程」、技術や計画のなかで克服すべき対象とみなされ、時代の流れのなかで見逃されたものを見直す「再評価・再解釈」を、行っていると考えられる。

一方、住民は、カタログ化、マニュアル化の時期を経ることにより専門的な知識との距離感を縮め、より主体的な行動によって地域文脈を読解し、新しい価値の発見を行う段階に至っているといえる。読解の技術的な革新があったかどうかは、いまだ議論の余地が残るが、情報共有が価値観の共有とデザインの必要性を高めたという意味で、コミュニティの醸成にはプラスに働き、ある意味、次章で述べられる第三波の地域文脈の「定着」を助けたとも捉えることができる。

1 地域文脈の読解は将来を考えるための「補助線」である

地域文脈の読解は、「環境決定論」と同一視されるべきではない。環境を見、読み解く視線はあくまでも将来を考える「補助線」であり、過去の蓄積に基づいて将来の変化の可能性、方向性を示しているにすぎない。その「補助線」を手がかりに、いくつもの解決のデザインは可能である。適切に「定着」するためのデザインが機能するには、何がどのように「読解」されたのか？ その手法とその結果を合わせて明示する必要がある。

また地域文脈は、あくまで「ひと続きの文脈」として、その包括性を念頭に扱われるべきである。特定の一部、一時代のみに着目して「微分」し、注目した時代や時期以外は「なかったこと」にしてしまうような解釈はなされるべきではない。そうした計画を助長しかねない、地域文脈の安易な引用は「地域文脈」の名を借りた（経済）消費を招きかねない。この危険性に留意し、読解の「適用範囲」を明示しておく必要がある。

2 「地域文脈」は絶対的な価値観ではなく「主体－環境系」による認識である

空間構造などの物理的な文脈とともに、社会構造を構成する主体によって地域文脈の意味や意識が異なることも「読み解いて」おく必要がある。地域住民や関係者が「当事者」と実感し、判断できる地域の規模を「どの範囲に設定するか？」「その関係の深さをどう読み解くか？」などにも課題が残る。たとえば、地域に出店するショッピングセンターと中心市街地の商圏の議論、あるいは二〇二〇年東京オリンピックにおける「関係者」の範囲、開催時と開催後の負担の範囲など、こうした問題における「当事者」の範囲は、学校区、誘致圏、商圏など物理的空間を伴うものから、テーマコミュニティなど、物理的空間を伴わないものまで様々で課題は多く、深い。

3 地域文脈には「可塑性」がある

地域文脈は「凍結保存」されるものではなく、「保全活用」（あるいはより積極的に「動態保存」）されるべき対象で、「可塑性」をもつと考えられる。一方、近代化がある段階まで進むと、それ以前の状態には戻すことができない「不可逆」な状況となり、地域文脈の議論や活用は困難となる。この地域文脈の「可塑性」を読み解き、その閾値を明らかにしつつ、レジリエンスを議論することは今後より重要になるだろう。

こうした地域文脈の読解の議論を重ねていくに従い、「地域文脈の議論が現代社会の問題に十分にコミットできているか？」という大前提にしばしば悩まされる。本書を検討する途中でも、「地域文脈の議論は、公共施設やインフラ再整備、経済活動再編への逆風や、今後の都市の社会動向を考える足かせになっているのではないか？」という批判もあった。数度の大震災で地域文脈が浮き彫りになったことは事実であり、それ以前の都市・建築、社会構造に地域文脈の議論が生かされていなかったことに私たちは気づいている。「今後に生かされるか」は私たちの大きな課題である。

この指摘については、今後とも議論を深め、現場で主張しつつ、それぞれの立場で検討を続けて応えていかなければならないだろう。おそらくその過程で、私たちは、先人からの地域文脈の議論を引き継ぎ、地域文脈の読解を後世に伝えていくために、精緻な分析、詳細な報告を行うのみでなく、読解のプロセスでパタン化が果たしたような積極的な意味での「簡略化」「一般化」を行い、市民への情報公開を行いながら社会化し、定着を実践していかなければならないだろう。それについては次章、第Ⅲ部「定着のデザイン」で議論していきたい。

［注釈］

＊1　中野茂夫「建築履歴から読み解く都市空間――松江の官庁街」本書第Ⅱ部カタログ3

＊2　田中傑「市街地復興の「基準線」としての地域文脈――スコピエ復興」本書第Ⅱ部カタログ10

＊3　篠沢健太「自然環境の構造から読み解く郊外住宅地開発――千里ニュータウン」本書第Ⅱ部カタログ7

＊4　木多道宏「スペースシンタックス分析で読み解くパサージュ形成の文脈――プラハの都市空間」本書第二部カタログ6

＊5　東京大学建築学専攻 Advanced Design Studies 編『これからの建築理論 T_ADS TEXTS 01』東京大学出版会、二〇一四年、一六－六一頁

＊6　陣内秀信「竹原のティポロジアによる考察 in 竹原市」『竹原――竹原市伝統的建造物群調査報告書』一九七九年、三九－七一頁など

＊7　横手市産業経済部観光物産課伝建推進室、工学院大学建築学部建築デザイン学科後藤研究室編『横手市増田町伝統的建造物群保存対策調査報告書』二〇一二年、二二三頁

＊8　西吉永一「調査資料抽出にみる集落町並研究の史的展開――その建築史学的特質」『早稲田大学大学院建築史研究室論文発表会（資料）』1－4、二〇一三年

＊9　陣内秀信・高村雅彦編『水都学Ⅲ――特集 東京首都圏 水のテリトーリオ』法政大学出版局、二〇一五年、二七七頁。最近では日本建築学会誌でも「領域学」特集が組まれている。

＊10　植田暁「イタリアにおける都市・地域研究の変遷史――チェントロ・ストリコからテリトーリオへ」前掲書9掲載、一六七－二〇九頁

＊11　イアン・L・マクハーグ、下河辺淳・川瀬篤美総括監訳『デザイン・ウィズ・ネーチャー』集文社、一九九四年

＊12　C・アレグザンダー著、平田翰那訳『パタン・ランゲージ――環境設計の手引』鹿島出版会、一九八四年、六五六頁

＊13　みかんぐみ『団地再生計画――みかんぐみのリノベーションカタログ』ＩＮＡＸ出版、二〇〇一年、三四一頁

＊14　一般社団法人アーキエイド編『アーキエイド5年間の記録――東日本大震災と建築家のボランタリーな復興活動』フリックスタジオ、二〇一六年、三五二頁

＊15　中谷礼仁・宮本佳明・清水重敦ほか『10＋1先行デザイン宣言――都市のかたち／生成の手法』No.37、ＩＮＡＸ出

版、二〇〇四年。宮本佳明編著『環境ノイズを読み、風景をつくる。』彰国社、二〇〇七年、一一三頁など。

＊16　公益財団法人日本造園学会 東日本大震災復興支援調査委員会編『復興の風景像――ランドスケープの再生を通じた復興支援のためのコンセプトブック』マルモ出版、二〇一二年、一三五頁

＊17　山口秀文「リセットされた集落空間と持続する社会組織――ジャワ島中部地震被災集落の復興過程」本書第二部カタログ11

＊18　一ノ瀬友博『農村イノベーション――発展に向けた縮退の農村計画というアプローチ』イマジン出版、二〇一〇年、三九－五四頁

＊19　ユクスキュル／クリサート著、日高敏隆・羽田節子訳『生物から見た世界』岩波文庫、二〇〇五年（初版は、新思索社、一九九五年）、一六六頁

＊20　石上純也『建築のあたらしい大きさ』青幻舎、二〇一〇年、二九六頁

＊21　窪田亜矢「水郷の商都・佐原における「記憶の枠組み」についての研究――「歴史的なもの」との関係をふまえた考察」『日本建築学会計画系論文集』vol.79、No.705、二〇一四年、一四四三－一四五二頁

＊22　中島直人「都市計画と土地の履歴から読み解く初期再開発街区――藤沢391街区」本書第II部カタログ8

カタログの位置づけ

ここでは、第Ⅱ部に収められている一二のカタログ（各論）の位置づけを総論（第1〜5章）に基づき整理した。下表は、縦軸に第三波における地域文脈の「読解」の三つの視点「検証」、「変遷過程」、「再評価・再解釈」を、横軸に地域文脈を取り巻く社会情勢の変化として「環境変化」と「撹乱」を取り、まとめたものである。さらに「区画整理という制度」、「建築から集落・都市・地域のスケールへ」、「読み解く主体」、「災害復興」の四つの読み解きのテーマに分類した。「区画整理という制度」は、地域文脈の破壊に対して、それでもなお現れる地域文脈として「撹乱」と「検証」に位置づけたものである。「建築から集落・都市・地域のスケールへ」は、さまざまなスケールにおいて、緩やかな「環境変化」のなかで「読解」の三つの視点それぞれに位置づけたものである。「読み解く主体」は、専門家が住民などの当事者をサポートする役割を果たして地域文脈が読解されることについて述べたものである。「災害復興」は、災害という「撹乱」の後に現れる地域文脈について述べたものである。

		地域文脈をとりまく社会情勢の変化		
		環境変化		撹乱
「読解」の3つの視点	検証	建築から集落・都市・地域のスケールへ 建築履歴【松江の官庁街】		区画整理という制度 文脈の縫合【東京戦災復興】 区画整理の変質【帝都復興】
	変遷過程	ティポロジア・動態【台湾の都市住宅】 生業の転換と空間の適応【宿根木集落】	読み解く主体 暮らしの記憶【水郷佐原】	災害復興 復興の「補助線」【スコピエ復興】 持続する社会組織【ジャワ島復興】
	再評価・再解釈	スペースシンタックス【プラハの都市空間】 自然環境構造【千里ニュータウン】	土地所有と都市計画史【藤沢391街区】	社会=空間の置換と改造【三陸津波】

［表1］カタログの位置づけ

1 区画整理の変質に現れる地域文脈
――帝都復興土地区画整理事業

1 「区画整理のプロトタイプ」としての認識

関東大震災（一九二三年）によって焼失した東京の下町地区は、馬車や路面電車が走るには貧弱な江戸時代の道路基盤を継承していたため、その復興に際して内務省復興局および東京市は「線」や「点」としての社会基盤である幹線道路・橋梁・公園・社会事業施設などのほか、「網」としての社会基盤である区画街路の整備と、それらに囲まれた建築敷地の整序を実施した。これら企てを総体として「帝都復興」と題し、それら社会基盤の整備に必要な用地を減歩により生み出し、同時に建築敷地の整序を実現する事業を「帝都復興土地区画整理事業」（以下、帝都復興区画整理と略す）と称した。

わが国における公共団体施行の区画整理の嚆矢は、一九二一年に発生した旧浅草区および旧四谷区の大火跡地で実施されたものという[*1]。これ以降、大規模な災害が発生するたびに区画整理をはじめとする種々の手法による復興がなされ［表1］、この帝都復興区画整理が区画整理事業の理論的研究と試行錯誤を重ねる貴重な機会となったことは過去にたびたび指摘されてきた。が、その後の区画整理の歴史のなかでその理論と現実がいかに対峙したかを振り返る機会はなかったように思う。そこで戦前期の「区画整理の歴史」の画期である帝都復興区画整理と「静岡大火復興土地区画整理事業」を題材として「区画整理の理念と現実の折り合いの歴史」を概察したい。

2 換地設計の理念・理論と実際

都市計画法（大正八年法律第三六号）第一二条は土地区画整理を施行する目的を「宅地トシテノ利用ヲ増進スル為」としていた。換言すれば、市街地建築物法が求めていた必要最低限の接道（接線）義務を果たし、建築物の周辺環境を改善し、より高さのある建物を法律に沿って建設することを可能にす

発生年	災害名	主要都市	自治体の規模/市町村の別	基盤整備手法	被災面積	被災戸(棟)数	典拠
1923年	**関東大震災**	**東京市、横浜市など**	**市**	**土地区画整理**		**527831棟**	**震災予防調査会報告、第100号甲、p.68(全焼+全潰)**
1924年	八戸大火	八戸町	町	不明			越澤、p.111
1925年	北但馬地震	豊岡町、城崎町	町	豊岡旧市街は道路事業		3668戸	但馬丹後震災画報(頁番号なし)
1926年	沼津大火	沼津町	町	耕地整理		761戸	越澤、p.112
1927年	北丹後地震	峰山町、網野町	町	峰山町は道路事業、網野町は区画整理		16451戸	奥丹後震災誌、p.39
1929年	気仙沼大火	気仙沼町	町	建築線+耕地整理	65万坪	895戸	越澤、p.112
1929年	船津町大火	船津町	町	建築線	35万坪	620戸	
1930年	前橋大火	前橋市	市	建築線	2500坪		
1930年	北伊豆地震	三島町	町	不明		6251戸	駿豆震災誌、p.9
1931年	山中温泉大火	山中町	町	建築線+土地区画整理		852戸	越澤、p.112
1932年	**松江大火**	**松江市**	**市**	**土地区画整理**	**39万坪**	**800戸**	
1932年	小松大火	小松町	町	**土地区画整理**		1100戸	
1933年	昭和三陸地震	宮城県・岩手県	市、町、村	高台移転など		11685戸	
1934年	**函館大火**	**函館市**	**市**	**土地区画整理**	**126万坪**	**24186戸**	
1934年	脇野沢大火	脇野沢村	村	**土地区画整理**			越澤、p.113
1934年	大聖寺大火	大聖寺町	町	**土地区画整理**			加賀市史通史下巻、p.357
1935年	小松大火	小松町	町	**土地区画整理**			
1938年	氷見大火	氷見町	町	**土地区画整理**		1500戸	越澤、p.113
1939年	上松大火	上松町	町	**土地区画整理**		1000戸	
1940年	**静岡大火**	**静岡市**	**市**	**土地区画整理**		**7371棟**	

［表1］関東大震災以降の災害史

る社会基盤の整備が本来の目的である（「帝都復興都市計画事業」の根拠である特別都市計画法（大正一二年法律第五三号）には区画整理の施行目的がない）。

他方、区画整理は当初から「宅地トシテノ利用ヲ増進」するために必ずしも必要ではない広幅員の幹線道路や学校、公園などの整備用地を確保する手法として用いられてきた（もっとも、そのような場合、区画整理事業以外に道路事業などによる用地買収を併用することも多かったようだが）。

こうした社会基盤施設に土地を供出すると、従前の敷地とは大きさ・形状・位置などが異なる「換地」が所有権者・借地権者（以下、権利関係者と略す）に割り当てられることになる。この割り当て計画を換地設計と称するが、権利関係者に課せられる負担を公平なものとするために、一定範囲内に含まれる敷地の資産的価値が相互に一定の比例関係を保つように調整することになる。また、敷地相互の位置関係もなるべく継承され、権利関係者が旧敷地の周辺から転出する必要がないように設計がなされる（照応の原則および目白押し式換地）。このような換地設計を関東大震災時に焼失した東京の下町エリアに建設された十数万棟の仮設建物の建つ敷地について行ったのである。

では、そうした社会基盤施設の整備と建築敷地の整序がいかに実現したかを旧日本橋区長谷川町・田所町地区を例に説明したい。図1は区画整理前、図2は区画整理後の同地区での敷地割を示していて、それら敷地上に建つ建築物の平面概形を薄いラインで描き、そのうち接道していない建物を黒、接道しているものの行き止まり路地に面している建物をグレーで塗っている。区画整理前は街区の外周から奥へ向かって延びる細長い敷地割（いわゆる「うなぎの寝床」）の上に黒やグレーに着色した建物が多数存在していたが、区画整理によって街区の長・短辺がともに四〇～五〇メートル以下に短縮され、黒・グレーの建物も減少したことがわかる。

こうした改善の一方、細長い敷地形状自体は残存しているし、背割道路の開削により、表通りと裏通りの両方で接道する敷地も発生した（図2の＊印）。また、狭小な宅地も存置されてしまった。これらは換地設計において先述の「照応の原則」や「目白押し式換地」を標榜し、道路の幅員・接道幅・

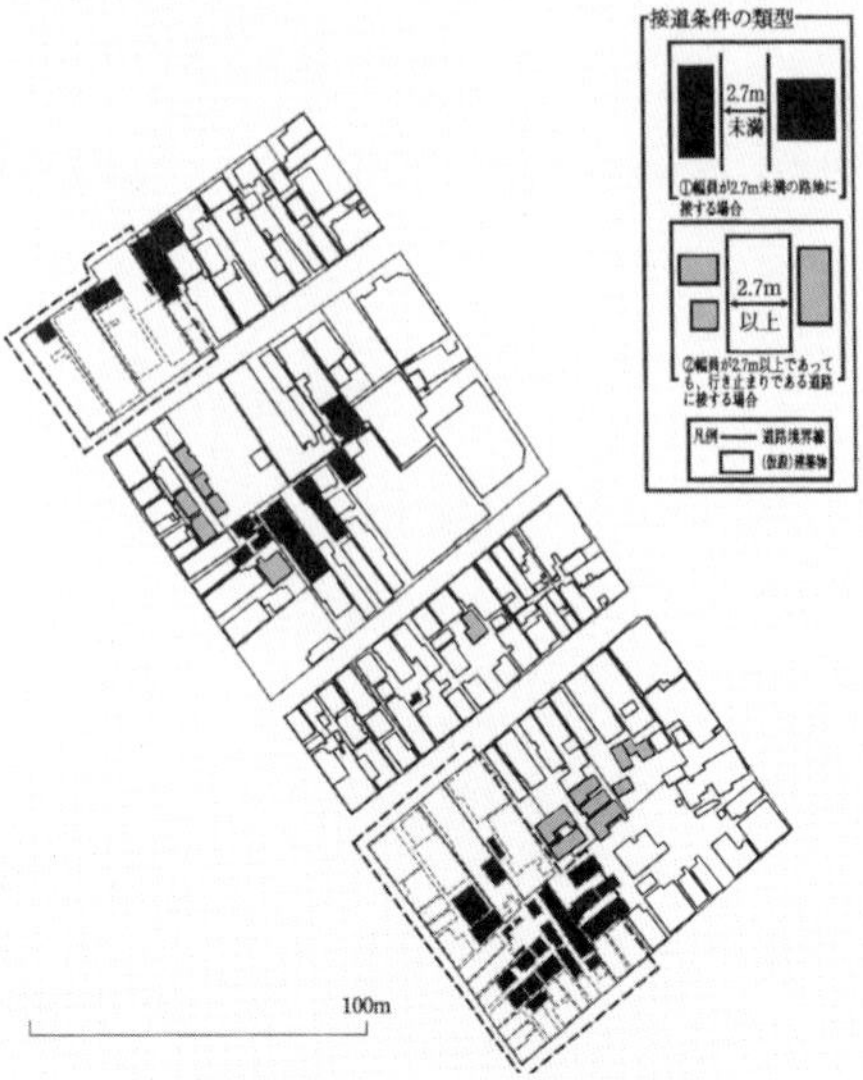

［図1］帝都復興区画整理前の概況

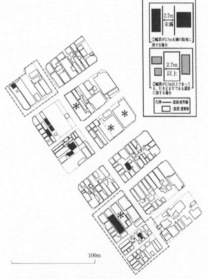

［図2］帝都復興区画整理後の概況

（図1・2 出典：田中傑『帝都復興と生活空間――関東大震災後の市街形成の論理』東京大学出版会、2006年、213頁および247頁）

敷地面積・位置などを資産評価の要素としてばかり扱い、将来をも含めた「宅地トシテノ利用」という観点で真剣に検討しなかったからかもしれない。広幅員の表通りに面した狭小な敷地は、後年、裏手の敷地と統合されることで街区内側に不釣り合いな容積利用をもたらす遠因をつくってしまった。

3 静岡大火後の区画整理における理念の喪失

その後、各地の災害復興を経て、戦前期の最後に「静岡大火復興土地区画整理事業」（一九四〇年）が行われた。戦時下であったため、従前の街区を二分する背割道路の新設や防火用水の設置には熱心であったが、「宅地トシテノ利用ヲ増進スル」ことには帝都復興区画整理以上に不熱心にみえる。また、権利関係者をなるべく転出させない目白押し式換地の利点も、阿部喜之丞（静岡市臨時復興局長）が「各商店櫛比し各個（ママ）の間口で極めて狭いところなど（では）間口は減じ[*2]ず、防火道路の計画線内の敷地を他所へ換地したり買い上げる方針を早々に口にしていて（同年二月の被災者への説明時）、当初から放棄されていた。前者の傾向は幅員三六メートルの防火道路が実現された一帯の換地の様子を示した図3にも表出していて、防火道路の計画路線に当たっていたhの敷地が表通り沿いから移動し、各敷地の奥行きが狭くなった外はほぼ手つかずである。

時代や都市規模の違いを考えれば、静岡の区画整理が東京よりさらに中途半端となったのは止むを得ないが、ここに至り、区画整理は理念を完全に失い単に公共用地を供出させる方便に成り下がってしまった。

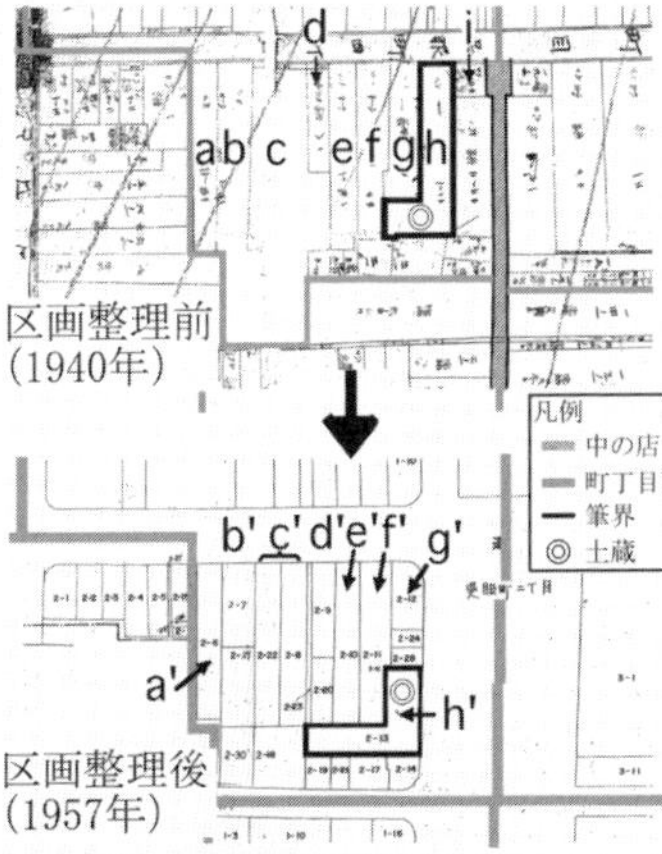

［図3］静岡大火後の換地の実態

（出典：田中傑「一九四〇－六〇年代の静岡市中心部の再形成における戦前期都市計画との連続性・不連続性――都市計画の手法と建物再建の背景となった思想・制度に着目して――」『都市計画論文集』48(1)96、2013年）

＊1 越澤明『復興計画――幕末・明治の大火から阪神・淡路大震災まで』中公新書、二〇〇五年、一一一頁

＊2 「本建築は五月から或る地域は減歩の場合にも間口は減らさぬ方針」『静岡新報』昭和一五年二月二二日付

2 文脈を縫合する歴史的視点による区画整理の読解——東京戦災復興区画整理事業

1 区画整理史研究と都市の文脈

日本の近代都市計画において、都市インフラ整備の大部分（人口集中地区の約三分の一）を担った事業に土地区画整理事業がある。区画整理はグリッド状の画一的な都市基盤になりがちで、地域の空間構造を近代的な都市基盤へと大きく変えるなかで、その地域文脈を破壊するものとして語られることがままあった。これは区画整理が土地の交換分合によって、近世までの都市基盤を読み替えることなく、近代都市モデルへの空間の取り替えを行うものとして認識されてきたことの証左といえる。つまり、区画整理は地域文脈の破壊者という語られ方である。

区画整理事業を歴史的にフォローする立場にある都市計画史学において、その第一世代の代表の一人である石田頼房[*1]らによって、区画整理は事業史や制度史を中心に、区画整理技術の発展・展開を記述整理することから区画整理史研究の途についた。二〇〇〇年代以降の研究では、それまでの事業史の整理を通じて「（いかに今後区画整理するべく、）これまでにいかなる計画および事業があったか」という視点から、「計画および事業によっていかなる空間が生まれたか、また、それは現在どのような都市を形成しているか」という視点に関心が展開していった。これにより、区画整理史研究が、都市の文脈にどのような影響があるのかという論点が改めて浮かび上がってきたといえるだろう。

2 全国の戦災復興区画整理の概要と評価

戦災復興事業が、区画整理史において重要な事業の一つであったことは論をまたない。なぜならば、日本の近代都市計画において、一一五都市（最終的には一一三都市で実施）で同時期に同一事業として計画され、実施された最初の都市計画事業だからである。戦災指定都市の多くは、近世都市基盤による府県庁所在都市であり、地方都市の近代都市基盤整備を築いた点において評価されている。

国から示された一律的な計画方針は、一九四五（昭和二〇）年一二月三〇日戦災地復興計画基本方針の閣議決定に始まり、さまざまな設計標準、計画標準が指定された。[*2] 区画整理については、一九三三年に内務次官通牒「都市計画調査資料及計画標準ニ関スル件」内にて示された『土地区画整理設計標準』をベースとして、一九四六年七月四日戦災復興院次長通牒『戦災復興土地区画整理設計標準（全国戦災標準）』が示された。内容を見ると、戦災復興という急務に対応するため、目安的な地区設定として一ヘクタールあたり一〇〇～一五〇人を標準とし、用途地域・等級別の街区規模の決定を簡略化するなど、達観的な基準を示し、区画整理について熟知していない技師でも設計できることを目指した。また、「これに示されていない細部の具体的計画を樹てることを本旨とする」「設計は特に都市の地方的な特殊性を活かすと共に、各地区の土地利用計画に応じて設計が画一的にならないように努める」とするなど、細かいことは決めず、あとは各都市で対応するなかで、設計標準という国からの一律的標準内にて、画一化の回避を図ろうとしている点に矛盾ともいえる特徴がある。

3　東京の戦災復興区画整理が目指したもの

具体的に個別都市として東京を例に挙げて、戦災復興区画整理による空間形成の実態読解を試みる。東京都戦災復興区画整理事業は、都市計画家石川栄耀をリーダーとして東京都の技師たちによって設計された。ここでの空間設計の思想は、方針だけでなく、具体的な図面に反映されていた。東京都は、事業計画上作成することが国によって定められていた市街化計画を国の意向を超えて活用し、このなかでさまざまな工夫を凝らした街区設計を試みていたのである。

たとえば、商業地の設計では、第四地区錦糸町付近地区[*3]では、従前からの商業街を、地区内部に位置づけ、商業街の性格や視覚的な賑わいを通過交通によって損なわないようにし、この空間に連動して公園や広場を付置した［図1］。また、第八地区渋谷駅付近地区では、渋谷駅前を中心とした谷地の放射状都市構造に沿った細やかなゾーニングを志向し、現在の渋谷の空間構造を確立した［図2］。道玄坂北側の特殊飲食店街を詳細に見ると、地形を考慮しつつ、地区内部に周辺の幹線街路沿いの街区と比べて街区配列の長短辺方向を逆にした小さめの街区の組み合わせによる設計で、特殊飲食店街固有の半閉鎖的な賑わいある街区構成を目指していることが伺える。

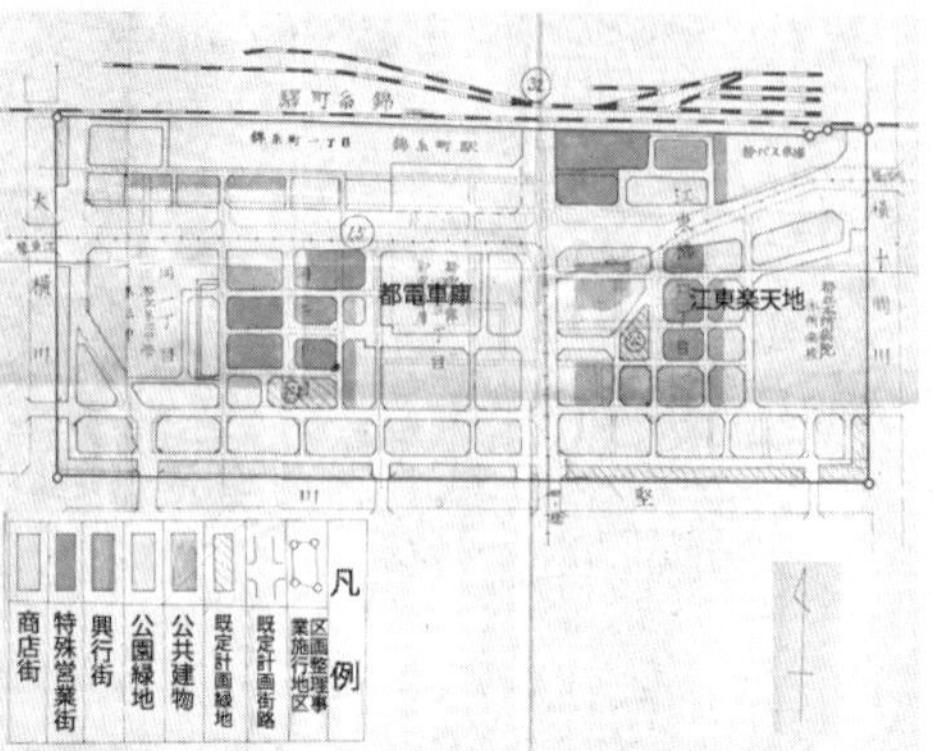

［図1］第四地区（錦糸町付近地区）市街化計画図

さらに地形を生かした街区設計としては、第十一地区王子駅付近地区では、在来街路と等高線を組み合わせて、扇形の特徴的な区画道路を住宅地に配している。第三地区旧教育大学付近地区では、旧教育大学南側の東西に地区を突貫している谷地の斜面地を利用して、緑道を設け、小石川植物園に至る遊歩道をつくるなど、周辺環境を読み込んだ空間設計が行われており、これらは現在でも現地にて確認することができる［図3］。

また、街区、街路レベルのスケールで事業地区の設計を見てみよう。第二地区新宿二丁目付近地区にある太宗寺の敷地に着目すると、減歩により境内敷地が縮減するなかで、寺の境内参道のあった場所に区画道路が配置され、寺の参道空間がそのまま区画街路に取り込まれることで、境内の空間を継承し、区画整理事業が実施された［図4］。戦前より縁日が行われ、敷地前面部の幹線道路（旧甲州街道）沿いの商店街との関係も深かった太宗寺にとって、街路との連続、接続は重要な立地構成であったと考えられる。しかし、現状では空間構成は残るものの、そのような空間の使われ方は見出せず、空間設計に込められた意図は眠ったままといえる。

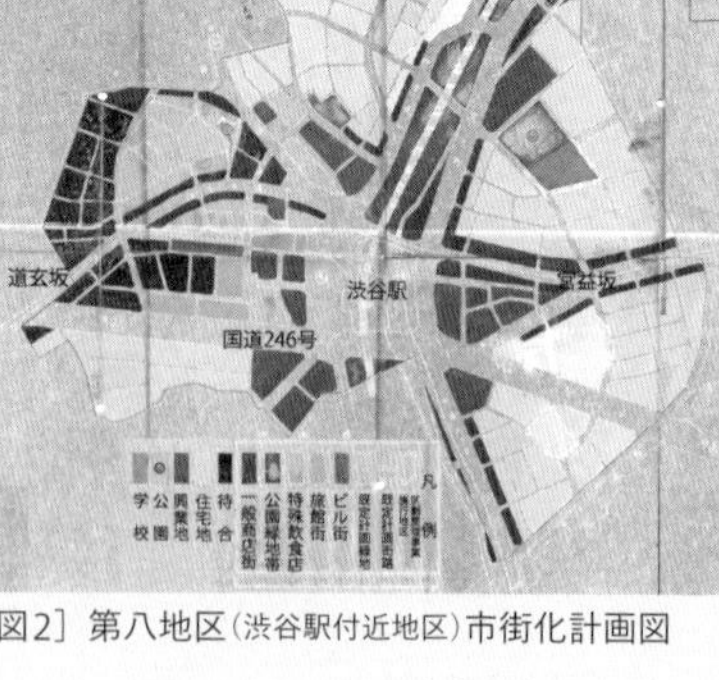

［図2］第八地区（渋谷駅付近地区）市街化計画図

東京の戦災復興区画整理では、都市の文脈は評価され、計画、設計のなかで活用されていた。当時、技術的にすべての文脈を区画整理によって洗い流せなかったともいえるが、東京の戦災復興区画整理は、積極的な空間的文脈の活用を基盤とした新たな都市環境の付与であったのである。

4　文脈を縫合する歴史的視点

区画整理は、確かに一見すると大きく空間構成を変える事業ゆえに、文脈は失われたかに見える。しかし、区画整理による土地の痕跡について、つぶさに歴史を紐解き、現地の都市のなかで追ってみると、重層した時間の重なりが生み出す空間の文脈は、様変わりした都市空間からも見つけ出すことができる。なぜならば、交換された土地もまた、ある拠り所（文脈）を持って交換されるからである。これらの土地で新たな文脈を付与する都市生活がある限り、これまでの区画整理による文脈破壊に立ち止まることなく、時間の積み重ねのなかに地域文脈の糸口を見出し、さらなる空間を構想しつづけ、未来につながる都市の文脈を紡ぐようにありたい。

［図3］第三地区（旧教育大学付近地区）市街化計画図

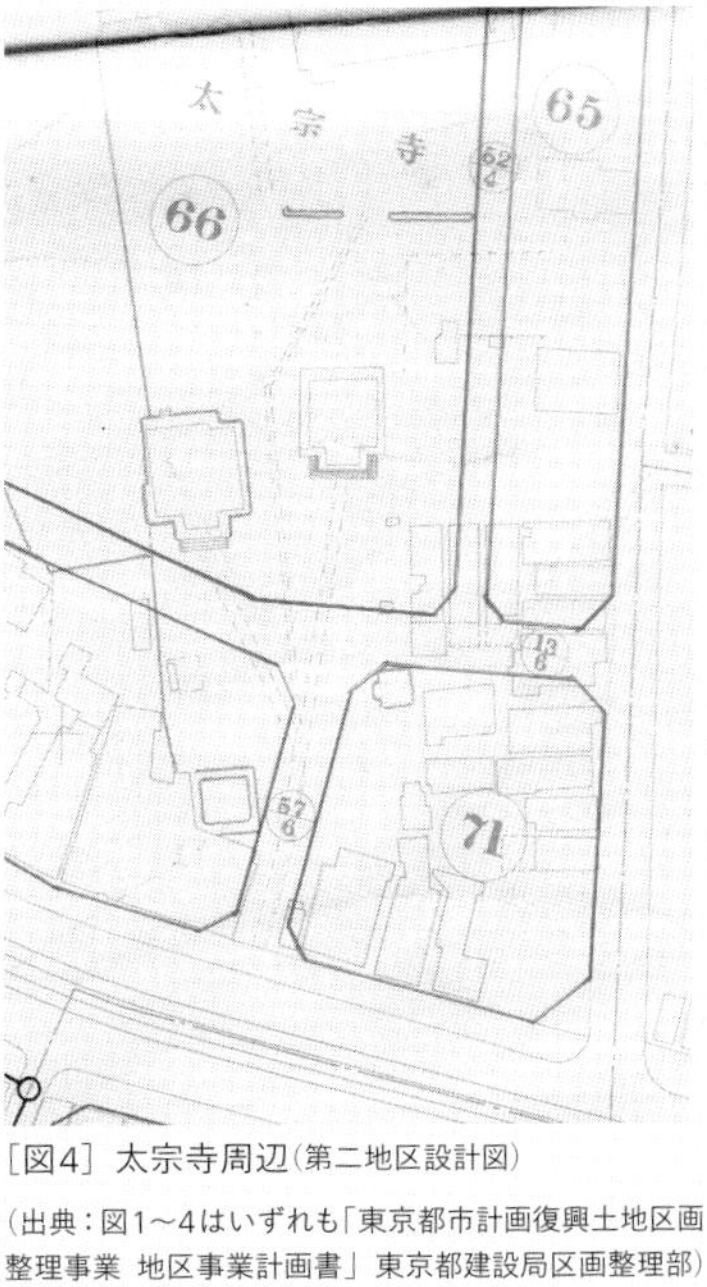

［図4］太宗寺周辺（第二地区設計図）

（出典：図1〜4はいずれも「東京都市計画復興土地区画整理事業 地区事業計画書」東京都建設局区画整理部）

＊1　石田頼房『日本における土地区画整理制度史概説1870〜1980』総合都市研究（二八）、東京都立大学都市研究所、一九八六年、四五－八七頁

＊2　中島伸「東京都戦災復興区画整理事業地区における街区設計の思想に関する研究　区画整理設計標準の比較を通して」『日本建築学会計画系論文集』第七四巻、第六四五号、日本建築学会、二〇〇九年、二四〇七－二四一四頁

＊3　東京都は一九四六年四月に約二万ヘクタールの土地区画整理を計画決定するが、最終的には一九五三年一二月に五〇〇万坪に縮小され、駅前を中心に都施行二九地区、組合施行八地区が事業認可された。

3 建築履歴から読み解く都市の地域文脈——松江の官庁街

1 建築履歴への視角

地方都市において、地域の文脈を読み解こうとしたとき、まず注目されるのが、最も中心的な空間を構成している官庁街である。明治以降、各地で官庁街がつくられるようになったが、それは、それぞれの地方に近代を告げる出来事でもあった。よく知られているのが、三島通庸が建設した山形や宇都宮の官庁街だが、当時の県令たちは、新しい時代の政治体制を地方に持ち込むにあたって、権威を象徴する器としての官庁街を建設してきた。県庁所在地を歩いたとき、それ以降、現在にいたるまで、官庁街は市街地を整備するなかで、最も力が注がれてきた空間といってよいことに気づかされる。

とりわけ、戦後には、戦災復興とともに、防災拠点として、また官庁集中による行政機能の効率化を目的として、官庁の一団地建設が推進されてきた。ここでの大きな課題は、木造の官公署を耐火建築物に建て替えることであった。それは戦後の鉄筋コンクリートの普及とともに全国で展開された。現在、初期の官庁施設の多くが老朽化してきており、建物更新を含めて官庁街という都市空間をどのように継承していくのかが問われている。そこで有効なのが、ここで提案する建築履歴から都市の地域文脈を読み解く方法なのである。その際、特に大切になってくるのは、ただ建物が建て替っていく履歴を追いかけるのではなく、その背景にある計画史とワン・セットで読み解くことなのである。

2 島根県庁舎の経歴

松江の官庁街は、一九七〇年に「島根県庁周辺整備計画とその推進」で日本建築学会賞（業績）を受賞しているように、国内でも屈指の官庁街がつくられてきた［図1］。松江城（国宝）と一体的に整備され、その周辺にモダニズム建築が建ち並ぶコントラストは非常に美しい。ここでは冒頭に示した方

［図1］松江城と一体的に整備された島根県周辺整備計画

	県庁舎の履歴
1872（明治5）年4月12日	初代県庁舎設置
1879（明治12）年1月27日	二代目県庁舎竣工
1909（明治42）年4月1日	三代目県庁舎竣工
1945（昭和20）年8月24日	三代目県庁舎焼失
1951（昭和26）年6月30日	四代目県庁舎竣工
1956（昭和31）年12月13日	四代目県庁舎焼失
1959（昭和34）年1月25日	五代目県庁舎竣工

［表1］島根県庁舎の履歴

法で、官庁街の空間的な文脈を読み解いていきたい。官庁街の空間を読み解こうとしたとき、まず注目されるのは県庁舎の経歴である。というのも、県庁舎にどのような機能を入れるのかによって、周辺の官庁施設が変わってくるからである。

島根県の最初の県庁舎は、武家屋敷を転用した建物だった。それが手狭になったので、一八七八（明治一一）年に、擬洋風の二代目県庁舎が建てられた。二代目県庁舎の時代には、行政の制度が確立し、市役所、郡役所、地方裁判所が建てられたが、いずれも県庁舎から少し離れたところに建てられたこともあり、それぞれが点在していた。

ところが、明治後半に三代目県庁舎が建てられたのと前後して、官庁街の空間が形づくられていくことになる。三代目県庁舎は、京都府庁舎をモデルに設計されており、ルネサンス様式の本格的な県庁舎として建てられた。けれどもこれだけ大規模な庁舎を建てるためには、従来の敷地では十分ではなかった。そこで三ノ丸の敷地を借り受けることになった。こうして松江城の眼下に県庁舎が建てられ、それらが一体となった景観が誕生した。この配置関係による景観は、現在の五代目県庁舎まで受け継がれているという点で重要である。

そしてさらに注目されるのは、三代目県庁舎が、市役所や郡役所の建っていた場所、すなわち東側を向いて建てられたことである。そのことは、県庁の前面の道路が官庁街の中心軸になっていく契機となった。

また昭和初期には、旧松江商業学校を郊外に移転し、跡地に公共施設を配置したことが大きな意味を持っていた。旧校舎跡地には、後に八束地方事務所、警察学校、教育会館が設置された。中心市街地にある大規模な敷地を要する学校を郊外に移転し、公共施設を再配置するという手法は、官庁街建設の常套手段といってよい。

3　戦後の官庁街

戦後の官庁街は、疎開していた施設の再配置や、行政組織の変更による公共施設の再編が行われ、しばらくは複雑な履歴を辿った。それは木造の官公署を鉄筋コンクリート造へと建て替えるなかで官庁街が再構築されるまで続くことになる。こうした混沌とした状況を象徴するように、三代目県庁舎は戦後すぐに皇国義勇軍による焼討事件によって全焼し、再建された四代目県庁舎もまた焼失の憂き目に遭うことになる。

五代目県庁舎は、建設省営繕局の安田臣が設計することになり、一九五九（昭和三四）年一月二五日に竣工した。安田

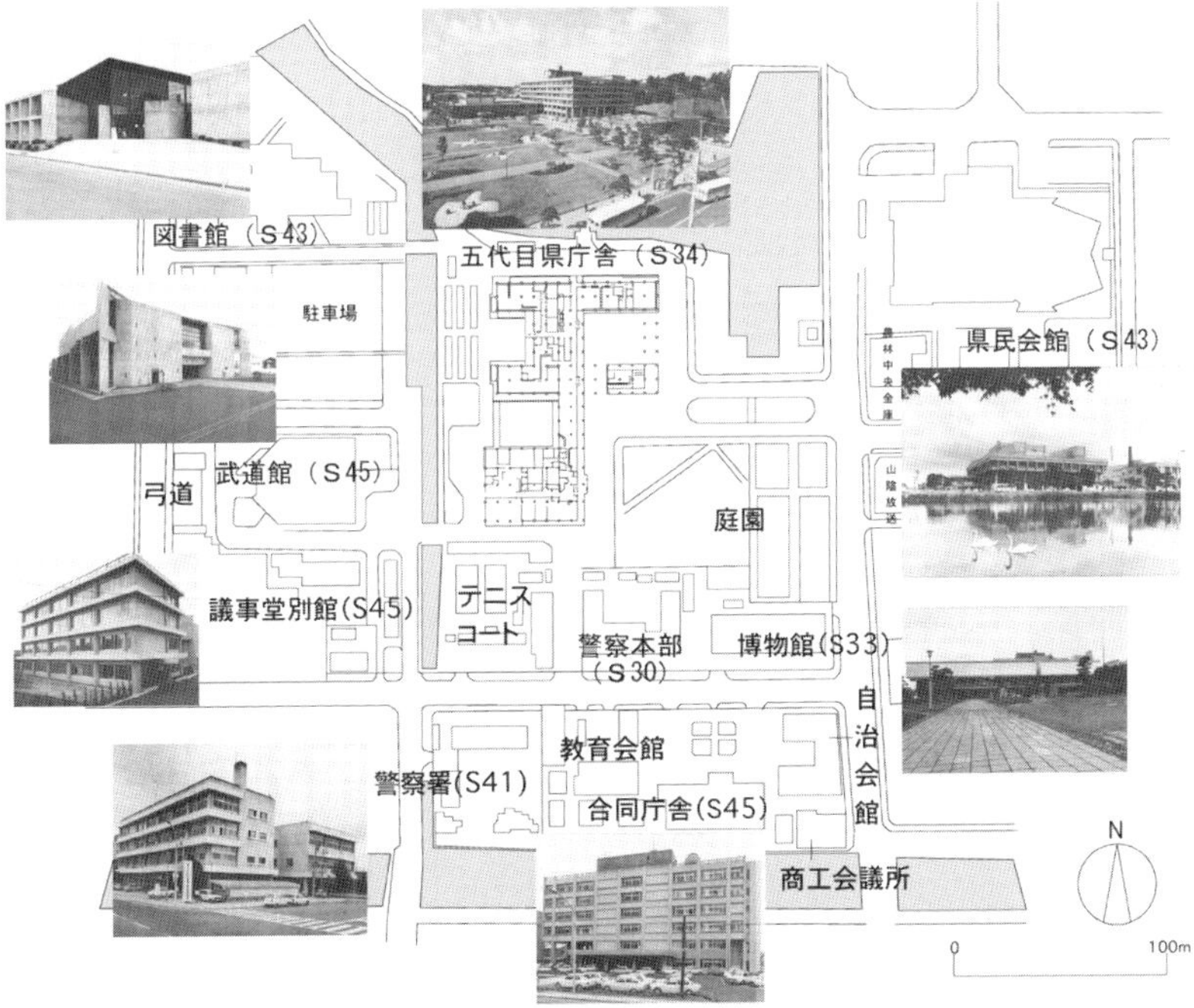

［図2］松江の官庁街（1970年12月時点）

は、松江城との景観の調和に配慮して設計したといい、既存の市街地との関係から正面を東側に向け、その前面の広い空地を使ってビスタを生むことを意図していた。けれども、その当時消防署が建っていたため、思うようなビスタにはならなかったと述懐している。

ところが、昭和四〇年代に入り、県政に強いリーダーシップを発揮していた田部長右衛門朋之知事の指示で、官庁街の再編が開始された。まず県庁周辺整備計画委員会が組織され、専門家委員として、早稲田大学教授の武基雄と松井達夫のほか、県庁の設計を手がけた安田臣と中国地方建設局長の大塚全一が名前を連ねた。第一回委員会は、一九六五（昭和四〇）年八月一九日に開催され、移転されることになった旧附属小学校の敷地と市役所、公会堂等の跡地に、県民会館を建てることが決定された。県民会館の設計も、県庁舎との関係に配慮して安田に依頼されることになった。安田は、松江城の景観の保護と調和を第一に設計し、県庁舎との関係にも配慮して設計したという。その結果、堀を挟んで相対して建つ県庁舎と県民会館は意図的に一体的な空間を創出することになった。第二回委員会は、翌年一月一九日に開催され、島根県立図書館の位置が決定された。同年七月二八日に第三回委員会が開催され、旧松江刑務所の跡地に図書館と武道館を配置することが決定された。図書館と武道館の設計は、以前に島根県立博物館を設計した実績のある菊竹清訓に依頼されることになった。併せて菊竹は、博物館の第二期工事も担当することになった。

こうして島根県庁舎を中心に安田臣と菊竹清訓のモダニズム建築が集中する官庁街ができあがった。これらの建築物群と松江城との景観に調和をもたせているのが、県庁の前庭である。この前庭は、県庁舎の再建時に第一期工事が行われたが、先述のように消防署によって眺望が阻害されていた。そこで知事の田部は、まわりの反対を押し切って県庁前の土地をすべて買収することを決断する。県庁前の庭園を設計したのは、重森完途（重森三玲の息子）だった。重森は、県庁前の庭園が松江城と高層化する公共建築物から俯瞰されることを意識して作庭したといい、全体として一体的な空間が生み出された。

4 松江の地域文脈と官庁街

ここまでみてきたように、松江の官庁街は、土地と建物を一つひとつ更新することの連続性の上につくられてきたといってよい。ニュータウンのように白紙に一から図を描く計画もあるが、多くの都市空間はこうした歴史の積み重ねの上につくられている。ここで取り上げた建物の履歴から都市空間を読み解く方法は、地味な作業ではあるけれど、どこにでもある地域の文脈を播く一つの有効な手だてなのである。

松江では、三代目県庁舎の建設時に、松江城と一体的な景観が生み出された。このときに構築された配置関係は、その後、県庁舎が建て替えられる際にも変わることはなかった。県庁周辺整備計画によって官庁街が更新される過程は、官公署が木造から鉄筋コンクリート造へと建て替えられる過程でもあった。この全く異なる材料の建物へと変更されるなかでも、城と官庁街が一体となった都市空間が継承されたことは特筆に値しよう。

これまで松江市の景観施策は、伝統美観保存区域や景観形成区域を定め、松江城を核とする歴史的な景観の保全を基本方針としており、ここでの保存の中心はあくまでも「伝統的」な遺産だった。一方で「伝統的ではない」遺産、とりわけ戦後の遺産が、景観施策の表舞台に出てくることはなかった。ところが、近年、県庁舎など五棟の耐震補強を契機に、官庁街の一連のモダニズム建築を再評価しようとする動きが市民からも出てきており、現在までに島根県庁本庁舎・議事堂・第三分庁舎（旧島根県立博物館旧館・新館）・島根県民会館・島根県立図書館・島根県立武道館の七棟が国登録有形文化財に登録されることになった。これらのモダニズム建築群は、たしかに歴史都市・松江を象徴するような建物ではない。けれども、ここまで建築履歴から解き明かしてきたように、松江城と一体となった官庁街の景観は一〇〇年以上にわたって継承されてきたものであり、すでにまちの原風景に溶け込んでいるのである。

［参考文献］

島根県『島根県庁周辺整備誌』同発行、一九七二年
石田潤一郎『都道府県庁舎――その建築史的考察』思文閣出版、一九九三年
中野茂夫「近現代松江の官庁街形成史――官公署・文教施設の配置と県庁周辺整備計画に注目して」『都市計画論文集』第四七－三号、七三三－七三八頁、二〇一二年一〇月

4 動態的ティポロジア——台湾から

筆者の研究室では台湾各地でさまざまなテーマでフィールドワークを行ってきたが、その大きな柱のひとつに、ティポロジア（建物類型学）を動態的なものへと書き替えるというテーマがある。これは一九五〇〜七〇年代のコンテクスチュアリズムが最終的には成熟・安定した歴史的環境においてしか有効性をもちえず、そうした安定的コンテクストを欠いた環境にあっては、歴史的な連続性は地形や地割に見出すか、もしくは表層的・記号的な引用や折衷のゲームに流れてしまったのに対して、むしろ地域文脈そのものを動的なものとして捉え直すことで、介入の方法論をも組み立て直すことができるのではないかという着想から取り組みはじめたものである。

最初にわかりやすい例を示そう。二〇〇九〜一〇年に調査を行った澎湖《ほうこ》群島のひとつ吉貝島の集落は、私たちが訪れたときかなり混乱した状態に至っていた。聞き取りによれば一九五〇年頃まではほとんど同じ形式の三合院（南に開いた中庭型住宅）だけが建ち並んでいた。すべての宅地が間口約一〇メートル奥行約一四メートルとほとんど同じサイズで、原則的に四辺を街路に囲まれていた。街路網は等高線に沿った街路とこれに直交する街路からなる、いわば地形に順応したメッシュのようである。では、そうした初期状態からどのようなプロセスをへて現在に至ったのか、それを律するメカニズムとはどのようなものか。

一時間ほども観察すると、混乱にしかみえなかった集落景観が、わずか三類型ほどの建物のモザイク状の集合によってそうみえていたにすぎないことがわかってくる。その一つはすでにごく少数になっていた三合院そのものだから、残るは二つだけ。うち一つは元来の一〇×一四メートルの宅地をタテに二分、もしくはヨコに三分して間口五メートル程度とした細長い直方体のような型の建物。もう一つは元来の宅地を

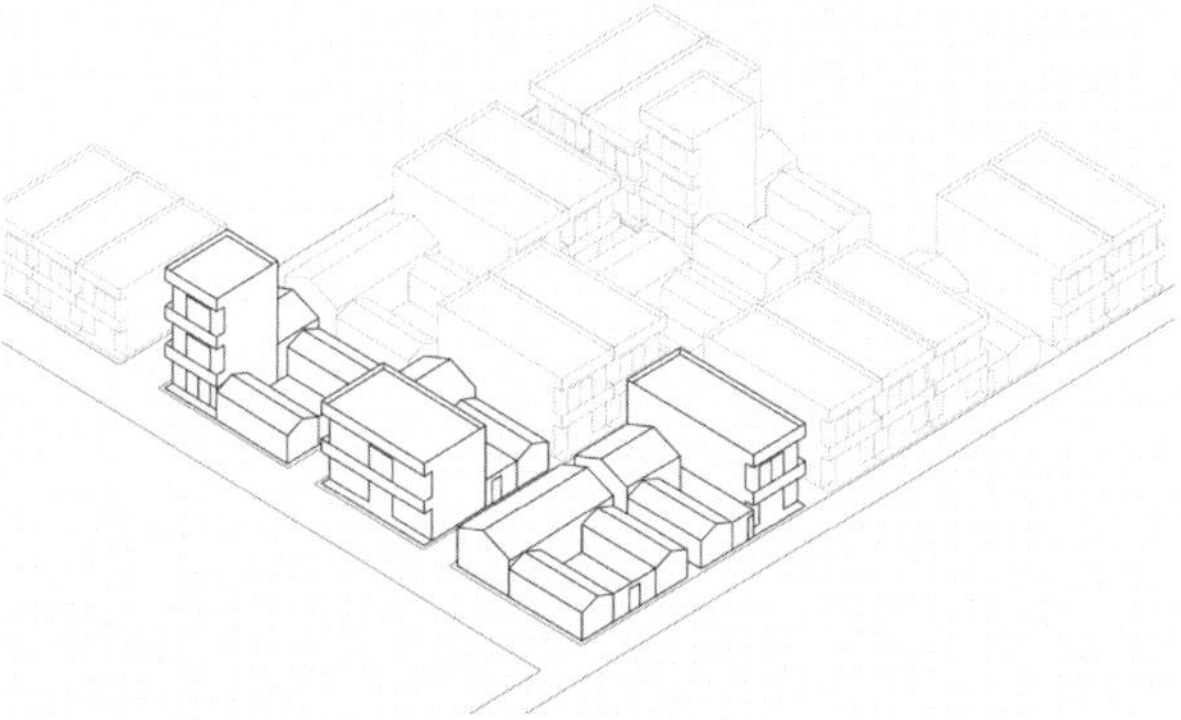
［図1］吉貝の集落組織（明治大学建築史・建築論研究室）

十字型に四分割した、五×七メートルの宅地に塔状に立ち上がる垂直性の強いタイプだ。これら三類型はそれぞれ、中庭型、町屋型、塔型と呼べるが、これらはイタリアのティポロジアではコルテ（中庭）型、スキエラ（列）型、トーレ（塔）型に各々対応し、しかも形式だけでなく規模もそれなりに類似する（とくに、スキエラ型の間口は四－六メートルであり、これは世界中の町屋型におおむね妥当する）。このことは、人間の集住における住まいの型や規模にそれほど大きな偏差はないという感動的な事実を示唆する。地域文脈論は、過剰にその地域の固有性の抽出に躍起になる必要はないのだ。

同時に、ヨーロッパでは数百年かけて出現したこうしたタイプが、吉貝では一九五〇年頃からの数十年、正確には一〇年ほどのあいだに出揃ったということも興味深い事実である。この集落は、きわめて短期間のうちに何らかの刺激を受けて自ら新しい建物類型を産出することで、集落全体を進化させてきたのだと考えられる。そうして三つの類型はほとんど偏りなく集落全体にモザイクをなすのである。イタリアのティポロジアでは、形成時期の異なる地区ごとに、それぞれおおむね固有の建物類型が見出されるといった状況が想定されているが、いわば時間的に圧縮された変容プロセスは、そうした成層的な分布を許さず、均質な混在という結果をもたらしたのだといえよう。

この事情にもう少し詳細に迫ってみよう。

まず、宅地の分割は相続による財産分与のために生じている。伝統社会にあっては三合院の房間（部屋）の配分によって長子相続が綿々と行われてきたが、資産相続における諸子均分（長子を優位に置かない）の伝統的な慣習を基盤とする人々が、近代的な私有財産制に順応することで、土地の分割登記が行われるようになり、細分化した土地資産を有効活用するために高層化がはかられてきた。男子が二人なら南面が重視されるためにタテに二分割、三人なら長手である奥行き方向をヨコに三分割、四人なら十字型に四分割するのが合理的である。ヨコ三分割のケースも間口五メートル弱、奥行約一〇メートルとなるからヨコ向きの町家（スキエラ）型となる。金銭清算という選択肢もあるし、これ以上の分割は実質的に土地利用が困難になるから、相続対象者が五人以上の場合であってもこれ以外のパタンが現れることはない。そして決断の早い者から既存の三合院を自らの所有地分だけ取り壊して更新していくため、三合院は次々に切断され、残された三合院の部分は、所有者が島外に流出して不在化すれば、そのまま放置されることになる。

次に技術的側面に注目すると、元来、この地域の伝統的な家屋の工法は、陸に近い海底から削り取った珊瑚石（白石と呼ばれる）を積み、粘土質の土を塗って仕上げていたが、この工法では二層までがせいぜいである。それゆえ三層以上の高層化は、一九七〇年頃以降に本島から流入してきた鉄筋コンクリートの技術を段階的に取り込むことで実現されてきた。たとえば三層程度なら珊瑚石で壁をつくり、水平スラブだけを鉄筋コンクリートとするのが一般的だが、四層になると鉄筋コンクリートのラーメン・フレームがつくられる。コンクリートは高価だったが、九〇年頃になると人件費が上がるため、むしろ採取と積み上げに手間のかかる珊瑚石が消えていくことになった。

プランは、中庭型ではまず南側の街路から中庭に入り、ここから各室にアクセスするこれまた中庭型としては普遍的な形式と同様である。狭長ロットに立つ町屋型では南側にまずホール（店舗や客間・居間となる）をとり、その奥に片廊下をのばして部屋を貼りつけ、一番奥に厨房を置いて裏口がとられる。元来の宅地を四分割した場合では、垂直の階段室に各階二部屋程度がつくか、もしくは螺旋に近いかたちで上昇する動線に極小の部屋が取りつくかのいずれかである。どれもしごく合理的である。

以上のように、土地分割は二分の一、三分の一、四分の一のいずれかしかなく、その地型によってプランが決まり、また入手可能な材料と施工技術によって階層が制約される。逆に、鉄筋コンクリートのラーメン構造が使えない段階では、いくら子供が多くても、四分の一という極小の分割は、床面積がかせげないから賢明な選択ではなかった。このように、三次元の建造環境が立ち上がるに際しては複数の制約条件が同時に働き、それゆえに建物の適切な構えはいくつかの類型にかなり厳密に収れんし、中間的な解はほとんど生まれてこない。私たちが生きる環境は、その動態（変化のありよう）が合理的でありうるようにできているのかもしれない。その意味では、時間を捨象した空間構成の記述は、動いているプロセスの一断面にすぎないのかもしれないのである。

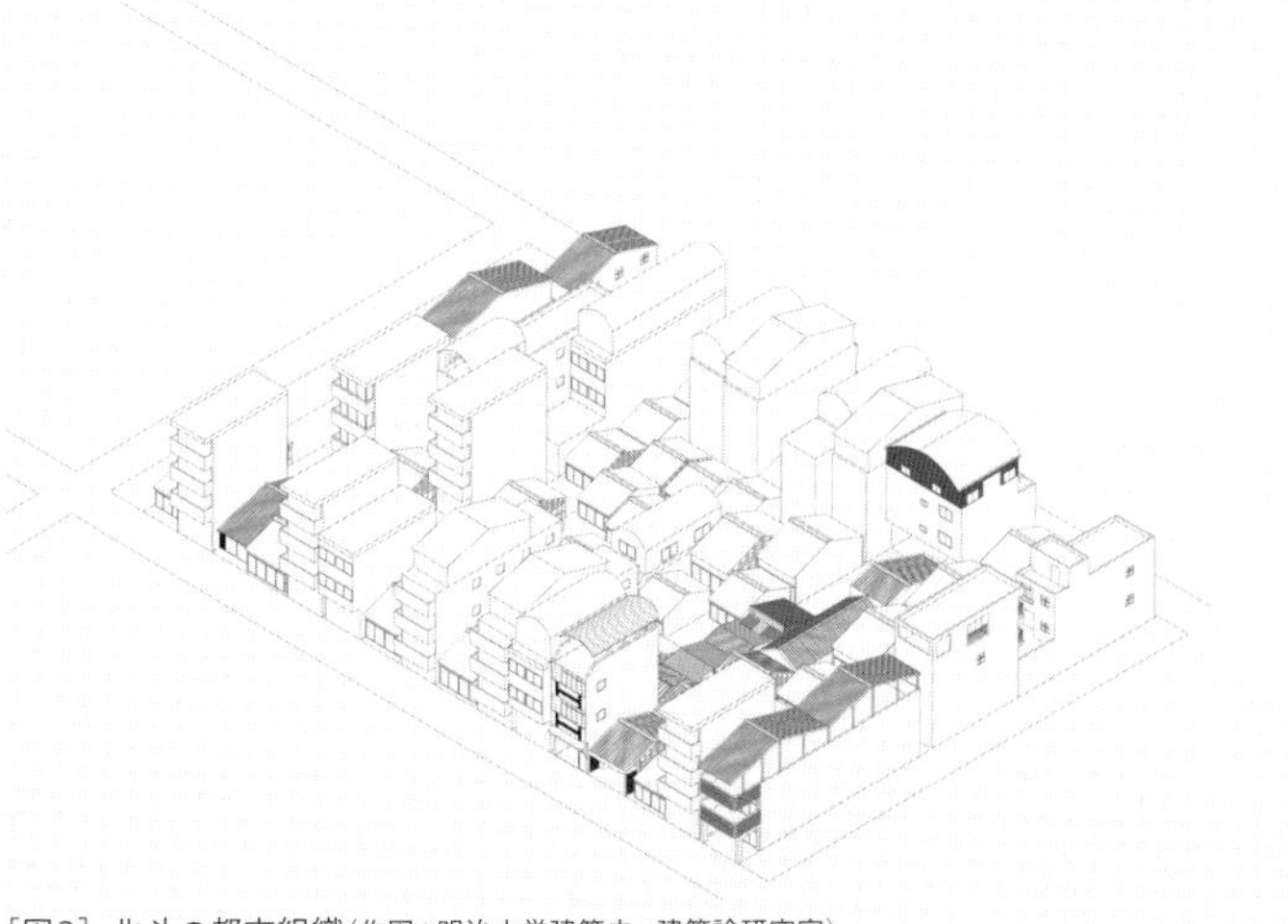
［図2］北斗の都市組織（作図：明治大学建築史・建築論研究室）

二〇一一年には、台湾本島の北斗という都市について同様の調査を行った。もともと、道に沿って狭長宅地が並ぶ典型的な町屋型の市街地であり、宅地は間口四メートル程度、奥行きは六〇メートルほどであった。それゆえ、間口を二分するような分割はありえず、奥行きを二分あるいは三分し、さらにその次の世代にそれらが二分されるといったパタンが観察されたが、接道は一番表側の土地片にしかないため、継承者たちの兄弟・親戚関係がよほどうまくいっていないかぎり、街区中心部（いわゆるアンコ部分）は更新が進まず、古い竹造家屋を残して不在地主化するプロセスが観察された。

この種の調査は、他にも台湾・日本のいくつかの都市や集落で行っているが、まず初期状態によって起こりうる変化はかなり絞り込まれるし、加えて、資産継承および土地の保有と利用に関する考え方、そして開発圧力の大小などによって、実際の変容パタンが決まってくることがわかってきた。

特定の地域環境が、どのような変容を許容する性質のものか、また実際にどのような変容が蓄積して現在に至っているか、そうしたことを地域文脈論の議論に組み込んでいくことは難しいことではない。それによって、近代以前と激しい新陳代謝を経てきた今日の状態とを、それなりに明快に記述できるプロセスとしてつなぐことができる。問題は、スタティックな構成ではなく、ダイナミックなプロセスへの介入の方法なのである。

5 生業の転換と空間の適応——佐渡市宿根木集落

1 社会経済の縮退と町並み保全

佐渡島南部の小木岬に位置する宿根木《しゅくねぎ》集落は江戸期の廻船業を背景とする美しい歴史的町並みを有している［図1］。廻船業を営む船主、船乗り、船大工が居住し、江戸期の北前船の隆盛とともに発展した集落である。海岸段丘の狭小な谷内に木造で質素な外観をもつ建築群約二〇〇棟が高密度に集積している。北前船の時代、宿根木には五〇〇人近い人が居住していたが、廻船業の衰退で人口は減少しつづけた。若者が転出する動きは現代まで続き、現在の集落の人口は最盛期の三分の一程度まで減少している。

このように著しく社会が縮退するなか、どのようにして美しいまちなみが現代に継承されてきたのだろうか。宿根木では、佐渡島で内発的なむらおこしを進言してきた民俗学者・宮本常一やその弟子たちの影響を受け、一九七〇年代から町並み保存運動に取り組みはじめた。むらおこしを目的とする町並み保存運動では、妻籠や白川郷などの先駆例での取り組みを参考に、宿根木住民憲章が起草されている。集落環境を後世に残すために、売らない、汚さない、壊さない、活かす、守るの五つを原則とし、居住者へ配慮した控えめな観光が展開されてきた。また、宿根木のまちなみは一九九〇年に伝統的建造物群保存地区に指定されている（翌一九九一年に重要伝統的建造物群保存地区に選定）。それから四半世紀にわたって文化財保護法に基づく保存・修景事業が実施され、宿根木の美しいまちなみは守れてきたといえる。以上のむらおこしの取り組みと文化財保護に加えて、ここでは宿根木における生業の転換と建物の用途変更、土地利用の変化に注目して、まちなみが後世に継承されてきた要因を読み解きたい。

2 生業の転換と集落空間の変容

北前船の廃止や大型船築造の禁止により、廻船業や造船業

［図1］宿根木伝建地区の町並みと観光への活用

が衰退した宿根木では、農業に集落存続の活路を見出そうとした。大正期に灌漑施設の整備と新田開発を試みて、耕地面積を拡大した。戦後には、集落北側の山間部に柿栽培用の圃場を整備した。集落の周辺環境を活用した生業の転換が、現代の宿根木の社会経済を支える基盤となっている。さらに、前述した町並み保存運動とそれに伴う観光が地域経済を動かしている。

このような生業の転換は、人口・世帯数の減少と同時に進んでいったのだが、この過程において、集落内では建物単位での集落空間の変容がみられた。生業の転換に伴い、空き家化していた住居が売買され、納屋に転用されるなど、農業を支える基盤として集落内の建物が活用されてきた。たとえば、現在は旧船乗りの住宅として公開されている「金子屋」という建物は、戦後は納屋として農業用に利用されていた。廻船業が栄えていた時代の宿根木では、人口の増加、世帯の家族構成の変化に対して、建物の売買や用途変更が繰り返され、限られた土地と建物の有効活用により対応してきた。近代以降の生業の転換期においても、同様の考え方や慣習に基づいて売買と用途変更によって建物が利活用されており、このような建築文化が後世への伝統的建造物の継承に影響していたと考えられる。

戦後の町並み保存運動における伝統的建造物の保存と活用にも宿根木の慣習的な建築文化をみてとることができる。観光活用による伝統的建造物の保全活用は、住民によるきめ細やかな判断が繰り返されてきた結果として理解するとおもしろい。宿根木では、前述した住民憲章に則して、住民、または地元組織「宿根木を愛する会」が伝統的建造物を所有、利用することが原則とされており、住民の生活を基調とした観光活用を実践してきた。伝統的建造物を安易に商業施設に転用せず、来訪者、そして住民が建物や集落の歴史、地域文化

を学ぶ場所として活用されることが優先されてきた。具体的には、公開民家と呼ばれる博物館、体験学習館、家族経営の

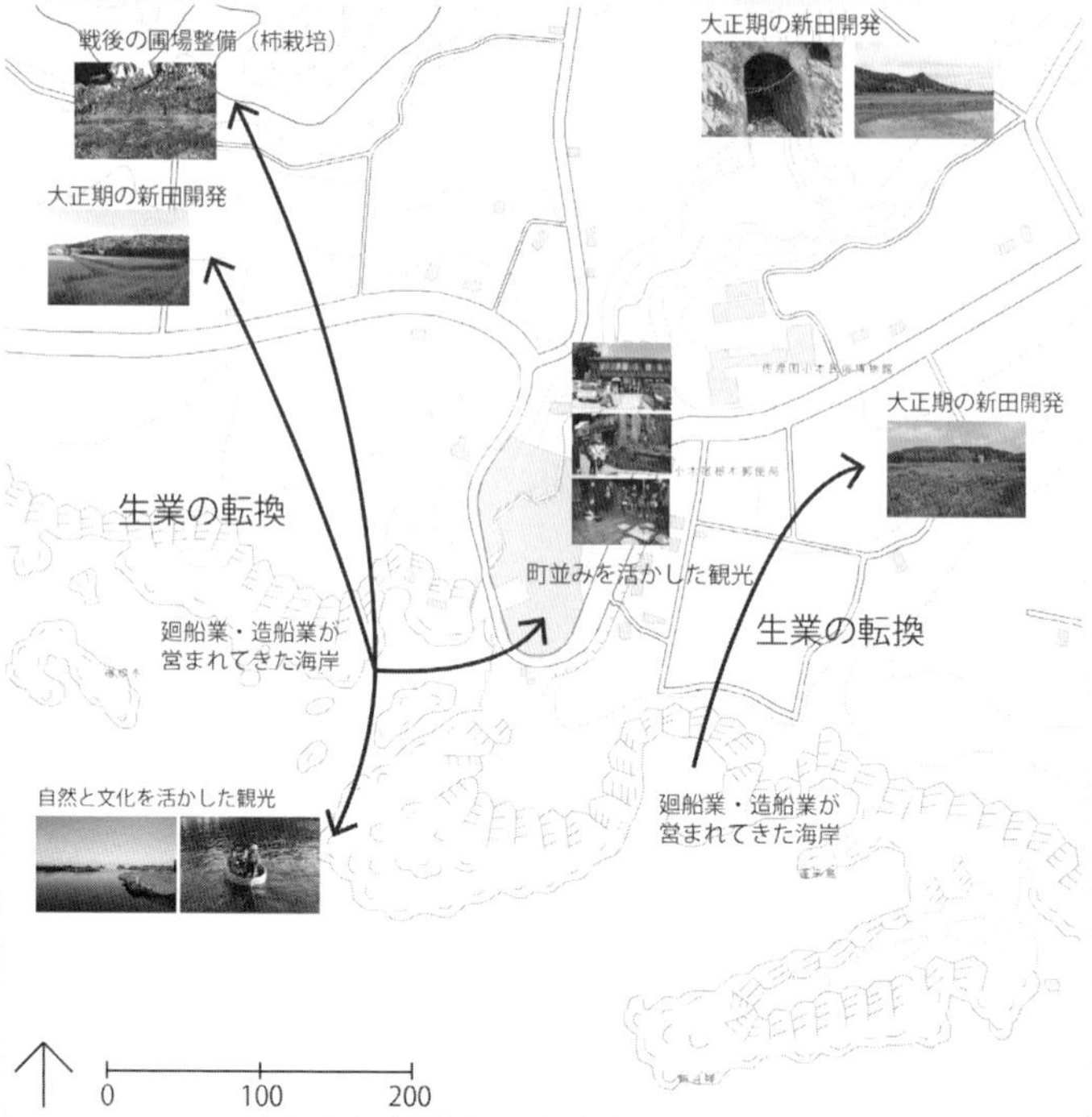

［図2］町並み保存と連動する周辺環境での生業の転換と転居

飲食店、民宿・民泊に転用された。

もうひとつ、注目したいのは、伝統的建造物の活用の用途が、状況に応じて柔軟に繰り返し変更されていることである。たとえば、公開民家「清九郎」は、旧居住者が集落内の台地に転居し、一時は民宿として利用されていた。その後、伝統的建造物群保存地区への指定による保存修理事業を経て、現在は公開民家として活用されている。ある宿泊施設は、保存事業により公開民家に転用された後、（移住者の）住居として利用されていた。また、現在は移住者の住居となった伝統的建造物は、以前に体験交流施設に転用されていた（これと同じ経過で住居に転用された建物は他にもある）。伝統的建造物の活用においては、意匠、様式、構造、立地といった建築の特性を考慮しなければならないが、同時に社会経済の変化に適応した解を導くことも必要である。宿根木では、住民憲章や地元組織による協議を踏まえた柔軟な判断がみられ、この繰り返しこそが、中長期的に社会経済への適応を可能にしてきたと考えられる［図2］。

3　生業の転換と伝統的建造物の保存を支えた周辺環境

次に、集落の周辺環境の土地利用に注目して、ここまでの

経過を再度読み解いてみたい。集落を取り巻く高台と山間部は基幹産業の農業への転換を可能にし、経済の立て直しに重要な役割を果たした。そして現在、大半の住民が農地を所有し、農業を営んでおり、宿根木の経済を支える基盤となっている。高台の新田開発や、それを支えた灌漑施設、圃場整備などの集落を取り巻く環境は、町並みと同様に、宿根木の歴史を示す価値ある資源でもある。

また、町並み保存の経過では、伝統的建造物の所有者が周辺の台地や高台へ転居し、宿根木に居住しつづけながら、伝統的建造物の保存と活用が試みられている。つまり、台地や高台の土地を活用したことで伝統的建造物の保存、宿根木での居住の継続、生活の近代化を同時に成立させたと理解できる。さらに、転居後の伝統的建造物がむらおこしの資源として柔軟に活用されていることは前述した通りである。

［図3］宿根木の建築文化を継承する試み

4　縮退社会における適応性

宿根木の町並み保存では、住民憲章や地元組織、伝統的建造物群保存地区指定による保存・修景事業が極めて重要な役割を果たしていることはいうまでもない。しかし、建築保存論とは異なる視点から、町並み保存と連動する社会経済の変化を探ってみると、社会の縮退という現代的な課題に適応する手がかりがみえてくる。宿根木では、集落を取り巻く環境の土地利用の変化や近世以来の柔軟に建物を使いこなす文化が、社会経済を維持させ、町並みの保存を支えてきたと考えられる［図3］。建物や集落空間は、その歴史的な経過から切り離され、新しい文脈に位置づけなおされることによって、存続してきたのだ。

［参考文献］
清野隆「生業の転換と空間の適応——宿根木」『建築討論』第二六号、日本建築学会、二〇一八年　https://medium.com/kenchikutouron/tagged/%E5%BB%BA%E7%AF%89%E8%A8%8E%E8%AB%96-201812%E7%89%B9%E9%9B%86（二〇二二年八月二五日閲覧）
『宿根木　伝統的建造物群保存対策調査報告』小木町、一九八一年
伊藤毅「港町の両義性——宿根木の耕地と集落」伊藤毅・吉田伸之編『水辺と都市』山川出版社、二〇〇五年、六七－七五頁
宿根木を愛する会『千石船の里・宿根木　町並み保存のあゆみ　ふりかえり・明日につなぐ「重要伝統的建造物群保存地区選定20周年」記念誌』宿根木を愛する会、二〇一四年

6 スペースシンタックス分析で読み解くパサージュ形成の文脈――プラハの都市空間

1 パサージュの形成原理

プラハの歴史的市街地［図1］のうち、ヴルタヴァ川右岸の「旧市街」（STARÉ MĚSTO）と「新市街」（NOVÉ MĚSTO）には「パサージュ（Pasáž）を歩くだけで街中のどこへでも行ける」ほど、そのネットワークが広範囲に形成されている。プラハにおけるパサージュの起源は中世にさかのぼり、当時は歩行者用ではなく、馬車や荷車の中庭へのアクセス用であり、建物の所有者が利用する「通路」というべきものであった。これが人々の近道のための通り抜けとして利用されるのは、一八世紀中頃といわれ、通路と中庭の連結によりパサージュが形成された。旧市街の通路はほとんどがこのタイプである［図2］。さらに二〇世紀初頭になると、西欧の都市の影響を受けたパサージュが新市街における新しい建物の建設によって生まれた［図3］。それはフランスで発祥したPassageを源流とし、ガラス屋根が架かる歩行者専用の連絡通路であり、計画的につくられた小売商業集積と定義されている。つまり、プラハのパサージュは、中庭の連結から自然形成的にできた通路と、西欧の影響を受け、計画的につくられた通路とを総称する。

旧市街の建物平面図を重ねあわせると、ゴシック期にはすでに建物が建ち並び都市の骨格が形成されていることがわかる［図4］。その後、ルネサンス期からモダニズム期にかけて街区内部で建物の増築が進むため、パサージュは縮退され細くなるが、通り抜けは確保されている。

一方、ゴシック期に開発された新市街では、一九世紀末から二〇世紀初頭のわずか五〇年足らずのあいだに、敷地単位でほぼすべての建物の建て替わりが進んだ。一九一〇年代以降はウィーンのセセッションの影響を受けたモダンデザインの建物が目を引きがちであるが、驚くべきは街区内に敷地を越えて通り抜け通路が再編成されたことである［図5］。

戦後、A、Bの街区［図6］では、建物の除却や庭園の開放

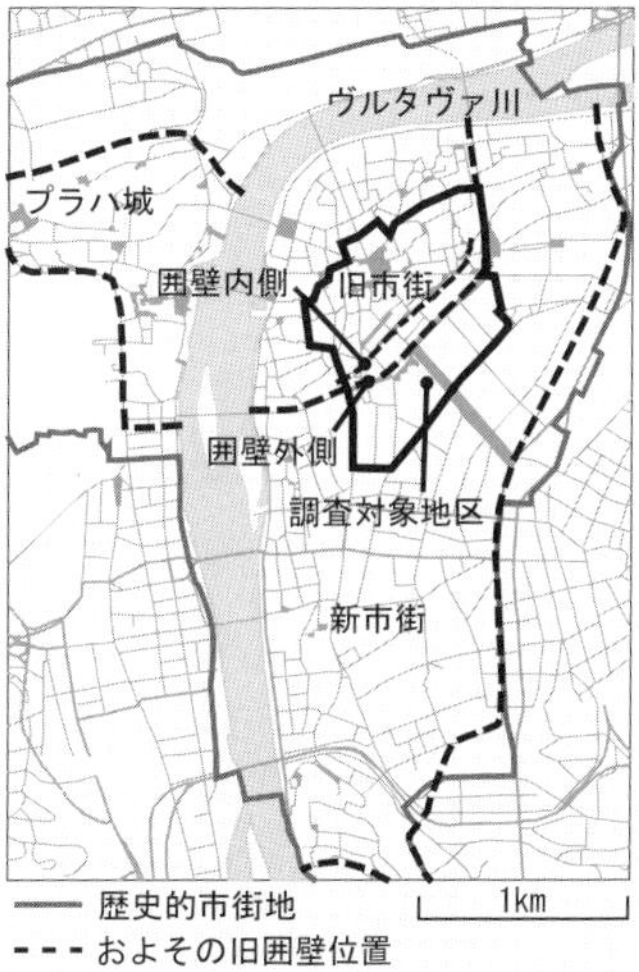

［図1］プラハ歴史的市街地

［図2］旧市街のパサージュ

［図3］新市街のパサージュ

［図4］旧市街におけるパサージュの縮退と継承

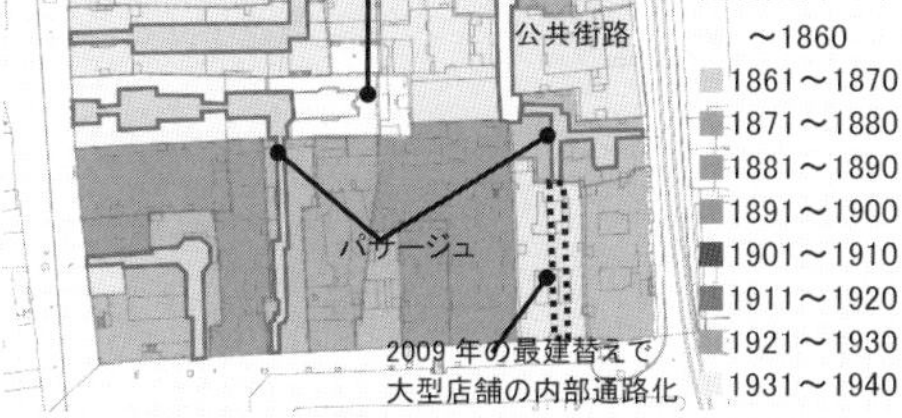

［図5］新市街におけるパサージュの再構築

によって広場が生まれ、これに面する建物が建て替わるたびに街路と広場を接続するパサージュが新たに構築された。

以上のとおり、プラハのパサージュ群は、前近代、近代（一九〇〇年前後）、戦後の転換期に、建物の増築や建て替えに応じて、ネットワークを推移させながら継承されてきたのである。

2 スペースシンタックス分析による二重構造の評価

さて、旧市街・新市街のエリアにスペースシンタックス（以下、SS）の分析を行う。図6は都市空間解析によく用いられるアクシャル分析を適用した結果である。一つの線分はアクシャルラインを示し、線の色はインテグレーション値（以下Int.値）を示している。この値が高ければ他の空間単位からのつながりが優位であることを意味する。

既往研究より一般的にInt.値が高い空間では、移動効率上の優位性をもつため、人に利用されるポテンシャルが高く、商業的な施設が立地しやすく、それによってさらに人通りが生まれる。[*1] 図4から、公共街路の骨格に当たる旧市街広場、ヴァーツラフ広場、ナ・プジーコピェ通りなどが高く、実際にここは観光客や市民で賑わい、沿道には高級店を中心に多くの商業施設が立地している。

一方、パサージュはいずれもInt.値が低く、つながりが不利だとわかる。このような空間は一般的に人に利用されにくく、住宅中心の土地利用が多くなるとされている。しかし、プラハのパサージュはInt.値が低いにもかかわらず、人通り

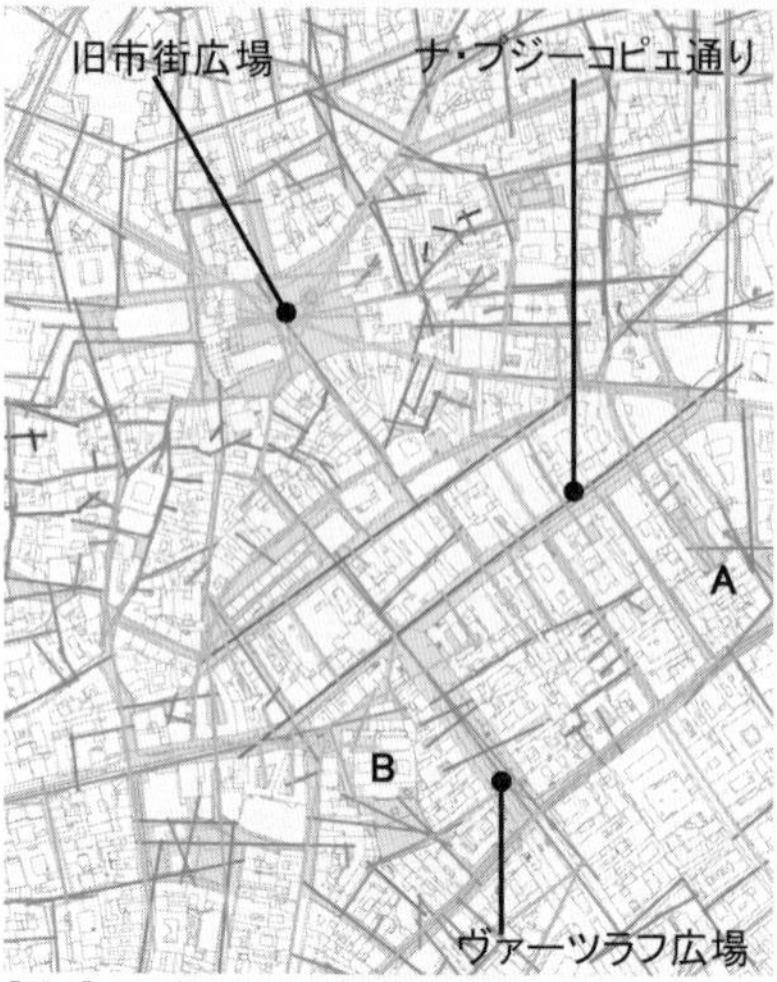

［図6］Int.値（グローバルレベル）

［図7］Int.値パサージュなし（グローバルレベル）

が多く、店舗が建ち並んでいる。例えば、街区Bのパサージュ系統に面するダンスホールは、言論統制のされた共産主義下にあって、当時の若者たちが「徹夜で席取りをするほど」人気の場所であり、現代には個性的な店舗やアートギャラリーが接続し、由緒ある美しい庭園と各時代の文化が重層する場所性が継承されている。

パサージュがないと想定した場合の街路構造をSS分析により解析し［図7］、現況との比較をしてみる。パサージュがあると、公共街路とパサージュのInt.値の差異が鮮明になり、広範にわたる公共街路の優位性が相対的に高くなることがわかる。公共街路のネットワークを第一の構造、パサージュのネットワークを第二の構造と呼べば、共産主義時代には第一の構造は言論弾圧への抵抗の舞台として、第二の構造はダンスや音楽など都市文化の継承の場となり、両者は相異なる性質の場を両立させる二重構造として機能してきた。さらに現代は観光客と地元の人々との棲み分けの二重構造として機能している。ここで、地域文脈の観点からみたSS理論の意義について触れておく。プラハではオーソドックスな行動や記憶に関する調査結果と重ねあわせながら、特別な場所性をもった特異点を見つけ出すために有効であった。また、重要な研究に、木川剛志によるパリや京都を対象とした取り組みがある。[*2]SS理論を応用し、都市の全体と部分の形態的な乖離の度合いを数値化した都市エントロピー係数が提唱されている。都市の物理的拡大は全体と部分の乖離を進行させ（係数の増大）、計画的改造は乖離を解消する（係数の減少）。都市の発展過程において両者は交互に繰り返されることが見出されている。

さて、プラハでは二〇〇〇年代になって、大規模なホテルや商業施設の開発が進み、敷地単位での増築や建て替えによるネットワークの調整機能が失われつつある。[*3]プラハの地域文脈は、都市文化を育む第二の構造の時代を超えた継承であり、現代でこの文脈が途切れないよう、可逆的な建て替えの方法論を見出す必要がある。

＊1　髙野裕作・佐々木葉「Space Syntaxを用いた都市空間構造研究の動向と展望」『景観・デザイン研究講演集』Vol.6、土木学会、二〇一〇年、一八三－一九〇頁

＊2　木川剛志・古山正雄「都市エントロピー係数を用いた都市形態解析手法――パリの歴史的変遷の考察を事例として」『日本都市計画学会都市計画論文集』三九・三巻、八二三－八二八頁、二〇〇四年

＊3　木多道宏「プラハの都市形成における地域文脈の継承に関する研究――歴史的市街地における街区内空隙の「開放性」の類型と変容特性について」『日本建築学会計画系論文集』六七九号、二〇一二年、二〇六三－二〇七二頁

7 自然環境の構造から読み解く郊外住宅地開発——千里ニュータウン

1 ツリー／セミラティスと地域文脈

C・アレグザンダーは、空間機能が一義的に決定してしまう都市計画をツリーと呼んで批判し、多義的な構造をもつセミラティスを提示した。セミラティスは近年、その多義性や秩序の特性からネットワーク論などで着目されつつあるが、[*1]建築や都市計画分野における議論は必ずしも十分ではない。中谷礼仁は、セミラティスを「時間差をもつ複数のツリー構造」［図1］と定義した。[*2]「今まで全くの対立物として扱われてきた（中略）セミラティスは、時間差を含めれば、実は事物の一義的な状態としてのツリー構造が重合したものとして解釈できる」。セミラティスはツリーの対立概念でなく、異なる時期の機能的なシステムの重ね合わせと捉える考え方は地域文脈にも共通する。

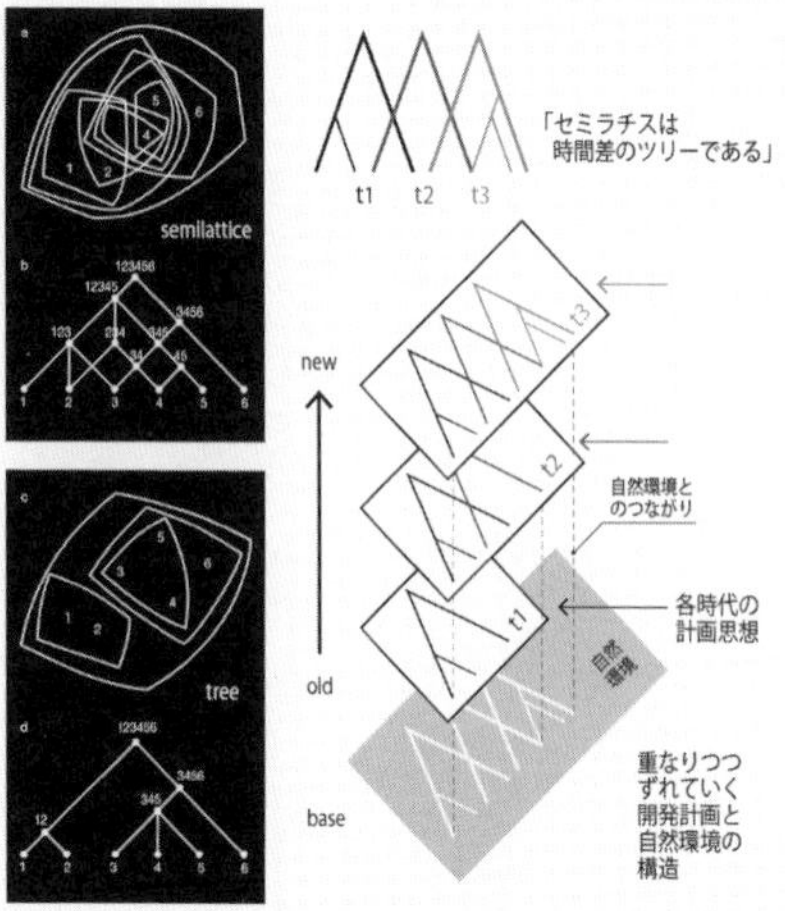

［図1］ツリー／セミラティスと地域文脈の考え方
（中谷2005*2を元に作成）

地域文脈をツリー／セミラティス構造から考えるとき、一般に「近隣住区論」というツリー構造により築かれたと考えられているわが国のニュータウン計画は、姿を変える。ニュータウン計画は社会情勢や事業の推移などで紆余曲折し、各時代で異なる判断が積み重なっている。特に、計画手法や土木技術が未成熟で、自然と人の営みの関係が密接な初期ニュータウン計画では、自然環境が計画に影響しつづけ、基盤となる自然環境は計画に「転写」されやすかった。地域文脈の継承にはこの計画の時間差を読み解く必要がある。

2　時間差の秩序

都市空間をセミラティスと考えたとき、個々のツリーは各時代の社会・経済情勢、技術や効率などを反映した土地利用、空間構造と捉えられる。たとえばニュータウンは近隣住区理論により機能的に秩序づけられた都市構造と理解されることが多いが、構想・計画・施工、そして建て替えという時間のなかで構造を規定する秩序は変化し、積み重ねられている。

千里ニュータウンでは計画地中央の上新田集落がニュータウン開発に反対、最終的にニュータウンに「穴」があいた［図2］。また計画主体も時間・空間的に異なり、ニュータウン全体の粗造成は大阪府企業局が、団地レベルは府、住宅公団が各々精造成と住宅整備を行ったため、計画思想も住棟配置も大きく異なる。

こうした各時代の秩序のズレには少なからず自然環境が影

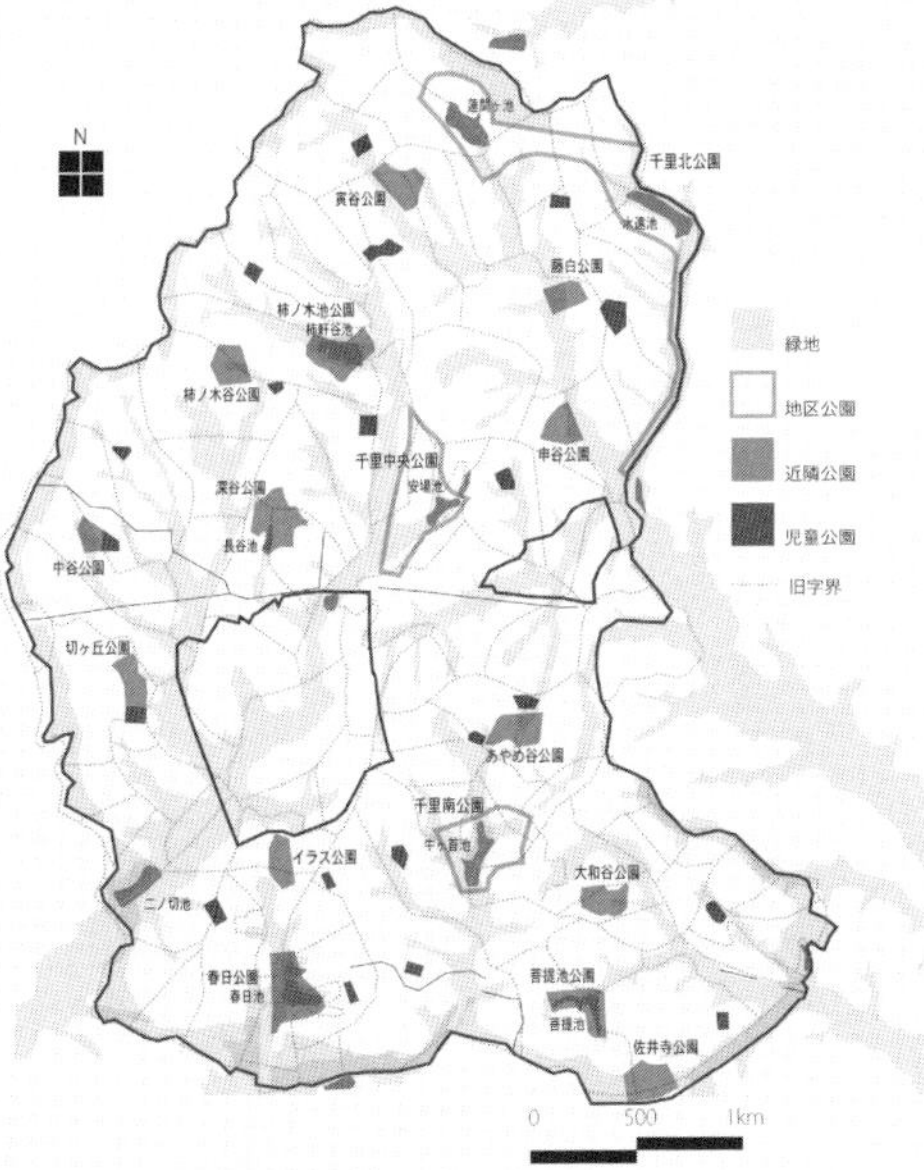

［図2］千里ニュータウンの公園緑地系統

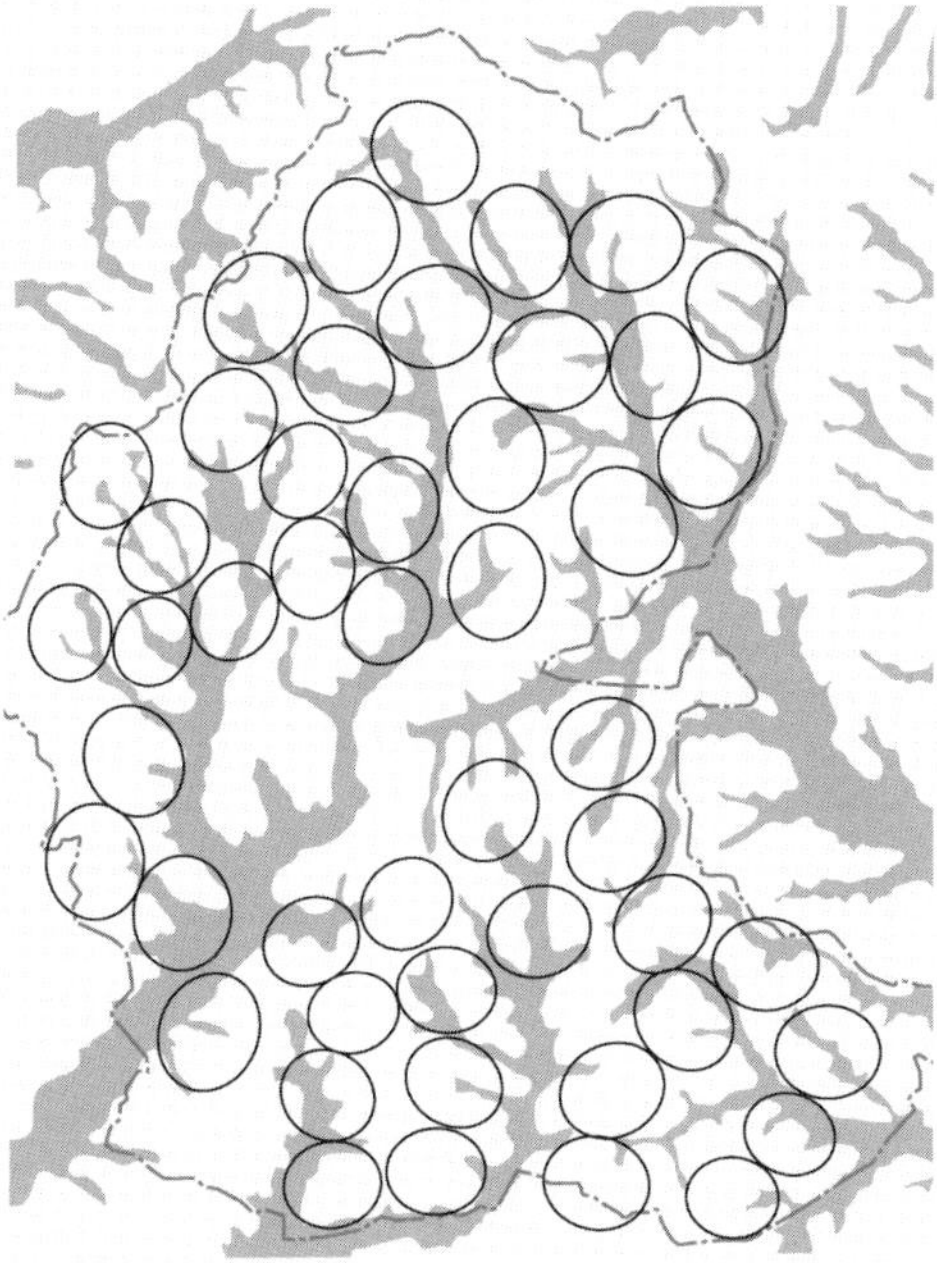

［図3］空間の単位性を示す谷区画割図*3

響している。たとえば千里ニュータウンでは、計画手法や技術が未成熟だったため、計画当初、対象地の地形と住区とを関連づける基本構造として「谷区画割図」が作成され[図3]、造成量を削減する根拠となった。[3] また中央部の集落が対象区域から外れただけでなく、水田耕作を継続するため計画地内のため池の保全が不可欠であった。[4] 営農のために自然環境の秩序（地形・水系）を選びとり、自然環境が構造化された農村の秩序を大きく変える経済・技術的代案がなかったニュータウンでは、水系が継承された[5][図4、5]。

3 「文脈」の慣性力

時間的にずれて構築されたツリーの重合は、上位の社会構造が変化しなければ、下位構造は大きく変化しない。一方、秩序には「賞味期限」があり、社会情勢や経済状況、ライフ

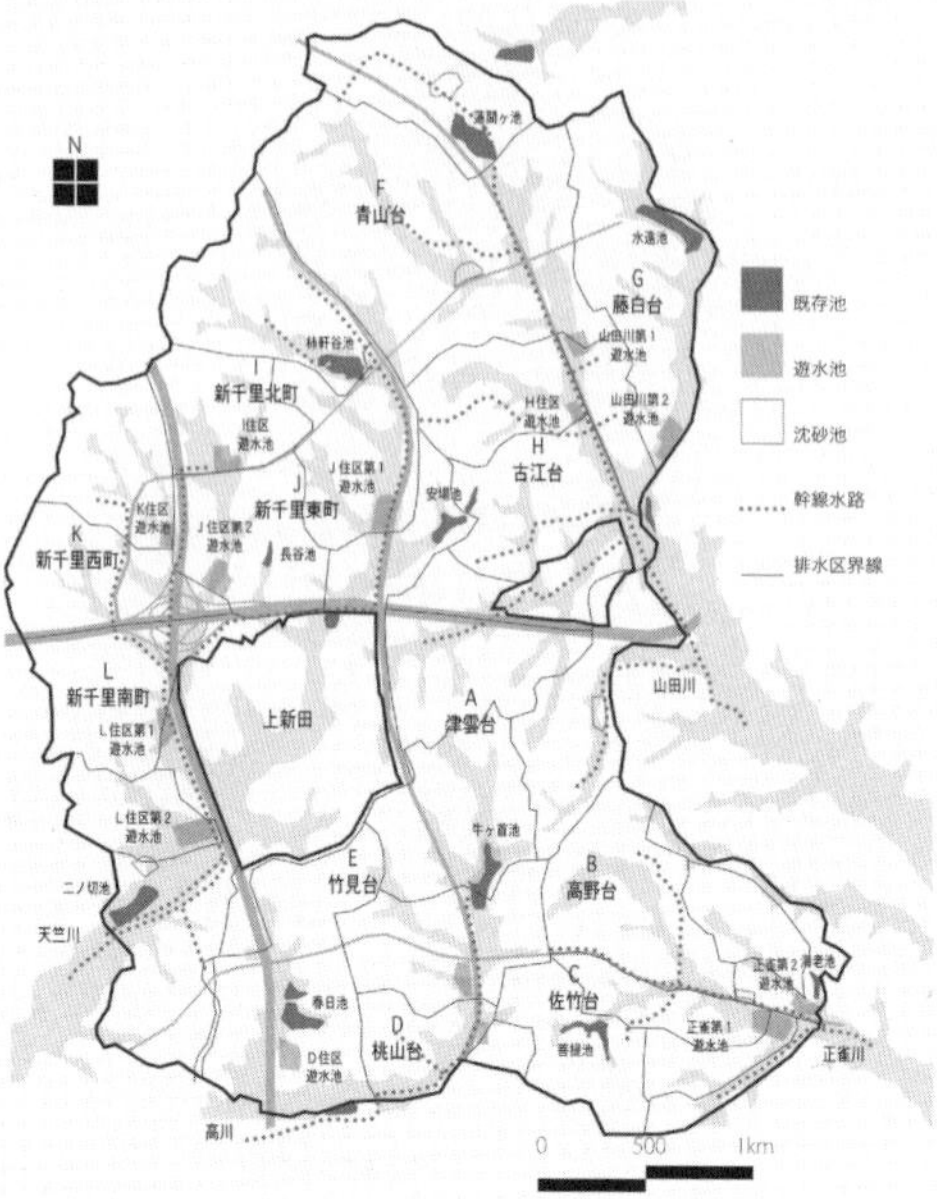

[図4] 千里ニュータウンの水系および池の分布*5

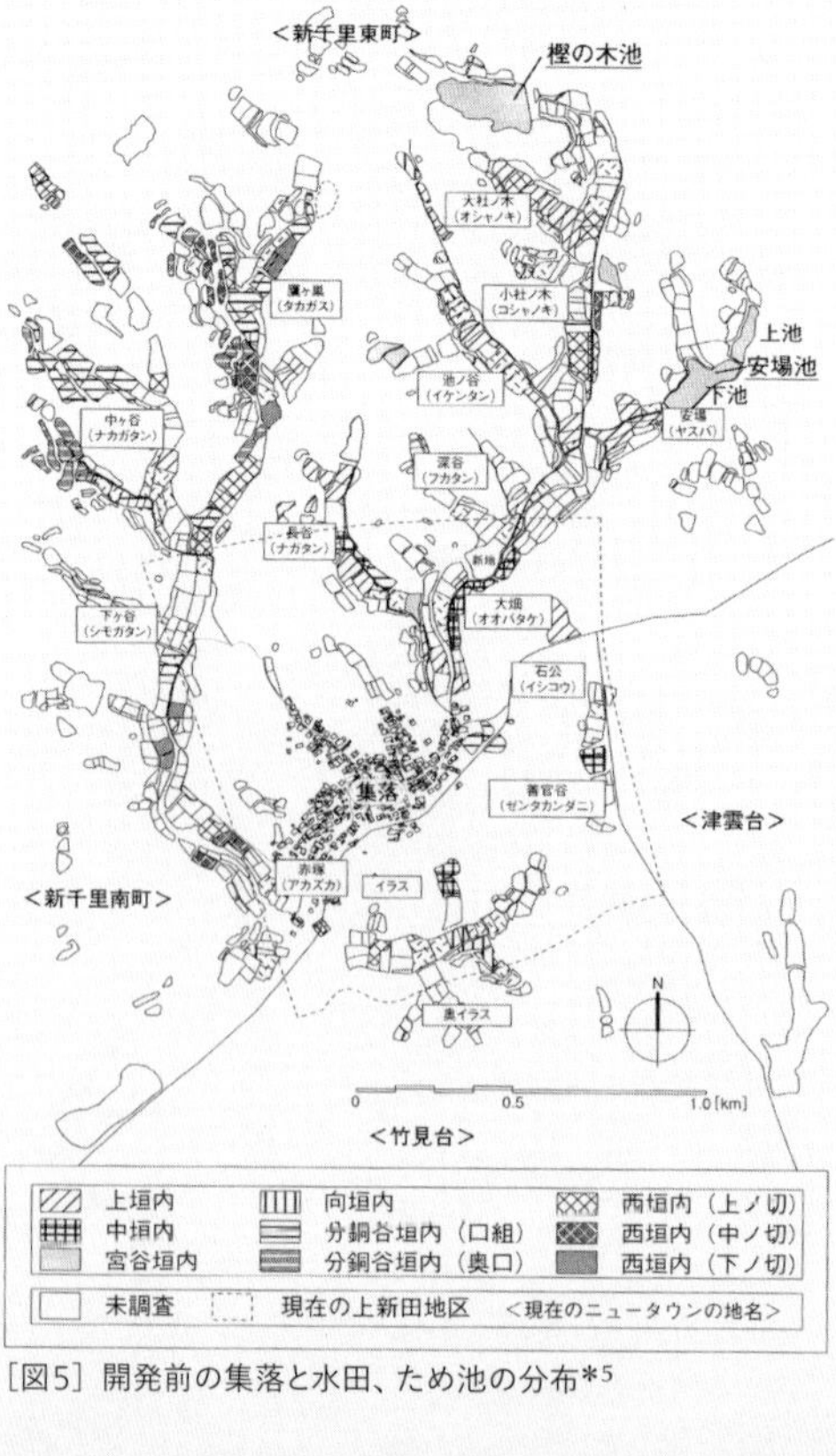

[図5] 開発前の集落と水田、ため池の分布*5

スタイルなどの社会的な枠組みが変化すると、以前の秩序のもつ拘束力――「慣性力」は変動する。千里ニュータウンでは、府営団地と公団団地の住棟間オープンスペースの変遷にその例を見ることができる。両団地は計画思想、住棟配置が大きく異なる。前者が敷地周囲に住棟を配置して中庭を確保する中庭型をとったのに対し、後者は住棟を南面平行配置、住棟間に南北に走る歩専道をネットワークさせ、プレイロットを接続させた。

　その後、自家用車が普及し各団地内で駐車場設置への対応が迫られると、中庭型オープンスペースをもつ府営住宅では住棟の隙間から駐車場が浸潤して、中庭を維持する拘束力が発揮できなかった。一方、南面平行配置型の公団団地では住

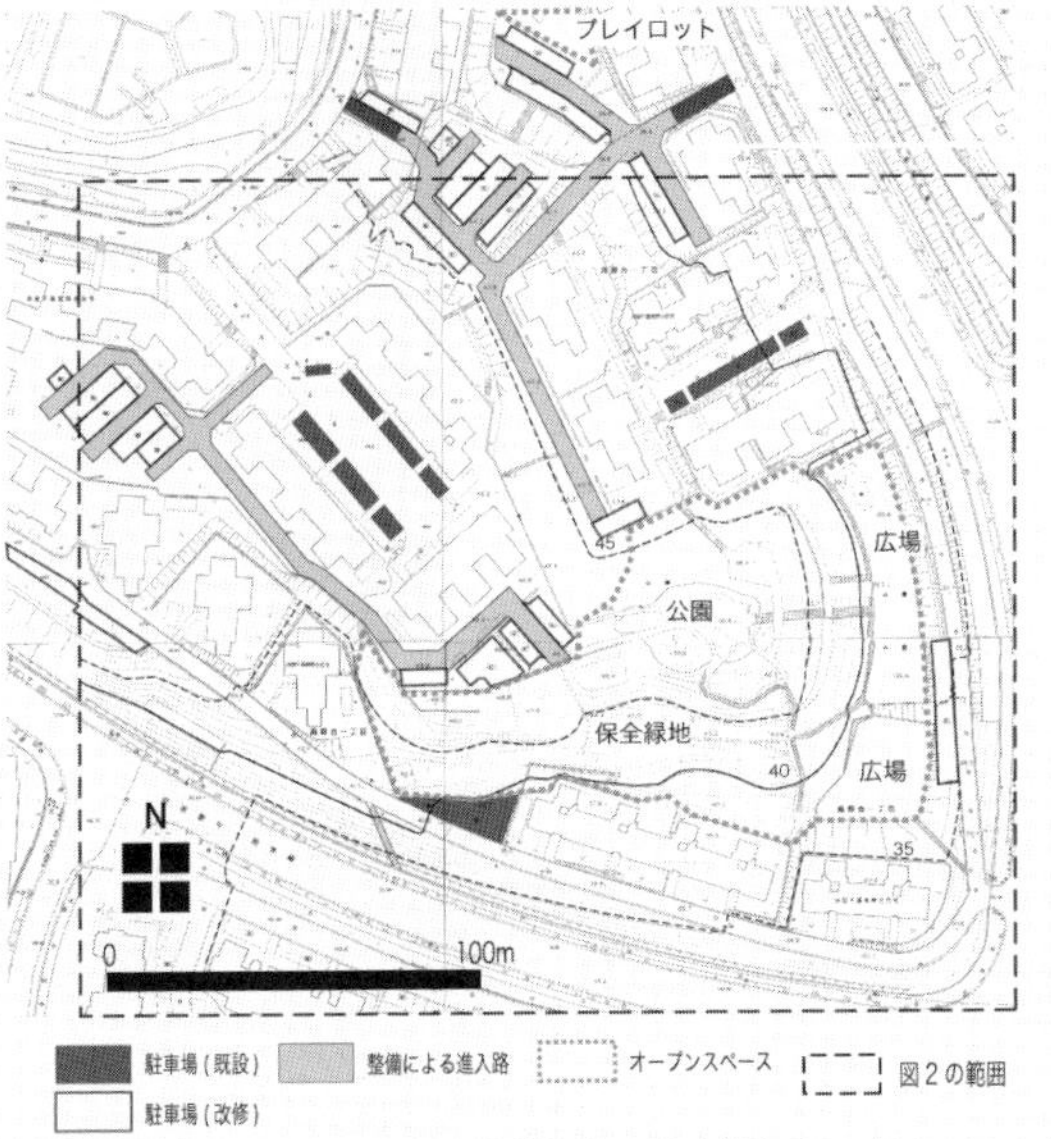

［図6］千里ニュータウン高野台府営住宅の駐車場とオープンスペース*6

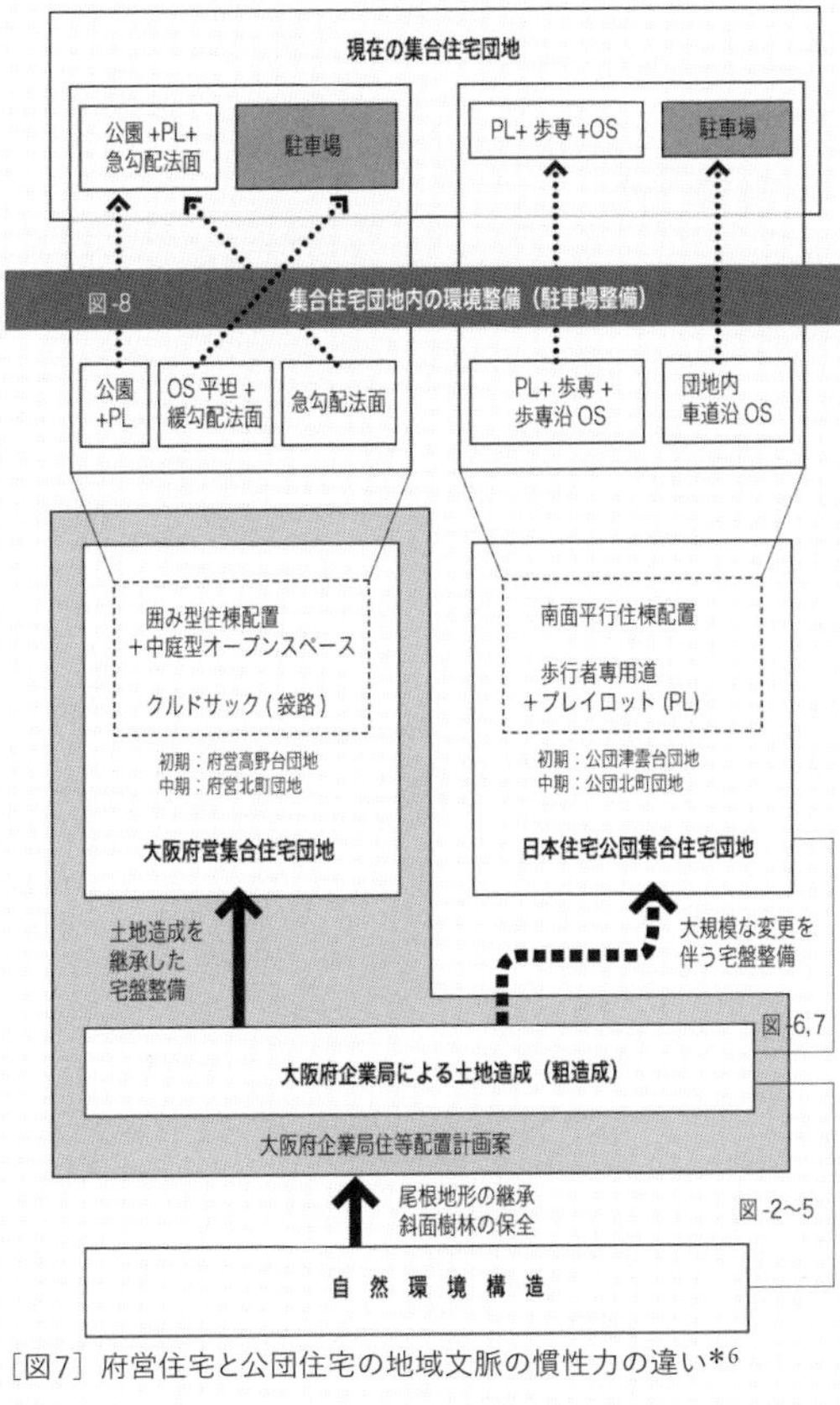

［図7］府営住宅と公団住宅の地域文脈の慣性力の違い*6

棟間の緑地などに駐車場が新設されたが、オープンスペースは維持された。当初の配置計画では、府営が原地形を保全してOSに継承したのに対して、公団は再度造成して住棟配置し直した。だが、その後の駐車場設置では、公団は歩専道とプレイロットのOSネットワークを堅持したといえる[*6][図6、7]。

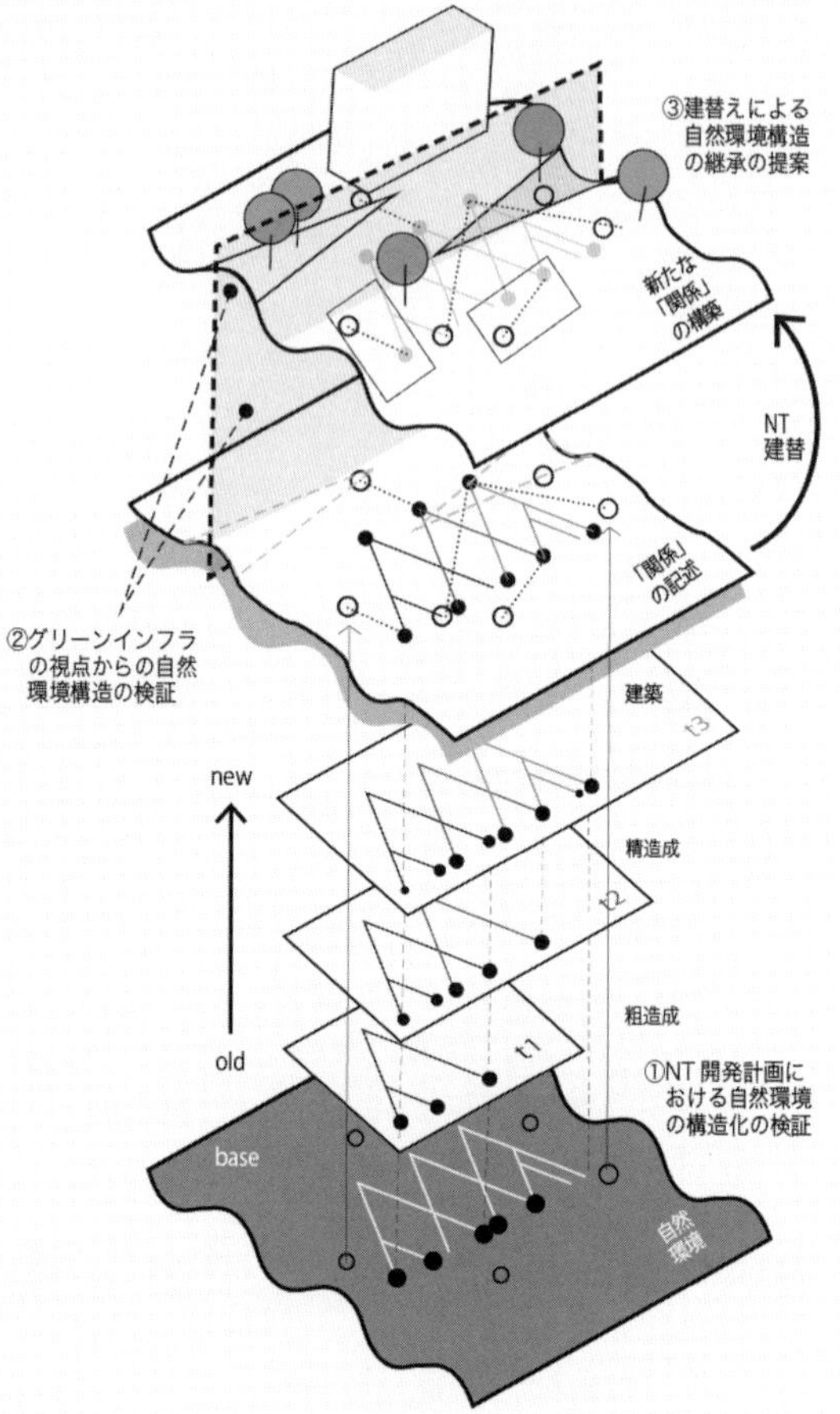

［図8］ツリー／セミラティスと地域文脈の考え方

4 インフラと自然環境構造

失われる文脈と受け継がれる文脈。その違いには「文脈」の基底にひそむ自然環境と社会との関係の強さが関係する。都市のインフラとも強い関連をもつ自然環境構造は受け継がれる場合が多い。たとえば千里ニュータウンの土木インフラは、以前の土地利用と集落の営農のために保全されたため池と、今なお強く関連している。ため池は土地造成のベンチマークとなり、その集水域は雨水排水区画として継承され、住区内の幹線道路は雨水排水幹線の骨格となった。公園緑地系統も自然環境構造を利用しており、斜面に囲まれた特徴的なグラウンドはため池を埋め立ててつくられていることが多い。

これまで日本各地の開発の現場で、都市と自然環境が織りなしてきたセミラティスな文脈は、新しく、わかりやすいツリー構造に隠れ、一般には知られていなかった。東日本大震災の津波は、都市と自然環境環境のセミラティスな関係性を目に見えるかたちで示したとも考えられる。災害からの復興の現場では、こうして明らかになった地域の自然環境構造との関係性を再編し、新たな関係性を計画に反映する必要性が求められる。スクラップ・アンド・ビルドでなく、また失われた（失われつつある）関係性を凍結的に「保護」「保存」するのでなく、特性を読み解き「フロッタージュ」[*7]するように浮き立たせ、かつてツリーを構築していた既存の「構造」に筋交いを入れるような関係を、現代的な価値を見直して適合する「技術」を構築する必要がある。

＊1　今村創平『現代都市理論講義』オーム社、二〇一三年、一〇五－一一三頁

＊2　中谷礼仁『セヴェラルネス』鹿島出版会、二〇〇五年、一七七－一九〇頁

＊3　篠沢健太・宮城俊作・根本哲夫「千里丘陵の開発における地形の取り扱いと自然環境の構造」『ランドスケープ研究』六九（五）、二〇〇六年三月、八一七－八二二頁

＊4　篠沢健太・宮城俊作・根本哲夫「千里ニュータウンの公園緑地に内在する自然環境の構造とその発現形態」『ランドスケープ研究』七一（五）、二〇〇八年三月、七七三－七七八頁

＊5　木多道宏「社会空間浸透からみた住環境形成のしくみとデザイン」舟橋國男編著『建築計画読本』大阪大学出版会、二〇〇四年、一八九－二二二頁

＊6　篠沢健太・宮城俊作・根本哲夫「自然環境の構造に基づく千里ニュータウン公園緑地系統再編の方向性」『ランドスケープ研究』七二（五）、二〇〇九年三月、八一五－八二〇頁

＊7　宮城俊作「歴史的風景をめぐるリテラシーの継承とプロセスの表現」『ランドスケープ研究』七二（二）、二〇〇八年七月、一五八－一六一頁

8 都市計画と土地の履歴から読み解く初期再開発街区――藤沢391街区

1 はじめに

防災建築街区造成法は一九六一年六月に公布施行され、その八年後の一九六九年六月の都市再開発法の施行に伴って廃止された。法律廃止後の経過措置期間の竣工も含めると、全国で八二四もの街区（ビル）が造成されたという実績を持つ。法制定から六〇年が経過し、本法に基づいて建設された再開発街区の多くはすでに更新時期を迎えており、実際に「再々開発」された事例も、多数報告されている。しかし、建て替えの検討の際、これらの再開発街区の歴史的価値に関する議論はほとんど行われていないのが実情である。その多くは駅前などの比較的目につきやすい立地で、地域の人々に長年親しまれてきたものである。しかし、そこに建っているのは、意匠・技術の先進性や著名建築家による設計といった点での特徴があまり見られない商業ビルであり、近現代建築史において言及されることもほとんどない。

JR藤沢駅南口駅前広場に面する通称「391街区」も、防災建築街区造成法に基づき造成された再開発街区である。内部で連結した三棟の再開発ビル（それぞれ一九六五年、六六年、七一年の竣工）とそれらに囲まれた方形の中庭（はぜの木広場）から構成される整形中庭型街区という特徴を持っている。私は二〇一一年から五年間、この391街区を対象に、ビル単体を扱う建築史ではなく、都市計画や土地の履歴の観点から、初期再開発街区における継承すべき地域文脈、特に都市的意味を顕在化させることに取り組んだ。

2 再開発は単なるビル建設ではない

「再開発は民間主体のビル建設であって、都市的な意図や役割は乏しかったのではないか」との指摘をよく聞く。しかし、本当だろうか。ここが読み解きの出発点である。

391街区という都市空間は、一九六二年三月に南口駅前広場を囲む全街区に指定された藤沢駅南部防災建築街区のうちの一つの街区にあたる。藤沢市が保管していた防災建築街区基本計画図や当時の専門誌に掲載された幾つかの構想図面からは、もともとすべての街区で中庭型再開発が想定されていて、しかも中庭は地上ではなく地下一階のサンクンガーデンであり、地下一階にはビルのフロアの周囲に公共歩廊が張り巡らされ、各街区を地下で結ぶというのが当初の構想であったことがわかる。実際に391街区では、中庭こそ掘り下げられることはなかったが、地下一階フロアは、ビルのフロアと一体となって使われている公共歩廊分によって、上階よりも広くなっているのである。

さらに都市計画史研究を進めていくと、一街区に留まらない、駅広場を取り囲む全街区を対象とした構想は、藤沢市で最初の全市スケールのマスタープランである藤沢市総合都市

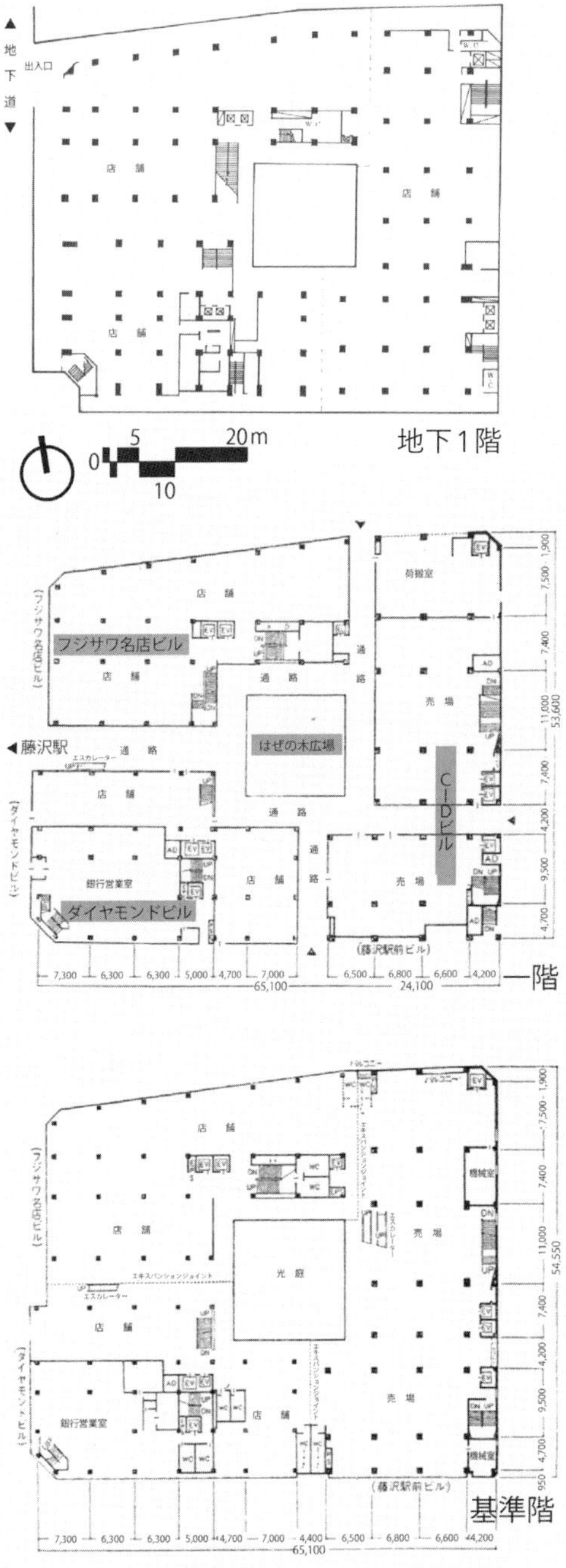

［図1］藤沢391街区の地下1階・1階・基準階平面図
地下1階は藤沢市建設局編『藤沢市防災建築街区造成事業』(同発行、1975頃)所収。1階・基準階は全国市街地再開発協会編『図集・市街地再開発』(同発行、1970)所収

計画（一九五七年）で、藤沢の近代化を牽引する事業として、もともと駅の裏手で広場のなかった南口に駅前広場を造成し、主商業地を形成するという方針が示されたことに端を発していること、その計画に基づき構想された駅前広場造成を一つの主目的とした南口全域での土地区画整理事業において、当初より中高層の建物の建設を想定して周辺よりも大きな区画割がなされたことがわかってきた。藤沢という都市の近代化の構想のなかで、防災建築街区が指定され、３９１街区が造成されたのである。

　こうした都市計画的なプロセスを経て、実際の街区設計が行われた。３９１街区の場合、ビルそのものではなく、中庭型広場が重要であった。この広場も土地区画整理事業で生み

［図2］藤沢391街区の現在

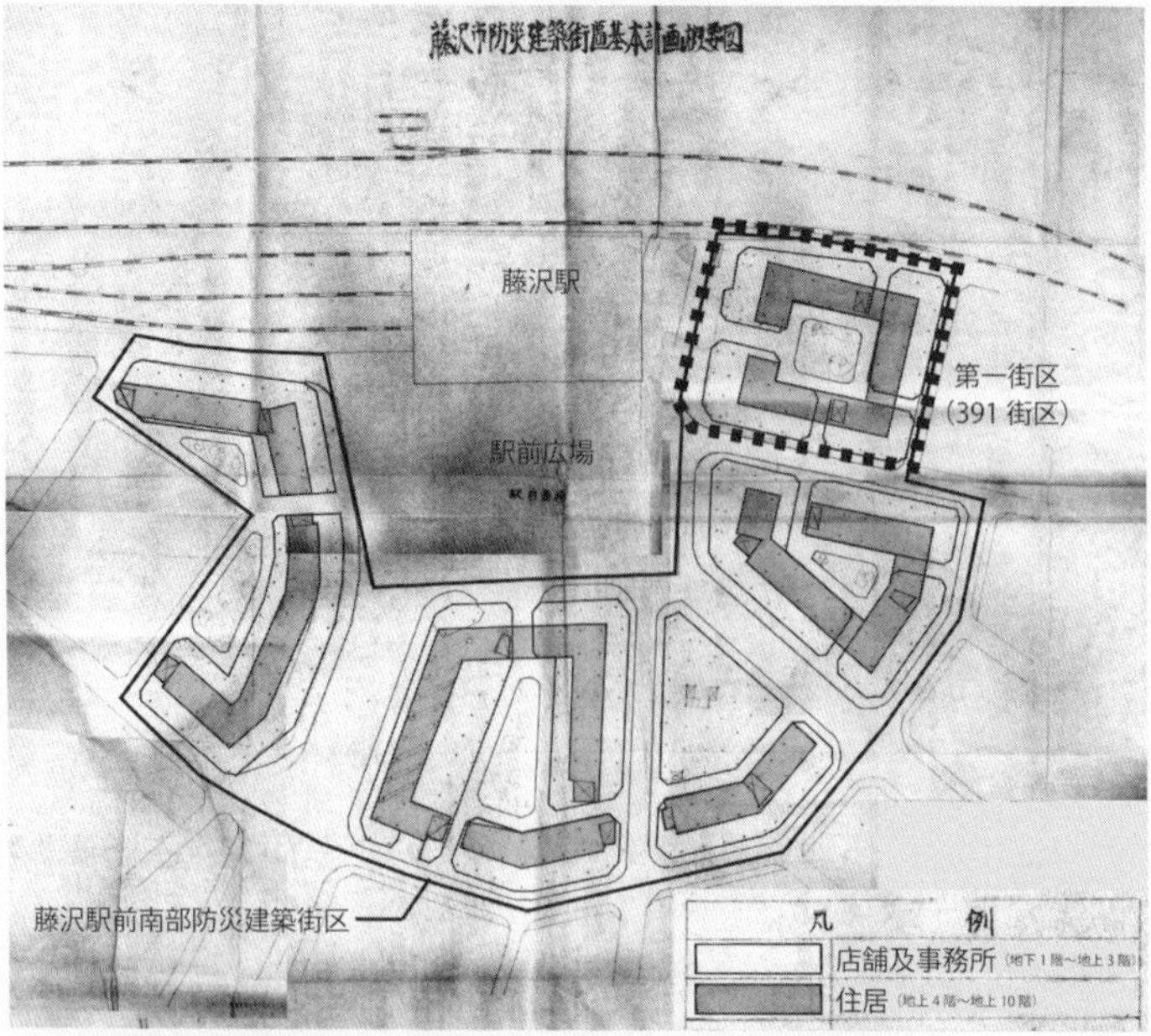

［図3］藤沢駅前南部防災建築街区基本計画（1962年）（藤沢市所蔵の原図を加工）

出されたものであるが、事業計画書には「商業地域の中心地で人の集り、商店街の混雑を緩和する」「街区内の美観と住民の福利に資する」と整備目的が明確に書かれていた。

さらに、藤沢の土地区画整理事業および防災建築街区造成事業の両方に建設省の担当者として深く関わった石川允は、当時の藤沢市の都市建設部長で、総合都市計画策定の責任者であった菅原文哉に「誰も考えないようなことを考えてよ」と要請され、「道路にしりを向けさせて、車と歩行者を分離した街を造ろう」という方針で中庭型街区を採用したという証言を『菅原文哉回顧録』（一九七八年）に遺していた。こうした「街」づくりの構想の下で、カミロ・ジッテ、レイモンド・アンウィンを経て、石川允の実父である石川栄耀から継承された都市広場のデザインの要諦である「ターミナルビスタ」を忠実に採用するかたちで、広場がデザインされている。つまり、この街区、広場は近代都市計画の構想力の産物なのである。

3　再開発は土地の文脈の不連続点ではない

しかし、近代都市計画の構想が見えてくればくるほど、「再開発は土地利用・形態上の不連続点であり、地域の文脈は途切れているのではないか」という不安が大きくなってきた。ところが、実は再開発前の土地の文脈は、391街区という再開発空間にも確かに継承されていた。

再開発事業では、建物は不燃化され、土地は高度利用化されたとしても、土地所有は再開発の前後で継承されていることが多い。防災建築街区造成法は地権者の任意の共同事業という性格上、土地所有者の連続性は高い。特に区分所有法以前の建物の場合、共同ビルだとしても、底地の分割の影響を受けて、柱の位置や縦動線の位置が決まっている。391街区でも旧土地台帳で土地所有の変化を分析したところ、再開発前からの地権者ないしその相続者たちが共同でビルを持ちつづけており、建物は土地所有境界を意識して構成されていることが見て取れた。

さらに地権者だけでなく、再開発前、この地にあった店舗の多くが、391街区造成後にも当地で営業を継続したことも明らかになった。特に、地下一階のフロアは、そうした店舗が多数入居し、そして現在まで営業を続けている。地上レベルは、先に見た近代都市計画の構想の下で中庭型街区に大きく変貌を遂げたが、その地下は、かつての路地裏の姿を留めるかのような混沌とした空間となっている。ここにかつて

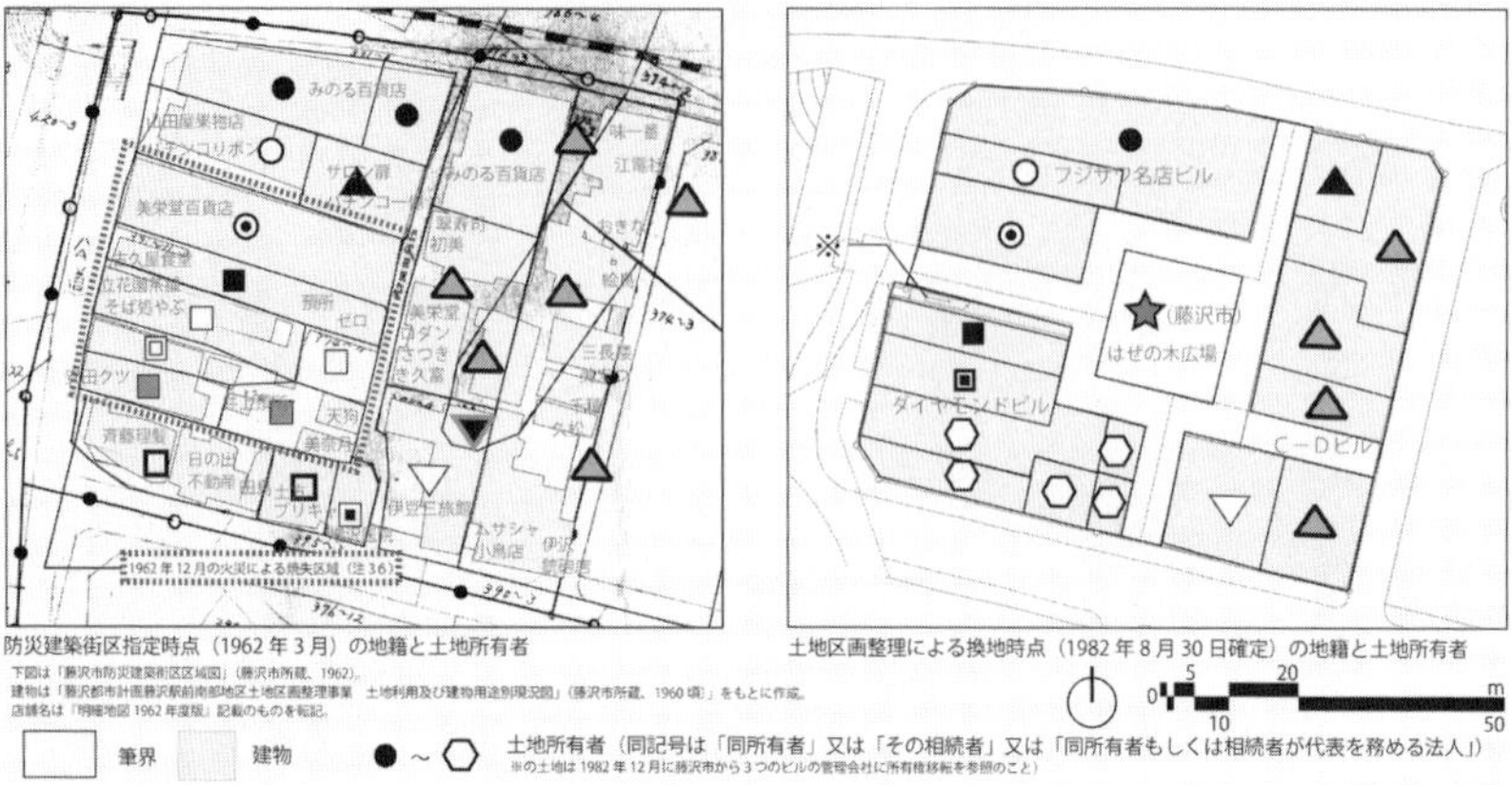

防災建築街区指定時点（1962年3月）の地籍と土地所有者
下図は「藤沢市防災建築街区区域図」（藤沢市所蔵、1962）。
建物は「藤沢都市計画藤沢駅前南部地区土地区画整理事業　土地利用及び建物用途別現況図」（藤沢市所蔵、1960頃）」をもとに作成。
店舗名は「明細地図1962年度版」記載のものを転記。

土地区画整理による換地時点（1982年8月30日確定）の地籍と土地所有者

※の土地は1982年12月に藤沢市から3つのビルの管理会社に所有権移転を参照のこと）

［図4］藤沢391街区における防災建築街区指定時点と
土地区画整理事業による換地後の地籍・土地所有者の変化

の都市空間の継承性が見られる。

そもそも再開発が行われたということは、その土地にそれだけのポテンシャルがあったということである。そのポテンシャルは立地、場所性が生み出す。３９１街区の場合、地下一階への入り口は駅の南北連絡通路となっている地下道に開いている。この地下道は再開発に合わせて「開かずの踏切」を代替するものとして建設されたものだが、実は旧東海道藤沢宿と江ノ島とを結ぶ江ノ島道という近世以来の参詣軸そのものである。「開かずの踏切」は、この参詣軸と、近代の交通軸として一八八七年に開通した東海道線が交差することによって生まれた、藤沢の前近代と近代化の交点であり、中心点なのである。再開発以前から、この近世、近代の交差点の「開かずの踏切」周辺で蓄積されてきた商業的ポテンシャルが、３９１街区という再開発を生み、現在の都市空間を形づくったと言えるだろう。３９１街区は、そうした都市の近代の物語のなかにある。

［参考文献］

中島直人「藤沢駅前南部第一防災建築街区造成の都市計画史的意義に関する考察」『日本建築学会計画系論文集』日本建築学会、二〇一三年、七八巻六八八号、一三〇一－一三一〇頁

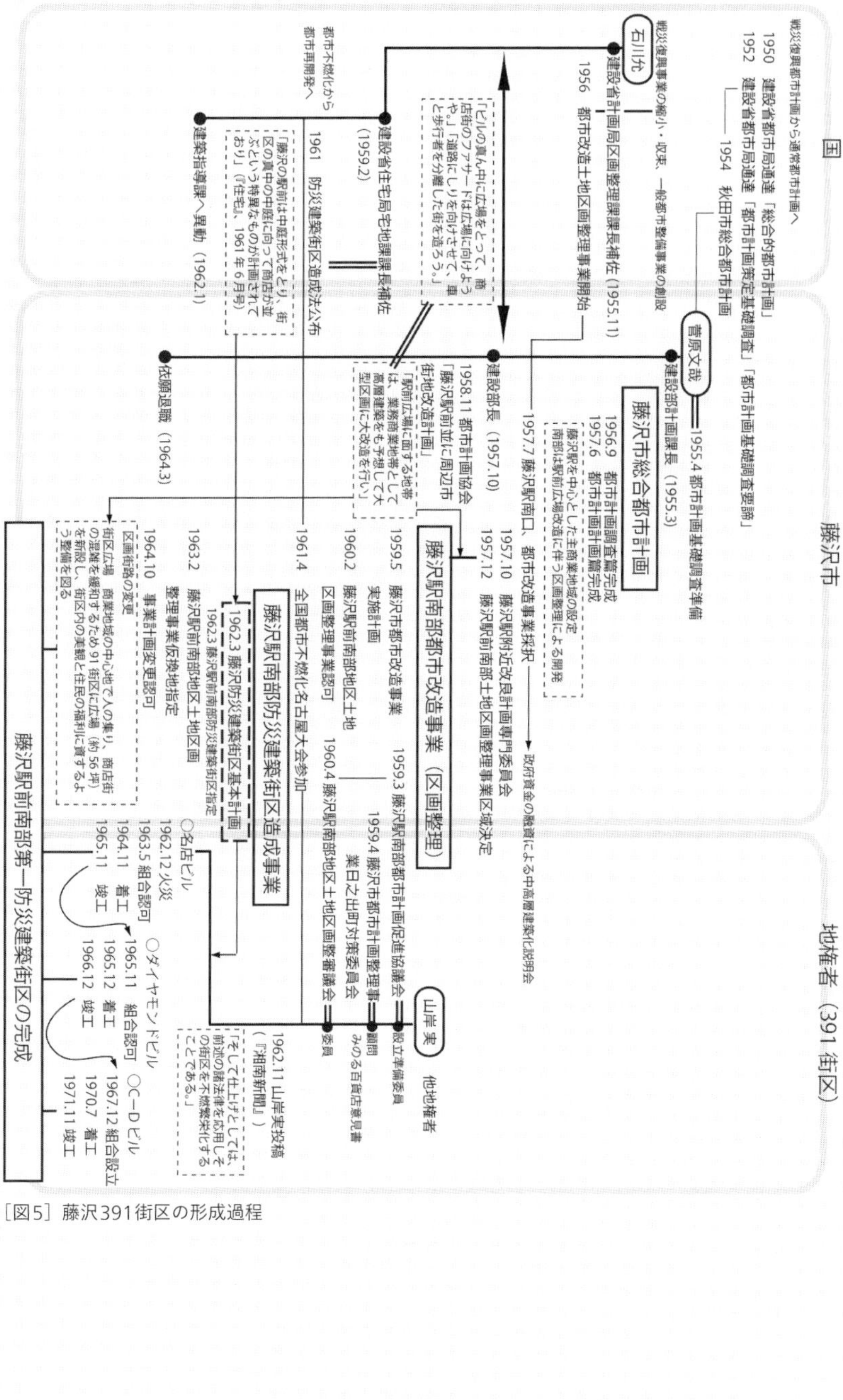

［図5］藤沢391街区の形成過程

9 暮らしの記憶と歴史的町並み——水郷佐原

1 歴史的な町並みをめぐる状況

香取街道沿いと利根川支流の小野川の交差部であった佐原のまちなかは、交通の要所となり、商家町として、江戸優りといわれるほど栄えた。周辺の農村地帯から農作物が集積する在郷町でもあった。時々の富が蓄積された町並みは、時代が変わると、多くの観光客を集めるようになった。一方で、産業構造における農業の位置づけの相対的な低下傾向を背景に、第一次産業から第三次産業への大きな転換が起こった。住民は一部を除いて、観光地になった町並みへの関心を持たなくなったようにみえる。生活の場は町並みから拡散し、ロードサイドでの買い物が日常になった。

［図1］佐原の町並み・小野川沿い

2 歴史的町並みにおける集合的記憶

私たち大学研究室チームは、機会を得て、空き家を借りた場づくりやまちあるきを兼ねた親子クイズラリーなどに取り組んできた。知り合いが増えるなかで、特に八〇~九〇代の方々が語る佐原の近過去において、非常に生き生きと動いていた地域の様相がありありと想像された。そこで、昭和の暮らしについてインタビュー調査を行い、その結果をまとめて、まちなかで展示した。

昭和の暮らしの展示は、大反響があった。その場で過去の記憶を手繰り寄せ、熱心に語る方が続出した［図3①②］。記憶の想起といえよう。「自分は知らなかったけれど、そういうことだったのか」と、語られた記憶を自分のものとして記銘する方も現れた［図3③］。一九七〇年代から今に至る住宅地図の色塗り図の前では、ここにこれがあった、ここで何をした、あそこは前はそういう使われ方だったのか、といった

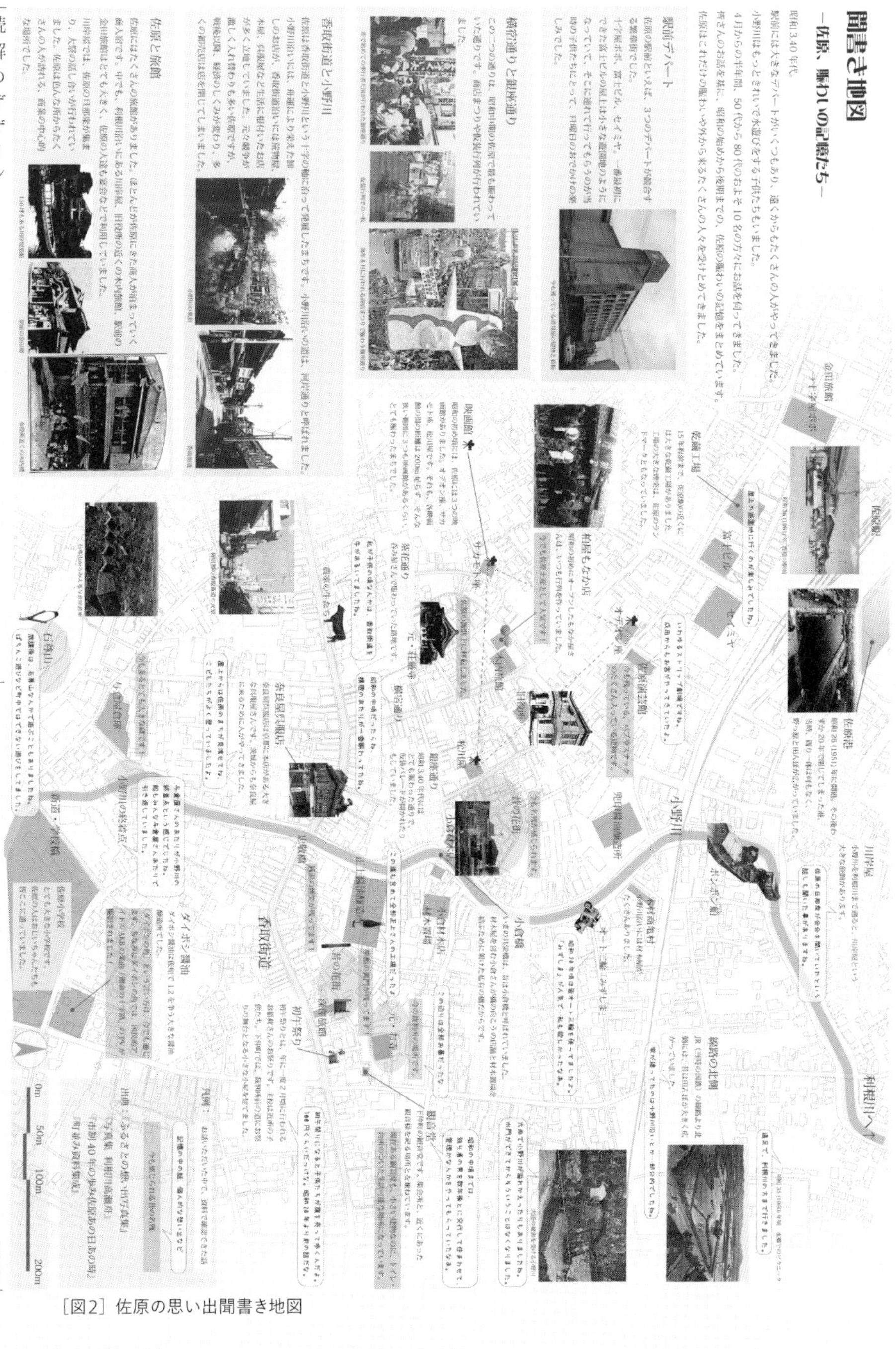

［図2］佐原の思い出聞書き地図

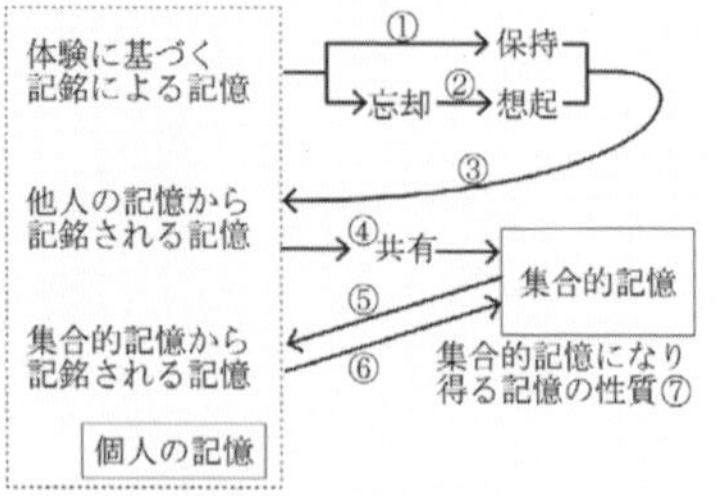

［図3］集合的記憶生成のプロセス

感想や意見交換が始まった［図④⑤］。

　こうしたやりとりと歴史的な町並みの存在は、個人の記銘を、それぞれが新たな記憶として持ち帰るだけで終わらせるのではなく、現在の物理的環境において展開させることを可能にした［図⑥］。それによって、まちの記憶として記銘し、その結果、同じ記憶の共有化を起こした［図⑦］。これを集合的記憶と呼ぶとするならば、集合的記憶によって、これまで知らなかった者同士が、自分のまちを対象にして語り合い、新たな思いを持つことができた。

　空間デザインから考えると、集合的記憶を想起・記銘・保持させる空間要素、すなわち歴史的な町並みは、他が代替できない固有の役割と重要な価値を有している。

3　昭和の暮らしを構成する要素

　では、昭和の暮らしを構成する要素とは何だろうか？

　佐原の町並みは、一九九一年に重要伝統的建造物群保存地区に選定された。文化財保護法の下、誰もが認める「歴史的なもの」がまちなかには溢れている。それだけではなく、小野川や石尊山など、都市における自然のなかで、特に子どもたちは、植物や動物とともに遊びまわっていた。食べられる植物にはとても敏感だったし、運河は魚採りの場でもあった。大人たちが働いている風景は、すぐ隣だった。多世代交流などと敢えて掲げなくても、多くを大人たちから学んでいた。

　川が汚れていくことに対して、忸怩たる思いを持ちながらも、工場からの汚水だと理解し、それが進化だと捉えていた人が、少なくとも複数名いらした。

　昭和の暮らしを構成する要素は消失してきた。昭和の暮らしの記憶は、そうした消失していく物を対象にしてきた。だから制度による保存を選択したといえるだろう。

4　いま、なぜ歴史的な町並みなのか

　倫理とは「自分がいまいる場所でどのように住み、どのように生きていくかという問い」を考えることだという。*3 その意味で、倫理には個人的な側面がある。その問いに先人たち

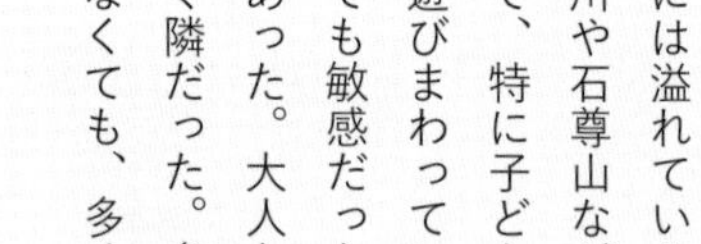

［図4］記憶に関する空間要素の分類

	消失 形態も利用も既に失われている空間	形態残存 形態は残存しているが記憶されている利用はなくなっている空間	利用継承 記憶されている利用は継承されているが、形態は変容した空間	一致 形態も利用も記憶されている状態のまま（に近い）である空間
具体事例	オート三輪 さっぱ舟 奈良屋デパート 映画館 佐原港 水害（の形跡）	駅前デパート 観音堂 修理済み伝建物 井戸 横宿、茶花通り、銀座通り 利根川	町並み 小野川 だし 橋 もなか柏屋	（祭りの場となる町並み） 佐原小学校 石尊山
記憶の内容の特徴	・動産や点としての建築物等が多い ・生業に関するものが多い	・町並みでは、形態や利用がそれぞれ限定的に残存／継承されているが、祭りのような非日常時においては記憶のままの風景が生じる。 ・小野川には、だしや橋のように水が流れるという同じ機能は担保しているが形態は変容した要素や、自然石護岸のように物そのものは修理されたが残存している要素、常に流れる水は水質の変化を多くの人が認知しているなど、多様な特質がある		
		・廃墟となった駅前デパートなどの記憶は豊か ・町並みでの記憶はあまり語られない	・生業としての利用はなくなりがちで、子供の遊び等の利用は継承されやすい ・老舗の一品は、手土産等として継承され得る	・石尊山は、自然に近い状態のままであり、子供の遊び場としての利用は減少しているが、風景としてはあまり変わらない

［図5］記憶に関する空間要素の四つの状態

が自分なりの実践として答えてきた結果の総体が、歴史的な町並みには蓄積されている。歴史的な町並みという空間に身を置くことで、個人的な倫理が集合的なものとして立ち現れることや、個人の記憶が集合的記憶を形成し、同時に個人の記憶になるという事実を理解することもできる。そうした体験は、人が拠って生きる倫理がより豊かなものであり得ることを確信させてくれよう。

　歴史的な町並みは、保存行為の結果、いまここにある。歴史的な町並みを体験したことによって、現代に生きる私たちは、いまとは異なる地域社会の姿を想像することができる。そうした認知の仕方は、歴史的な町並みに限らない。こうした反実仮想という態度によって、日常生活の場である物理的環境に潜む可能性を発見し、ありえたかもしれない、もう一つの現実を本当の現実にできるかもしれない。

　歴史的な町並みは多くを語る。しかししばらくそこにいれば、歴史的な町並みには語り得ないものが膨大にあったことにも気づく。そうした想像を馳せることができるのも、逆説的だが、歴史的な町並みがあるからこそだといえよう。

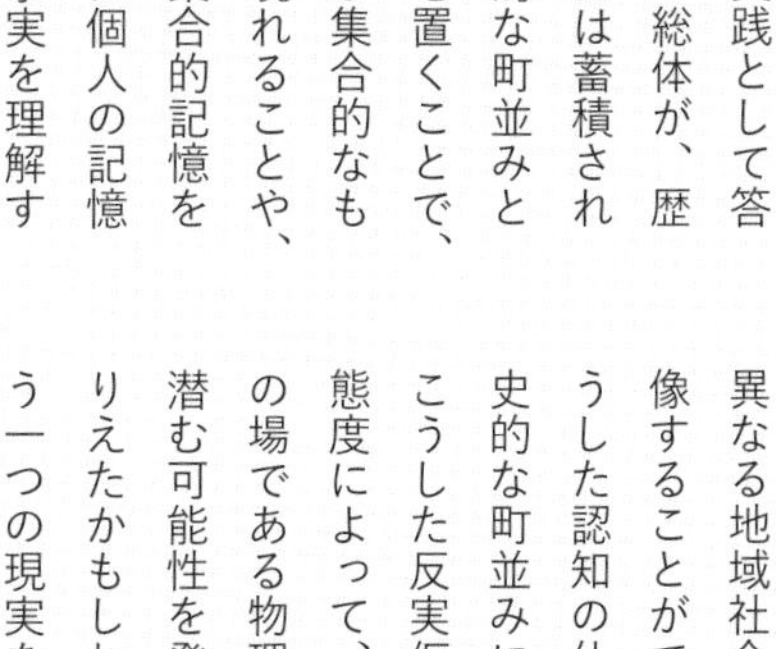

［図6］高校生と取り組むワークショップ

＊1　窪田亜矢「水郷の商都・佐原における「記憶の枠組み」についての研究――「歴史的なもの」との関係をふまえた考察」『日本建築学会計画系論文集七九（七〇五）』二〇一四年、二四四三―二四五二頁

＊2　東京大学有志による佐原プロジェクトの報告書各種

＊3　國分功一郎『スピノザ『エチカ』100分de名著』、NHK出版、二〇一八年、二四―二五頁

10 市街地復興の「基準線」としての地域文脈——スコピエ復興

1 市街地復興の「基準線」としての地域文脈

市街地が大規模災害などによって壊滅したとき、そしてそれを契機に従前とは大きく異なる市街地へと改造するとき、人々は新たな市街地をいかに計画し、またその計画をいかに実施したり受容してきたのであろうか。

本稿は一九六三年七月の地震に遭ったスコピエ市（当時のユーゴスラヴィア社会主義連邦共和国を構成するマケドニア社会主義共和国、現在の北マケドニア共和国の首都）での事例を題材とし、丹下健三という外国人都市計画家が復興計画の素案を立案し、その計画が地元の都市計画家によって受容され、現在のまちなみをつくり上げた過程における「基準線」としての地域文脈を探ってみたい。

［図1］丹下チームによる「第一段階」案
（出典：『新建築』1967年4月号、「建築からアーバンデザインへ　スコピエ計画　築地電通計画　山梨文化会館」）

2 復興計画策定の流れと当初コンペ案の「基準線」

スコピエ市中心部の復興計画は、（一）国連主催の国際指名コンペの実施（旧ユーゴから四チーム、海外から四チームの合計八チームによる競技、一九六五年七月に講評会が開催）、（二）コンペの上位二チーム（丹下チーム［図1］およびミシュチェヴィチ・チーム（旧ユーゴ連邦クロアチア））およびスコピエ市都市計画・建築局による実施案の検討、（三）丹下チームによる中心部の一部エリア（後述）における最終案の検討という段階を踏んで策定された。丹下チーム自らがまとめた雑誌記事によれば、これらはそれぞれ順に第一段階、第二段階、第三段階と呼ばれている。

図1はそのコンペ案（第一段階）の模型の俯瞰写真で、「シ

ティ・ウォール」と名づけられた、連続して建設された集合住宅群の、文字通り「壁」のような姿が写っている。この一見未来都市のようにみえる市街地は、以下の観察で判明するように、実は震災前の市街地に強く規定されていた。

まずコンペ案での街路パタンと従前の街路パタンとを比較すると、既存道路の拡幅・延伸、チトー元帥広場（中央やや左下に逆台形で表現）以南におけるスーパーブロック化、既存道路の連絡による環状道路の形成が図られたことがわかる［図2］。また、被災しながらも残存していた建築物のうち、復興後も利用を継続するものをコンペの案に描き込んでいるが、これも街路パタンの決定と相互に関係している［図3］。このような「残存建物」は主として大規模なRC造集合住宅であったが、実施案の改訂がなされた結果、現在の市街地を訪れると、小規模な煉瓦造の戸建て住宅まで残されるようになったことがわかる［図4］。

［図2］第一段階と従前の街路パタン
濃い線が第一段階の街路、
薄い線が従前の街路

［図3］第一段階と
震災前から残存する建物配置

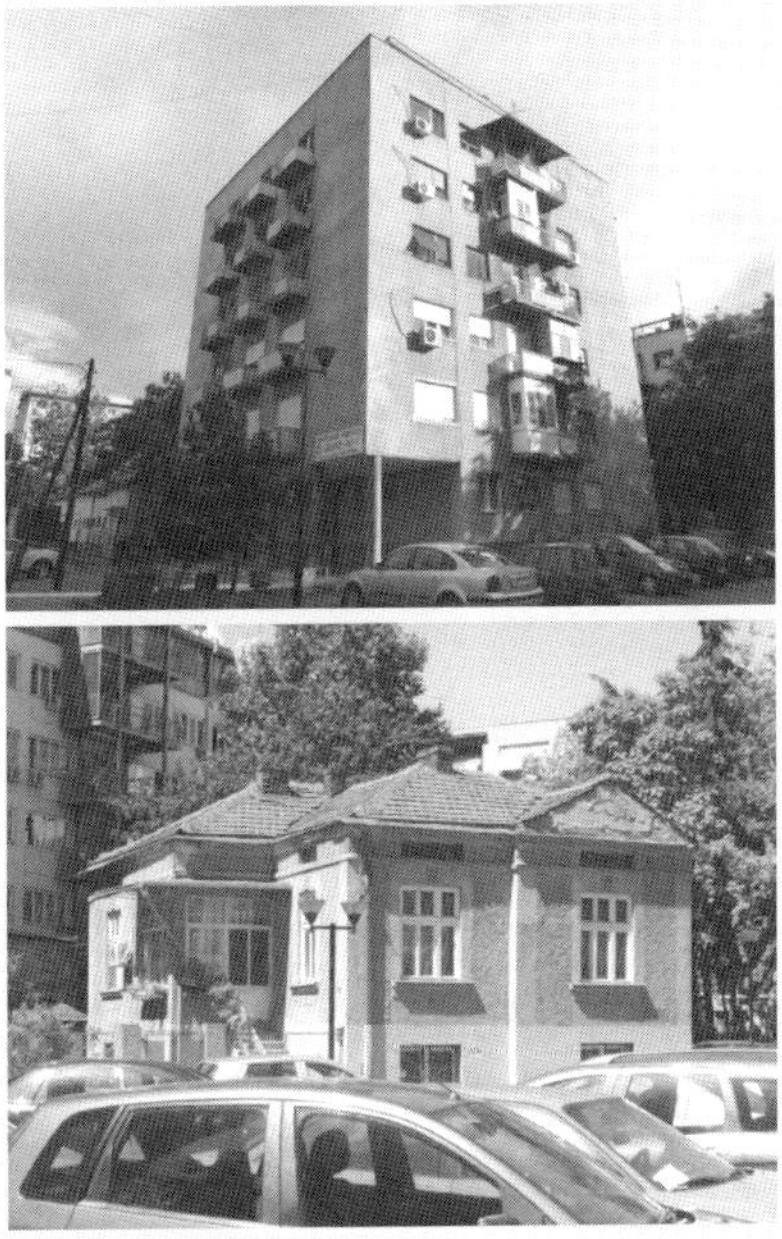
［図4］残存建物の例

3　実施案の「基準線」

さて、このように従前の街路パタンや存置する被災建築物によって可視的・不可視的に規定された第一段階であるが、先述のように第二段階、第三段階と改訂された。それは端的には復興計画のエリアにおいて収容する人口を増やすための作業であった。

たとえば、丹下チームは鉄道駅と高速道路への取りつけ道路とが結節する地点を業務用途を主とした「シティ・ゲート」として象徴的にデザインするため、周囲の残存建物を撤去し、業務用途に機能集約する方針だったが、国際コンペの審査会で「シティ・ゲート南北でのクリアランスが行き過ぎ」という指摘を受けた。これはおそらく、まだ利用可能な建物を残すことで建設資材や資金の節約を図るとともに、仮居住地のこれ以上の増加を避ける狙いがあったものと考えられる（当時、スコピエ市にはプレファブの仮設住宅が七万棟以上存在していた）。

その後、丹下はスコピエの復興に際して具体的な建築の設計に携わりたかったが、国連の拠出した基金の使途が「都市計画」に限定されていたため、「都市計画の詳細計画として建築的ディテールを決める」という建前で一九六六年二月から六か月間、「コンペ段階で提案した重要な要素となっている、シティ・ゲートとシティ・ウォール」周辺の詳細計画（第三段階。図5の左側）を策定した。

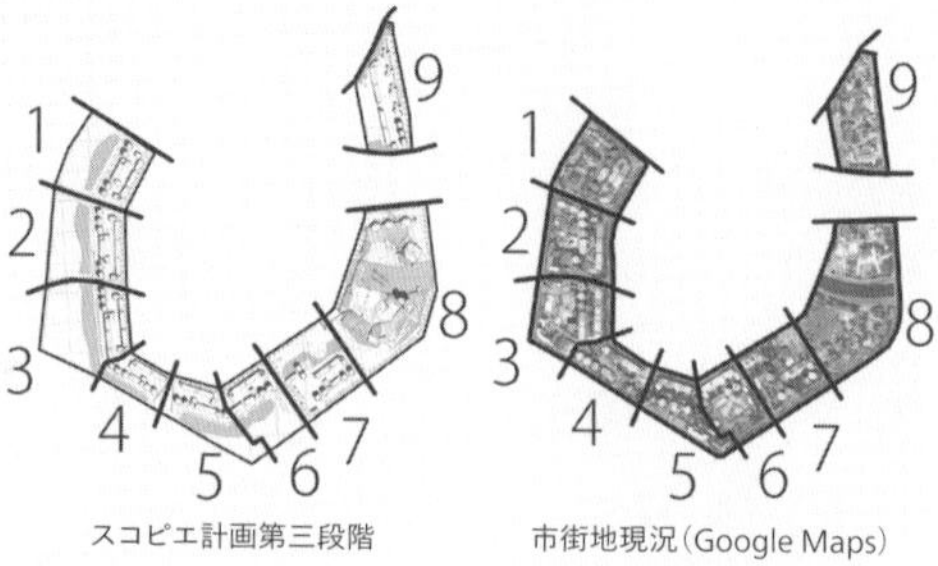

［図5］第三段階の配置計画と現況との比較

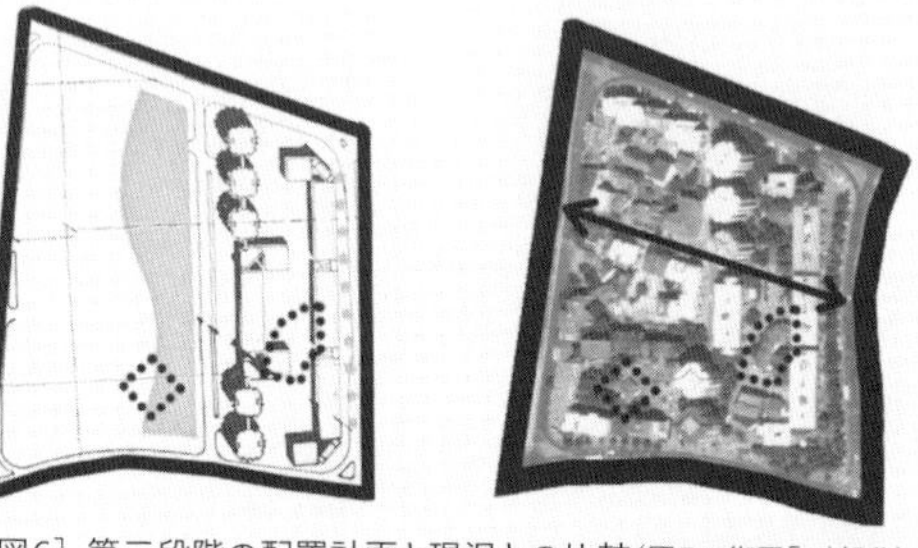
［図6］第三段階の配置計画と現況との比較（図5の街区「2」部分）

［図7］街区「2」に建つ高層棟

4 さらなる改変の「基準線」

しかし、この計画もそのまま実現することはなかった。詳細計画と市街地の現況との相違点を航空写真（Google）と現地踏査によって把握すると、以下の点に気づく（図5の街区「2」を事例に説明する）。

まず、シティ・ウォールの構成要素である集合住宅の高層棟が四五度回転して建設された点である（図6では正方形の平面で表現）。おそらく隣接棟の住民同士による視線の衝突を避けたためだが、これが高層棟群に挟まれる中層棟（図6では逆コの字型の平面）の長辺を短縮させた。また、それら高層棟や中層棟が震災前からの建築物（図6内で点線で表した位置）を避けるように建設された点にも気づく。たとえば、街区「2」には中層棟から突き出るように建っている建物がある［図8］。

［図8］震災前から残存する建物（中央）

詳細計画ではシティ・ウォールの高層棟と中層棟が描かれているが、実際には中層棟は長辺方向が短縮され、高層棟が西へずれるかたちで建設されている［図6］。

この場所を震災以前の航空写真［図9］で確認すると、中層棟から突き出た建物の弧を描いた立面がかつての交差点の隅切りを反映したもので、この建物の北西隅をかすめて街区「2」を横切る通路（図6右図の両矢印部分）が震災以前の街路の名残りとわかる。残存建物が詳細計画を変更したばかりか、復興市街地に埋もれたかつての街路の痕跡を留め、今も周辺住民の移動に役立っているのである。

［図9］震災前の市街地の空撮（中央付近に図8の建物（黒枠））
（出典：スコピエ市都市計画・建築局所蔵（1961年撮影）

5 まとめ

以上のように、スコピエでは復興計画の素案策定、地元との協働による改訂作業、そしてその最終案の実施という三局面すべてにおいて地域文脈が参照されたことがわかる。

［参考文献］
田中傑「丹下健三によるスコピエ計画と地域文脈」『日本建築学会大会学術講演梗概集〔都市計画〕』二〇一三年八月、三七―三八頁
田中傑「スコピエ計画の実施にみる地域文脈の影響」『二〇一三年度日本建築学会大会　都市計画部門パネルディスカッション「成長時代のコンテクスチャリズムから人口減少・大災害時代の地域文脈論へ」』二〇一三年八月

11 リセットされた集落空間と持続する社会組織——ジャワ島中部地震被災集落の復興過程

1 リセットされた被災集落

地震などの自然災害の被害からどう再建、復興するかは大きな課題である。被害が甚大な場合、従前の環境が破壊され、住宅のみならず地域自体が空間的には一度リセットされるような状況になることもある。ここでは、その復興に際して、従前の環境や生活に戻そうとする「復元力」のひとつとして地域文脈という考え方が有効であるとして、震災復興と地域文脈について、インドネシアで発生した二〇〇六年ジャワ島中部地震の被災集落（プレンブタン集落）を事例に述べていく。

プレンブタン集落[*1]はジョグジャカルタの南、約一〇キロメートルに位置する農村集落で、地震で約九割の建物が倒壊・重度に損壊した［図1、2、3］。このようなかで、物理的に

［図1］地震2ヶ月後のプレンブタン集落
（2006年7月26日撮影：撮影 浅井保）

は建物の基壇、樹木が残った。社会的には、人口・世帯数が維持され、集落、特に近隣の居住単位であるRT（Rukun Tetangga）における社会組織も維持され継続して機能していた。

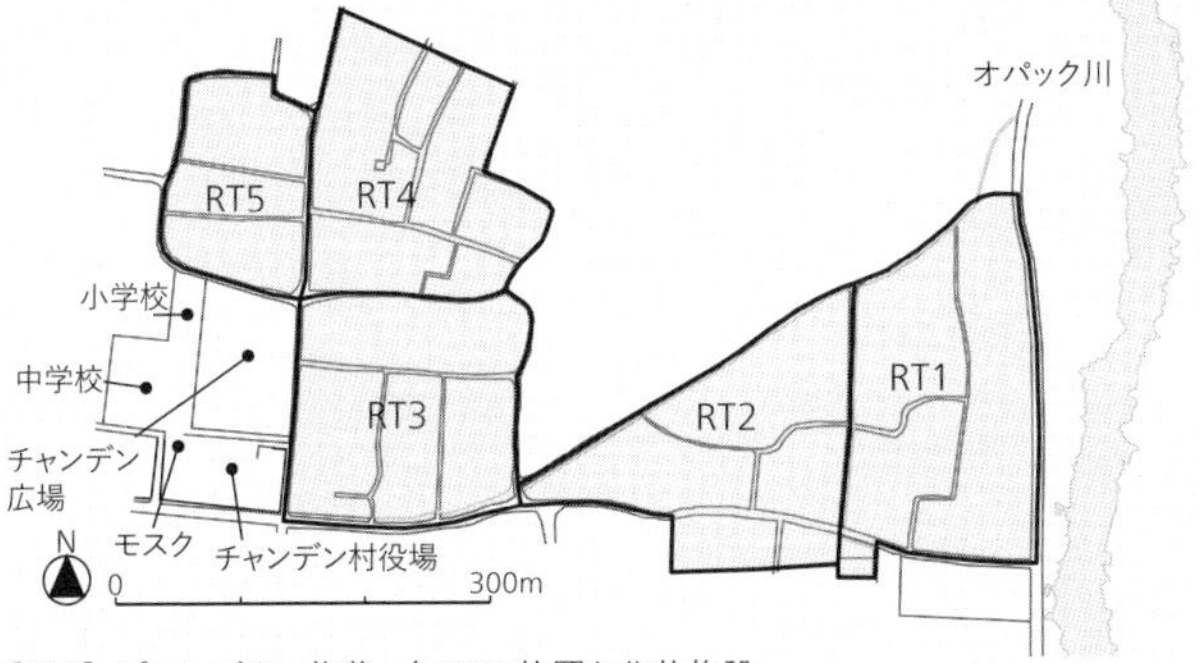

［図2］プレンブタン集落：各RTの位置と公共施設

［図3］プレンブタン集落の再建状況（2007年8月時点、地震1年3ヶ月後）

その社会組織について、プレンブタン集落は五つのRTから構成され、各RTは、RT長、セクレタリー、会計、ユースリーダーで運営されている。住民が集う場所やモスク、墓、夜警小屋（ポスカムリン）などの共同空間をRTごとにもち、集落とは独立して礼拝や祭礼行事、集会が行われ、独立性の高い社会組織と専用の地域空間をもっている。

被災後、物理的に残ったものを足がかりに、社会的に維持・継続されたものがその後の現地・オンサイトでの住民が生活を営みながらの再建・復興を支えていた。

2　ジャワの伝統的住居

まず、被災後の住宅再建・復興過程を述べる前に、その基盤となるジャワ農村の伝統的住居について述べておく。

ジャワ農村の伝統的住居は、屋敷地が短冊状で街路側から前庭―基壇上の建物群―屋敷林（プカランガン）という三つの土地利用からなる［図4右］。建物群は、開放的で客間などに使われるプンドポ［図6］、居間や寝室として住居の中心となるダレム、その背後の台所

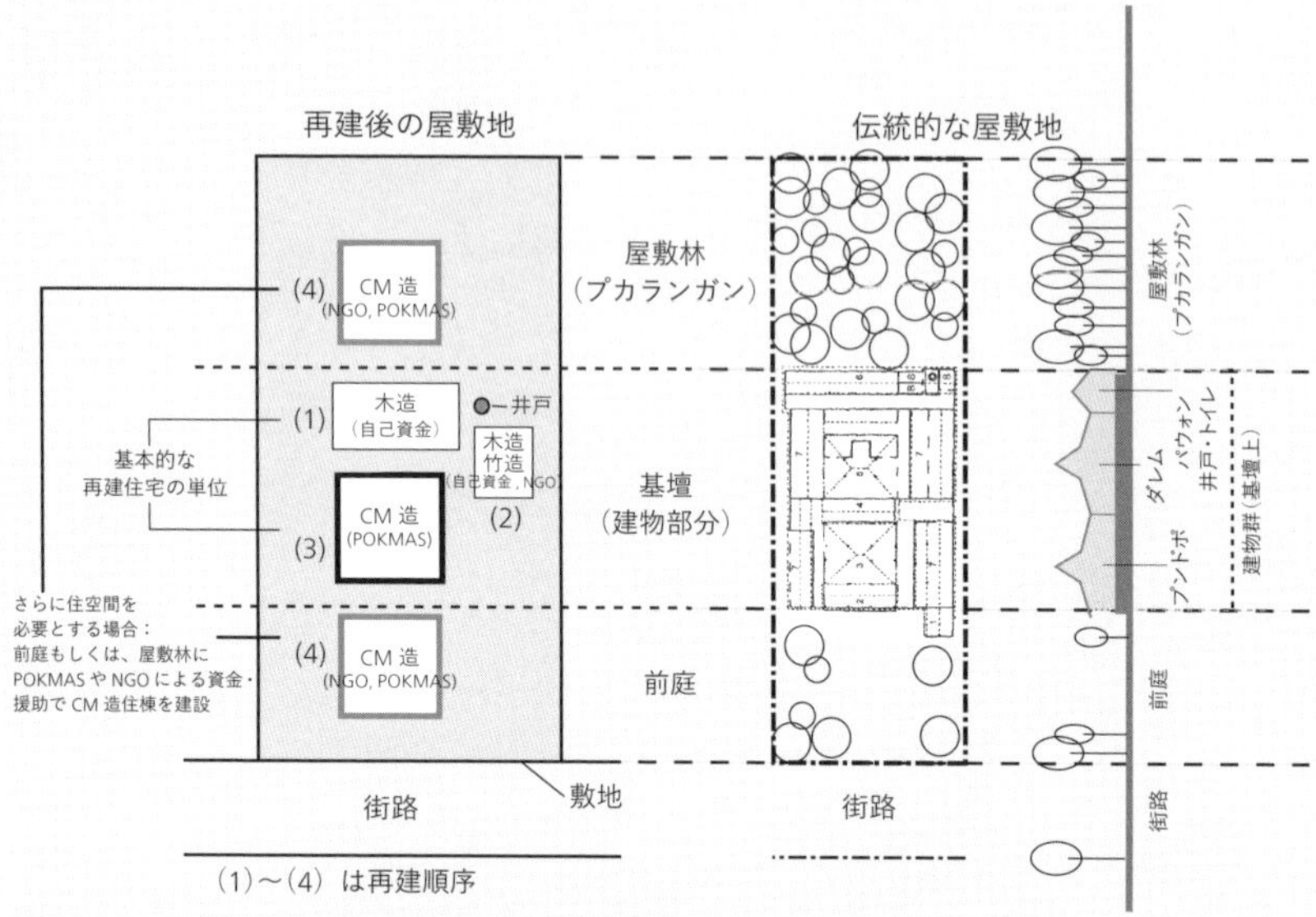

［図4］ジャワの農村住宅の構成と再建後の屋敷地（伝統的な屋敷地の建物平面図部分は、Prijotomo（1984）より引用）

［図7］井戸近くの木造住棟（自己資金）

［図5］多くの棟とオープンスペースからなる農村住居

［図8］CM造住棟（POKMAS）

［図6］農村住居のプンドポ

など水まわりのパウォン、その周辺に井戸・トイレが位置し、多くの棟と棟間のオープンスペース（庭・作業場）からなる［図5］。プンドポは冠婚葬祭やRTの集会などのコミュニティのための性格をもっており、街路側の公共的な性格から敷地奥にいくに従って私的な性格となる空間構成である。

3 住宅の再建復興過程と屋敷構成

地震後、インドネシア政府は、POKMAS[*2]と称される地域における独特な住宅再建支援制度を創設した。プレンブタン集落では、RT内で一〇～一五程度の世帯を単位に組織され、各POKMASへ住宅再建資金が直接給付され、現地の住民同士の相互扶助慣行であるゴトン・ヨロン[*3]によって住宅再建が行われた。住宅再建は、自己資金による木造［図7］・竹造住棟、POKMASによるCM（Confined Masonry）造住棟（鉄筋コンクリートの柱梁の枠組みの内側を煉瓦で充填した枠組積造の一種）［図8］、NGOによる木造・竹造・CM造住棟という異なる資金と構造（材料）により、敷地に住みながら行われた。図4左は、屋敷地における再建建物の構造と資金及び再建過程を示した模式図である。既存の社会組織や近隣社会関係をベースに従前の屋敷地の土地利用を踏襲するかたちで住宅再建が行われていた。

4 住宅・屋敷地―集落の段階的な空間構成

プレンブタン集落では、維持された社会組織・近隣社会関係を基盤にして、被災前の屋敷構成、共同空間のあり方を継承・再生しながら、住宅・集落の再建・復興が進んだ。そこには、住宅―敷地―街区―居住単位（RT）―集落の段階的な空間構成が内在している。その各段階は以下のようになっている。

①建築―敷地［図9左］：個々の敷地での生活を営みながらの漸進的で充実的な住宅再建により、結果的に被災前の歴史的、文化的に育まれた屋敷構成を継承・踏襲するかたちで住宅再建が行われた。

②敷地―街区［図9右］：個々の前庭、建物群、屋敷林による屋敷構成が集積し、街区外側に屋敷林、内側に建物群、さらに内側に街路と前庭によるコミュニティの空間という構造がある。前庭の共同空間、前庭に面するテラスやプンドポにより街路とともにRTの中心を形成している。

③街区―居住単位RT［図10］：各RTは、街路に沿った中心と外周部に位置する共同墓地、集落や村の共同空間・公共施

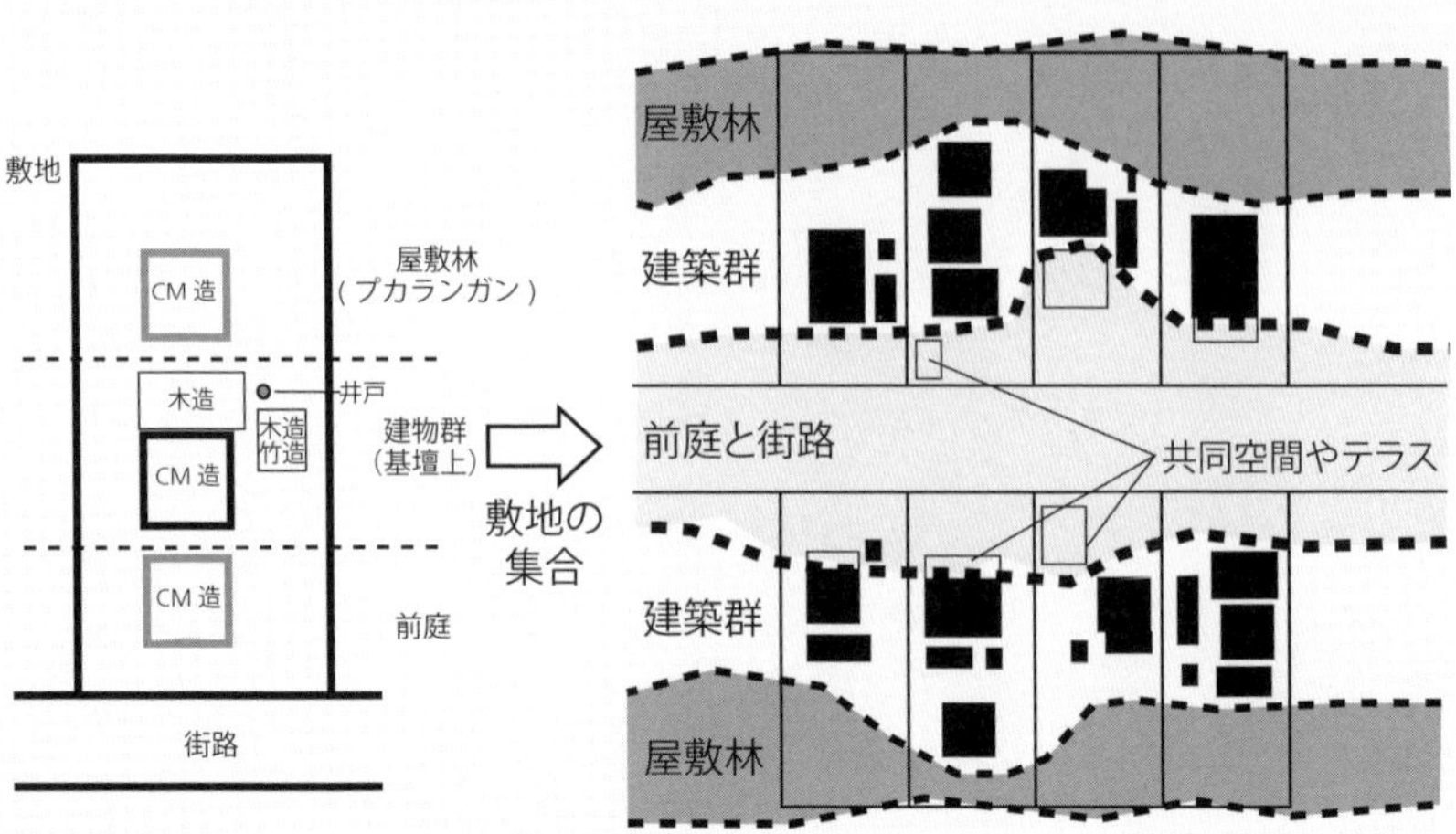

［図9］敷地利用（前庭、建築群、屋敷林）の集合・連続による敷地群、街区の構成

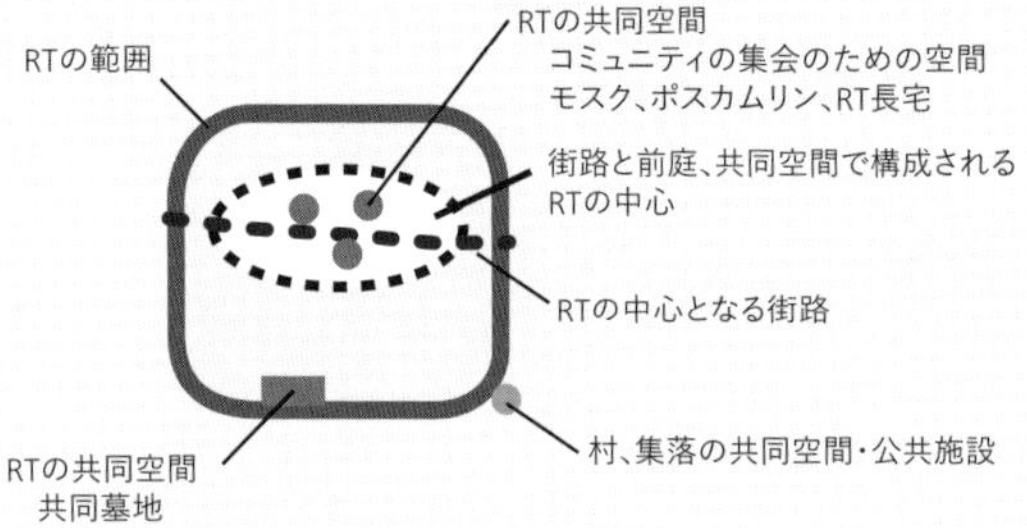

［図10］居住単位RTの構成

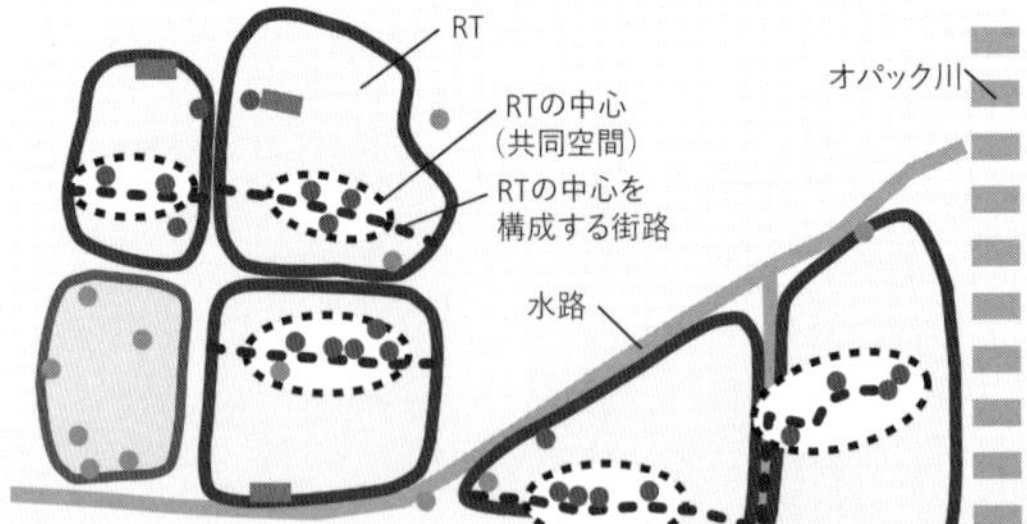

［図11］集落の構造（居住単位RTの集合と集落）

設からなっており、私有の屋敷地も含めた集落内に埋め込まれていた共同空間と街路やオープンスペースと連担した集落・RTの中心の継承・再建がなされている。

④居住単位RT－集落［図11］：集落は、このような居住単位としてのRTとオパック川と水路による地理的な構造、公共施設群から構成され、街路や緑地、河川・水路という集落の空間的なまとまりを決めるオープンスペース体系が基盤となっている。

5　自然災害からの復興と地域文脈

地震という外因により一度環境がリセットされた被災農村

集落を事例として、住民がオンサイトで生活を営みながらの住宅再建、集落復興について述べてきた。その過程を読み取ると、被災後にも維持・継続された社会組織に基づいた、日常生活基盤と近隣社会関係を継続しながらの漸進的な復興と屋敷地から共同空間、コミュニティの居住単位、集落構成を通底する構造の存在が浮かび上がった。地震災害によって顕在化したこれらの社会組織と集落空間は、被災に対する「復元力」として地域で歴史的文化的に醸成された地域文脈と読み取ることができ、その読み取りから復興を考えるべきである。

＊1　プレンブタン集落はジョグジャカルタ特別区のバントゥール県ジェティス郡チャンデン村（Canden, Jetis, Bantul）の中の集落の一つである。

＊2　POKMASは、インドネシア語の Kelompok Masyarakat の pok と mas をとったもので、直訳すると社会集団、つまり、コミュニティという意味からつけられたものである。この住宅再建支援制度（POKMAS）は次の三つの柱からなる。（1）POKMAS という最も小さな単位のコミュニティグループを創設する。（2）POKMAS を通じて住宅再建資金の直接給付を行う。（3）POKMAS に対して再建を指導するファシリテーターを派遣する。

＊3　ゴトン・ロヨン（Gotong Royong）は、人々の間の自発的相互扶助を意味するインドネシア語である。代表的な例としては、災害の犠牲者を隣人たちが皆で助けあうこと、道路・水路・橋・学校・集会所など公共施設建設のための共同無賃労働などをいう（石井米雄監修『インドネシアの事典』同朋舎出版、一九九一年より）。また、鳴海邦碩ほか『神々と生きる村　王宮の都市』学芸出版社、一九九三年、二二五頁にも詳述されている。

［参考文献］

H. Yamaguchi, T. Shigemura, Y. Yamazaki, T. Tanaka, A. Hokugo: Process and the Support Institutions for Housing Reconstruction in a Rural Village after the 2006 Central Java Earthquake, *The 7th International Symposium on Architectural Interchanges in Asia I*, AIJ, KIA, ASC, 2008, pp.340-345

H. Yamaguchi, T. Shigemura, Y. Yamazaki, T. Tanaka, A. Hokugo: Reconstruction of Rural Village Environments, focusing on Common Spaces and Public Facilities, after the 2006 Central Java Earthquake, *Making Space for Better Quality of Life: International Symposium on Sustainable Community*, ISSC 2009 in Yogyakarta, 2009

田中貴宏、山崎義人、山口秀文、重村力、北後明彦「２００６年ジャワ島中部地震後の農村集落における集落復興ＧＩＳデータベースの作成とその解析」『日本建築学会技術報告集』二九号、二〇〇九年、二三三－二三七頁

山崎義人、田中貴宏、山口秀文、重村力、北後明彦「伝統的な建物配置や敷地構成の居住環境の再建への影響－２００６年ジャワ島中部地震被災地であるプレンブタン集落を事例として－」『日本建築学会計画系論文集』第七四巻、第六三九号、二〇〇九年、一〇七五－一〇八三頁

Josef Prijotomo: IDEAS and FORMS of JAVANESE ARCHITECTURE, GADJAH MADA UNIVERSITY PRESS, 1984

布野修司『カンポンの世界　ジャワの庶民住居誌』ＰＡＲＣＯ出版、一九九一年

山本直彦「12　ジョグロ、ヒンドゥ・ジャワのコスモロジー」布野修司編『世界住居誌』昭和堂、二〇〇五年、一〇八－一〇九頁

12 三陸の漁村と反復する津波

1 はじめに

二〇一一年三月一一日。東北地方太平洋沖地震にともなって発生した津波が三陸沿岸の諸地域を襲う映像は衝撃的だった。万里の長城のように海から居住地を護っていたはずの防潮堤をゆっくり乗り越えた波は、あらゆる建物や工作物を浮き上がらせ、黒々と掻き混ぜた。人間は大地というよりも地表を加工して寄生していたのだと気付かされた。地表とは、地球的規模で運動する地殻に比せば、数年から数十年といった比較的短期間のうちにでも自然の作用によって塗り替えられうるようなレイヤだ。

津波常襲地と表現されるように、三陸沿岸地域は有史以前から繰り返し津波に洗われてきたが、漁場として豊かなこの地域は人が定着してから放棄されたことはない。こうした場では、集落をその共時的構造においてみるだけでは明らかに不十分であり、むしろ破壊と再生が繰り返される通時的なプロセスをいかに地域文脈として捉えるかが鍵になるだろう。むろん大津波に襲われれば連続するものなどなにもない、といいたいわけではない。多くのものが洗い流される断絶のなかに、むしろ連続するものをいかに見いだすかが重要だろう。

ここでは、明治・昭和の両津波のケースを比較しながら、こうした問題にアプローチしてみたい。これら二度の津波は、災害プロセスに大きな違いがあった。災害とは、自然現象という入力に対して居住地の社会が示す文化的・経済的・政治的な出力である。明治と昭和とでは社会が異なり、産業経済が異なり、国家の政策が異なっていたのである。

2 社会＝空間の置換（再充填）：明治三陸津波

一八九六（明治二九）年六月一五日に発生した明治の三陸津波は、全壊・流出家屋約一万二〇〇〇戸、死者・行方不明者約二万二〇〇〇人という甚大な被害を出した。岩手県下の被災町村（当時）に限定してみると、災前の人口七万六一四四人に対して死者一万八一五八人、家屋一万二〇〇三戸に対して流出五一八三戸であり、いわゆる「浜」の集落に絞れば、社会的にも物的にも壊滅といってよい集落がかなりの数にのぼった。

しかし、一九三〇～四〇年代に行われた山口弥一郎の聞き取りによれば、明治の津波後、これら集落は「たちまち」人口が埋め戻されたという。他地域に住む、元来の居住者の縁故者（血縁や漁業上の縁故を有する者）が、その漁業権をはじめ、土地資産の継承権、義援金の受領権などを継承する者（多くはその縁故者の娘であったという）を戸籍に入れ、時機を待って配偶者をあてがい家を再興させるなどのプロセスがその実態だった。つまり、集落景観の再生には一〇年、二〇年を要するとしても、実質的な権利主体となる「イエ」は失われず、その器は元来の集落とはほとんど無縁な人々によって満たされたわけである。

明治中期の段階では、岩手県の沿岸集落はまだ名主／名子といった古い支配・被支配関係を残すところもあり、そうでなくても集落の地主（山持ち）でもあった網元・船主層による支配は強かった（幕末・明治初期に海運業に進出して没落するなどのケースもあるが）。したがって空になった「イエ」の継承とは、有力層の庇護下に入ることでもあった。こうした集落再建は政府によって指導されたものではないから、過去にも繰り返されてきた集落再生のパタンを何らか示唆する可能性があろう。

3　社会＝空間の改造：昭和三陸津波

一九三三（昭和八）年三月三日発生の昭和の津波の場合、避難により死亡者がかなり抑えられた一方で、中央政府の復興政策が、個別集落の空間を書き換えることになった。とくに岩手県下の集落では積極的に高所移転が実施された。昭和の場合、残された人口が空間的に再配置されたわけである。

簡潔に述べると、宅地造成（住宅適地造成事業）と家屋建設については、中央資金の融資を受けた町（地方団体）と産業組合（復興のために半強制的に設立）が事業を実施した。中央が掲げたメニューと標準に沿って、事業主体たる末端の機構（地方団体、組合）に中央の資金が落とされるという、いまでは当たり前の方式も画期的なものであった。債務（一五年還付）は居住者に振り替えられ、土地・家屋は完済すれば居住者の資産となったから、返済に成功した多くの漁家がほぼ同規模の

［図1］ 綾里の復興地（作図＝明治大学建築史・建築論研究室）

土地・家屋資産を一斉に手にしたのである。

当時、三陸沿岸の多くの集落では資本制的な漁家層の分化が進んでいたとされるから、こうした均質な景観の形成は、同時に社会構造の書き換えでもあった可能性がある。他方で、こうした復興の背景には、一九三二年に中央官僚たちによって着手された全国的な農山漁村経済更正運動と、その実効化のため産業組合を拡充する運動があり、その翌年に発生した昭和三陸津波の復興は、これら政策の実験場となった可能性が指摘されている。一九二〇年代の長期的な不況、二九年の世界恐慌、三〇－三一年の冷害といった出口のみえない危機にあえぐ農山漁村を自力更生させるために「協同組合」原理を政策的に導入することで、伝統的あるいは資本制的な集落内の支配－被支配関係が解体されたのではないかとも考えられるのである。ただ、同じ岩手でも集落が違えば復興プロセスもまったく異質であったことが明らかにされつつあり、三陸漁村の多様性を踏まえた検証が待たれる。

4　社会＝空間への資本蓄積：戦後の三陸漁村

その後、戦時中の疎開と戦後の引き揚げで三陸漁村は人口増加を経験し、さらに高度成長期の好況や産業化の取り組みと世代交代によって世帯数が増え、かつて津波に飲まれた低地にも家並みが再現してしまう。そして、一九五〇年の漁港法、一九六〇年のチリ地震津波後の特措法などを契機として、三・一一前夜に至るまで、防波堤、護岸、防潮堤、そして倉庫群や生産施設群などが浜々を固めていった。こうした動向の背後で、漁業組合・地方建設業者・県および中央政界との緊密な複合体が形成されてきたことはいうまでもない。漁業の産業化と、漁業基地としての漁港への資本蓄積こそが、戦後の村落の景観を変質させた最も大きなインパクトであったといって過言でない。

東日本大震災前夜の三陸漁村は、こうした複雑な経緯の産物であった。東日本大震災の津波被害とその後の復興の歩みによって明らかになったのは、昭和の高所移転は被害軽減に相当の効果があり、なおかつ漁港との距離についても概して優れたバランスを示していたということと、戦後に蓄積された巨大な社会資本の存在がかえって被害を大きくし、復興の足取りを重くするということだった。他方で、津波と津波のあいだの数十年への着目も重要である。人々はたんに低地に降りてしまったのではない。じつは自力で親戚や集落等の諸関係を活用して土地を求め、じわじわと高所へ移る動きも見いだされてきている。災害直後の復興政策では国家が姿をあらわすが、「あいだ」の時間ではローカルな社会資本が重要になるのだ。こうした緩慢ながら重要な動きが、地域のどのような文脈に力を与えられているのか、丁寧な観察と議論が求められる。

〔参考文献〕

山口弥一郎（石井正己・川島秀一編）『津浪と村』（復刊版）三弥井書店、二〇一一年
饗庭伸、青井哲人、池田浩敬、石榑督和、岡村健太郎、木村周平、辻本侑生著、山岸剛写真『津波のあいだ、生きられた村』鹿島出版会、二〇一九年
岡村健太郎『「三陸津波」と集落再編』鹿島出版会、二〇一七年

第III部

定着のデザイン

読解からの実践

第1章
地域文脈の「定着」とはどういうことか？

第Ⅲ部では、読解された地域文脈を地域環境へ反映させること、すなわち地域文脈の定着を主題とする。前述したとおり、読解の多様化は、地域環境の計画やデザインの幅を拡げてきた。地域文脈論はタブラ・ラサ志向への対抗として立ち上がり、近代の合理性を追求する空間デザイン、経済に偏重した地域環境が形成されることへの代替案であった。また、自然環境や歴史的環境といった特質が喪失することへの危機感も根底に存在し、それらの保全が地域文脈の定着を意味していた。そして、自然環境や歴史的環境を後世に継承する試みは、新しい計画・デザイン論を築き、各時代で地域が直面してきた課題を解決する有効な個別解を導いている。その蓄積の上に展開する第三波では、開発と対立しがちだった自然や歴史文化の保全や継承にも社会経済を動かす役割が期待されるようになった。[*1] そして現代、地域文脈は社会情勢や自然災害によって顕在化する課題に適応する手がかりとしても期待されている。

1　定着の定義

本章では、地域文脈を地域環境に反映させる計画・デザインを総じて、地域文脈の定着と表現する。より具体的には、「周囲に展開する地域固有の環境の特質を未来の地域環境の計画やデザインに反映させること」を地域文脈の定着と定義し、建築、都市、ランドスケープ分野における地域環境とその計画・デザインについて取り扱う。その実態は多様に展開し、論点は多岐にわたる。以下では、地域文脈の定着にみられる多様性を確認するとともに、第Ⅲ部での議論の論点や幅を提示したい。

2　地域文脈とその定着の多様性

地域文脈が地域環境に反映されるありようは、実にさまざまなかたちをとる。多様な結果をもたらす理由は、読解される地域文脈が多様であることとともに、反映させること自体が一様にならないためである。以下で具体的に示すとおり、定着させる対象による特性、定着の担い手や意思決定に関係する主体・ステークホルダー、定着に関連する制度・仕組みが示す枠組みや制約によって、多様な結果がもたらされる。

［1］対象

地域環境の特質をもつ空間やデザインとは、具体的には何を指すだろうか。過去に形成された建造物、建築物群、道路・街路、街区、河川・水路・運河、広場・公園・緑地、地区・市街地、これらを取り巻く自然環境など、多様なスケール、類型が該当する。たとえば、近代建築、近代化産業遺産、戦後のモダニズム建築の保全が市民権を得たように、第二波から第三波の時代にかけて保全すべき地域環境の具体的な対象は多様化した。*2 この過程で、保全は活用を含む概念であることが明確になり、地域環境はさまざまなかたちで保全されている。また、活用が強く意識される建築のリノベーションやオープンスペースの再編は、地域環境を保全するだけでなく、新しい価値を創造している。

［2］主体・ステークホルダー

第Ⅱ部で論じたように、地域文脈の定着は、さまざまな立場からの関心事になりつつある。すでに第二波の時代に日本で展開した町並み保存運動は地域住民が主体であった。第三波では市民・市民組織（ＮＰＯなど）が地域環境の形成に深く関与するようになり、地域文脈を定着させる担い手として不可欠な主体だといえる。他方で、これまで地域文脈論に無関心だった企業やデベロッパーが地域文脈の定着に関与する状況も第三波における特徴といえる。

［3］制度・仕組み

地域環境の保全は、社会制度によって大きく左右される。特に、文化財保護制度[*3]、景観制度[*4]は地域環境の保全を支える重要な制度である。地域特性を尊重する傾向は、建築・都市計画制度で徐々に拡充されてきた。第二波から第三波にかけて誕生した「文化的景観」「歴史的風致」といった概念と社会制度の拡充は、社会経済との関係から地域環境を捉え、「主体－環境系」の特性を踏まえた保全を促している[*5]。以上の動向は、成熟社会の到来と相まって、保存と開発の対立を乗り越えた地域環境の形成や再編を可能にしている。

3　地域文脈の定着を取り巻く社会情勢

第II部においては地域文脈を揺さぶる存在として注目した「環境変化」と「撹乱」という二つの外圧は、地域文脈の定着にどのように作用するだろうか。

［1］環境変化――グローバル資本主義と縮退する社会

第三波における「環境変化」のうち、グローバル資本主義による局地的な資本投下、人口減少による縮退する社会が、地域環境の形成に大きな影響を与えているのが日本の現状である。グローバル資本主義は地域環境に大きな変化をもたらし、縮退社会は地域環境の保全や継承を困難にしている。おそらく一つの要因によって引き起こされた全く異なる作用による地域環境の変容に対して、定着のデザインは検討される必要がある。基本的には、地域や都市は二つの「環境変化」のいずれかの影響を受けていると理解できるが、一つの地域、都市のなかで両者が併存する場合もあり、状況は単純ではないことをここで確認しておきたい。

［2］撹乱——災害と復興

地域環境を破壊する自然災害は、地域文脈をゆさぶる存在であり、同時にそれ自体が地域文脈といえる。災害大国である日本では、災害を無視した地域環境の形成はあり得ず、復旧・復興の枠組みは、災害に強い地域環境の再建を基本とする。一方で、災害後の復旧・復興が、地域環境を大きく変化させることも事実である。このような状況下で、地域環境の再建に災害の履歴、災害前後において地域環境の特性をどのように反映させるかが問われている。

また、社会情勢の内容にかかわらず、定着のかたちも当然捉えておくべき内容である。従来からみられる地域環境の保全や継承はもちろん、第三波に特徴的な復原・再生、復興、創造、さらに、保全や継承と同時に現れる断絶、異化、脱却にも注目する必要がある。

以下では、対象、主体、制度・仕組みの三つの論点に注目しつつ、グローバル資本主義、縮退社会、災害後の復興の三つの情勢ごとに地域文脈を定着させる試みを確認し、その可能性と課題を整理する。

第2章
グローバル資本主義下における地域文脈の定着のデザイン

近代以降、勢力を増大させ、影響力を強めてきたグローバル資本主義は、世界中のあらゆる都市の位置づけを変貌させてきた。国境を越えて大量の資本が投下される日本国内のグローバル都市では、都市再生の名目の下、局所的な市街地再開発事業が進行し、地域環境は変貌している。特に、東京オリンピック・パラリンピック開催決定を契機として、都心部の再開発や臨海部の開発が際立っていた。再開発がもたらす大規模、かつ大量の地域環境の変化は、地域文脈にどのような影響をもたらしているだろうか。

たとえば、日本有数のＢＩＤ（Business Improvement District）である東京・丸の内エリア（千代田区）では、江戸期に由来する街区を基盤に、民間開発による近代オフィス街が形成され、震災・戦災による破壊、度重なる再開発など、地域環境は絶えず更新されてきた。現在の丸の内エリアでは、老朽化した近代建築を更新する高度成長期の再開発、一九八〇年代以降の近代建築と高層建築が併存するメモリアル開発[*6]、高度成長期に建設されたビル群を更新する都市再生特措法下の再開発が混在している。東京駅舎や三菱一号館に、このエリアの特性は象徴的に継承されている。二〇一二年に東京駅舎が修復・復原され、目の前の駅前広場と行幸通りが再整備されたことで、東京駅から皇居に至る空間に丸の内の歴史性は顕在した。この一連の事業は特例容積率適用区域制度[*7]によって実現しており、絶えず更新されてきた丸の内エリアの別の側面も表している。また同様に、三菱一号館（二〇〇九年）の復元・再建事業は、精緻な復元事業が高く評価される反面、前時代の地域環境を破壊して再生された結果[*8]であることから、地域文脈を定着させる際の選択性、恣意性、政治性という問題を提起した。いずれにしても、このような地域環境の更新と象徴的な空間の継承は、大都市・都心部における歴史的環境の保全の典型となっている。[*9]先駆例に位置づけられる横浜市の都市デザインの実践をはじめ、保存が経済と両立する制度・仕組みの整備が後押ししてきたといえよう。空間デザインに関しては、保全や継承の度合いによって多様な景観が創造されていることも興味深い。東京・汐留シオサイトでは、土地区画整理事業によって、日本の鉄道発祥の地である旧新橋停車場の復元と旧国鉄操車場跡地の痕跡が空間デザインに表現されている（カタログ8）。

他方、東京・銀座では、まちづくりのステークホルダーが協議を重ねてつくった「銀座デザインルール」によって、地域環境の変化をコントロールし、銀座らしいまちなみを誘導している（カタログ7）。絶えず繰り返される地域環境の更新を、過去の営みや空間を参照して地域独自の景観にデザインし直す動きは、地域文脈を新たに創造する試みとして理解される。新宿区神楽坂の伝統的な路地空間を継承する地区計画や、渋谷区代官山の低層な街並みを誘導する地区計画の策定も同様の動向として位置づけられる。このようなローカルルールによる地域環境の創造は、法制度の限界を補い、地域固有の環境を継承する手法として注目される。また、江戸東京の歴史文化資源の活用によって都市の創造性を高めようとする東京文化資源区構想は、文人たちの活動の履歴など、物的環境以外の資源の活用を問題提起している。[*10] このように、無形の歴史文化資源を将来構想に反映させる動きも地域文脈の定着の一つのかたちといえよう。

また近年、オープンスペースの再編やインフラストラクチャーのデザイン・機能の更新が顕著にみられる。ニューヨークのハイライン再生が代表例に挙げられるランドスケープ・アーバニズムの実践、日本大通り（横浜市）など、道路空間における歩行者空間の拡張やオープンカフェ事業、まちなかのにぎわいを演出するウォーカブルシティの実践などがある。大阪[*11]や東京[*12]では、近世に形成された水路・運河のネットワークを活用した水都再生が試みられている。水路ネットワークを親水空間として再生させるために、河川空間の整備が一体的に進められている。オープンスペースの転用により、当該空間が再生されるだけでなく、都市全体の創造性を高め、都市に新たな活力を生み出している。

グローバル資本主義の影響下では、地域環境の保全は、経済性とせめぎあいながら一つの結論が導かれる。しかし、両者は必ずしも対立するばかりではなく、保全によって経済価値を創出する例がみられる点に第三波の特徴がある。

第3章　縮退社会における定着のデザイン

日本の総人口は減少に転じ、戦後から一極集中が進む首都圏を除く、地方の中小都市、農村の大半で社会の縮退が進行している。首都圏においても郊外住宅地・ニュータウンでは、人口減少と高齢化によって地域社会が衰退し、地域環境は荒廃している例がみられる。そこで、社会規模に応じた地域環境の再編が課題とされているが、その際、計画やデザインによって地域環境の特質を維持し、活用できるかが問われている。ここでは、地方中小都市、農村、ニュータウン・郊外住宅地における地域文脈の定着を巡る動向を確認し、その傾向や特質を論じていく。

1　地方中小都市

地方中小都市では、少子化と高齢化、大都市圏への人口流出による地域社会の縮小、産業構造の転換による経済活動の停滞により、活力が失われている。高度経済成長期からバブル経済期の産業都市開発や市街地開発、リゾート開発とその失敗を経験し、その後二〇世紀後半から、中心市街地活性化、都市再生、地方創生、コンパクトシティ、立地適正化など、社会経済の再生や地域環境の見直しが課題とされ、その対応策は提示されてきたが、十分な成果を上げられた都市は決して多くない。地方中小都市は問題が山積し、複雑化した状況に置かれてきた。

しかしながら、町並み保存運動をはじめ、地域環境を活用することで、社会経済を活性化させてきた先駆がみられたのも地方中小都市である。歴史的遺産を保全活用し、まちづくりの拠点や観光施設として再生させるなど、地域の個性を生かしながら、地域経済を再生させてきた。地域環境の保全活用による経済価値の創出は、地方中小都市で試みられ、一般化したといえよう。さらに、観光まちづくりなど、環境と経済を両立させる試みが、地方中小都市で展開し、実績を上げてきた。*13 地方中小都市における景観条例の制定が、後の景観法や歴史まちづくり法の創設につながったことからも、地域文脈の定着を論じる上で、このような地方中小都市の動向は注目に値する。

近年顕著にみられる、地方中小都市におけるリノベーションまちづくりの取り組みは、スクラップアンドビルドとは異なり、戦後に形成された市街地内の遊休・低利用ストックを活用して、地域環境の再編を試みている。*14 前時代の地域環境の固有性を継承する計画・デザインであり、地域文脈を定着させている。特筆すべきは、リノベーションまちづくりのプロセスで生じる地域のさまざまな主体の協働が、衰退していた地域社会を再組織させ、停滞していた地域経済を動かしていることである。そして社会経済の活性化は地域環境の保全活用をさらに促す好循環を示している。行政主導では達成されにくかった地域活性化が地域文脈の定着と同時に達成されていることは示唆的である。

前時代からの町並み保存運動に始まり、地方中小都市では市民組織やNPO法人が地域環境の保全に積極的に取組んできた。[*15] この動きのなかでヘリテージマネージャー制度など、地域の状況と課題を踏まえた地域環境の保全活用を支援するコーディネーターの役割など、建築・都市計画領域の専門家には新たな役割が期待されるようになった。[*16] このような観点から、滋賀県立大学による、コミュニティ・アーキテクトを育成する近江環人地域再生学座は、注目すべき試みといえる（カタログ3）。地域環境と地域社会の特徴を分析する方法と技術を備えているコミュニティ・アーキテクトは、地域文脈の読解から定着への一連のプロセスを担いうる存在として、地域において今後ますます重要な役割を果たすものと期待される。

2　農村

一次産業を存立基盤とする農村（ここで農村と記すが、農村のみに限らず、山村や漁村なども議論の対象に含めている）では、農業生産の強化を図る戦後の国策で、近代的な生産施設・基盤の整備・改良が進められ、地域環境は再編成された。またこれと前後して、農村では都市への人口流出による人口減少、高齢化、過疎化が進み、地域社会の主体・担い手が不足している。人々の土地への働きかけによって維持される地域環境の保全は、地域社会の縮退によって、困難になっている。

しかしながら、農村は衰退の歴史が長く、さまざま試行が積み重ねられてきた課題解決の先進地でもある。グリーンツーリズム、二地域居住、UIJターンなど、域外から地域環境を維持する担い手の獲得を目指し、都市と農村との関係の再構築が試みられてきた。[*17] また近年、地産地消、六次産業化といった経済構造の転換、日本・世界農業遺産のように環境システムに注目した新しい価値づけにより、農業の再評価や再生への動きも顕著である。そして実際に、農村での居住を志向するライフスタイルなど、農村の地域環境への関心はますます高まり、田園回帰と評されるように若者や子育て世代の農村への移住がさまざまなかたちで実現している。[*18] その結果、農業や在来の伝統的な産業への新規就業が増加するとともに、都市からの移住者がもち込む新しいまなざしによって、農村の地域環境の資源としての価値は再評価され、積極的に活用される例がみられる。このような価値の転換や新しい動きにおいて、アートは一定の役割を果たしてきた。大地の芸術祭 越後妻有アートトリエンナーレ（新潟県十日町市など）、瀬戸内国際芸術祭（香川県香川郡直島町など）をはじめ、地域環境を舞台とする芸術作品の展示、古民家や農地の芸術作品化は、農村の暮らし、伝統、歴史文化への関心を引き出している。アートが媒介となり、ごく当たり前で見慣れた地域環境の価値が再発見されている。アートのほか、リノベーション、IT、創造産業が展開することで、交流人口や関係人口が増加し、地域環境の活用を通じて、地域社会が再生される例がみられる。[*19]

3 ニュータウン・郊外住宅地

大都市圏域の郊外には、戦後に都市への人口流入を支えたニュータウンや郊外住宅地が存在する。

戦後の住宅不足に対応して計画的に建設され、完成から半世紀が経過するニュータウンや郊外住宅地では、急速に高齢化、人口減少が進み、空き家・空き室の発生、社会組織の衰退、社会サービスの不足など、居住性能の低下が問題になってきた。千里ニュータウン、多摩ニュータウン、高蔵寺ニュータウンのように、都市計画遺産、ランドスケープ遺産として評価されるニュータウンも同様の状況に置かれている。[*20] しかし、リノベーションによる間取りの改変、減築によるオープンスペースの再編によって、計画当初に構想・計画された地域環境を継承しながら、新しい空間や文化が生み出されている。

他方、港北ニュータウン（神奈川県）で構想・実現されたグリーンマトリックスシステムは、時代・社会状況の変化に対応可能な地域環境を構築する仕組みであり、変化が著しい第三波において改めて注目すべき計画論である。日本における社会組織の特性を踏まえてデザインされたグリーンマトリックスシステムは近隣地区のセンターとして機能しつづけ、周辺に広がる農地や水路との接続が試みられている（カタログ5、6）。また、前時代の地形、集落と相互のつながりの回復が企図されたスロープ公園（大阪府）の試みは、周辺集落の地域住民が計画と設計・施工のプロセスに参画することで、新たな社会関係が結び直されている（カタログ4）。建設当時に失われた地域環境の特徴に注目し、一部残された区域を手がかりに、地域環境を再生、再構成させる試みと理解できる。これらの事例では、人間や社会と地域固有の環境との関係性が読解されて、地域環境や社会システムの計画とデザインに結実している。

第4章　災害・復興における定着のデザイン

つづいて、災害と地域文脈の定着の関係について触れたい。復興計画・事業は中央政府が規定する社会制度であり、制度の枠組みに則して地域環境は計画され、形成される。[*21] そのため、復興計画・事業は、地域環境を大きく変化させることも少なくない。しかし同時に、復興は各地域固有の社会制度にも規定される。[*22] その結果、復興は一様な結果をもたらすこともなく、さまざまな制度の枠組みの範囲内で幅広く展開し、復興後に再建される地域ではさまざまなかたちで地域文脈が定着する。

都市部を直撃した阪神・淡路大震災（一九九五年）では、災害を考慮して建設された建築・都市空間の多くが被害に遭い、復旧復興プロセスでは改めてコミュニティの重要性が認識された。[*23] そして、災害に強い地域環境とは、単に空間組織の耐震性や不燃性に優れるだけでなく、社会組織がレジリエンスを有しているかに焦点があてられ、復興まちづくり、事前復興まちづくりの必要性が提唱されている。新潟県中越地震（二〇〇四年）の被災地の一つ山古志村（現長岡市山古志地域）では、災害の影響を考慮した集落の形成史、以前の村民の暮らしの回復（社会組織の維持や生業）など、人間と環境との応答関係を丁寧に読解し、集落空間を復旧させた。その過程にある救急期・復旧期には、さまざまな取り組みを仕掛けて集落社会が維持されていたことも重要だったといえる（カタログ1）。復興をどのようなプロセスで進めていくかが、復興後の地域社会・環境を左右することを示唆している。

二〇一一年に発生した東日本大震災は、三陸沿岸部の都市と漁村に甚大な被害をもたらした。三陸沿岸部が津波被災を繰り返す歴史をもつことはよく知られているが、その度に市街地と漁村集落は甚大な被害に遭っている。近代以降、過去三度の津波被災後の復興では、住宅の高所移転（住宅適地造成事業、土地の嵩上げと区画整理事業など）、防潮堤の建設、防潮林の設置などを駆使して、津波の襲来を土木構造物で抑えつつ、津波が到達しないであろう位置に集落や住宅を再建するよう計画されてきた。このような、災害復興の諸制度に沿って進行する復興計画・事業は一定の効果を上げてきたが、地域環境へもたらす大きな変化に対して、批判は少なくない。巨大な防潮堤の建設への批判はその代表であり、一部の地域では、多くの議論が交わされた。[*24] また、被災した市街地や集落は、以前から抱えていたさまざまな問題が深刻なかたちで顕在化し、数十年後に生じるはずだった課題に直面している。そのため、社会組織の見直しも含めた将来像を描き出す必要があり、制度に沿った復興では、対応しきれない可能性がある。

しかしながら、東日本大震災後の取り組みでは、復興計画・事業への批判を補う実践やオルタナティブな提案がみられる。アーキエイドの牡鹿半島（宮城県）における取り組みはその代表例であった。[*25] 漁村集落での地域住民との対話を通じて、失われてしまった時間と空間を読み解き、復興後の集落空間が構想された。漁業、漁師の暮らし、漁村集落の文化など、地域に息づくさまざまな要素を再生させる試みであった。災害と被災を記録するアーカイブの構築も地域文脈を定着させる重要な取り組みといえよう。読解の結果を系統立てて整理し、地域住民に公開することは、今後の市街地・集落形成における補助線を示し、地域の将来像を考える材料を提示した。過去の津波到達点を示す記念碑、震災経験者のオーラルヒストリー、災害の脅威を後世に伝える災害遺構など、災害の履歴とそのアーカイブは、復興計画からこぼれ落ちる地域文脈を記録することになり、「復興の意図の記録」「環境リテラシーを育む環境」としても意義は大きい。[*26] その経験が、今後発生しうる新たな災害とその後の復興に生かされることが望まれる。

ここまで復興計画のあり方に言及してきたが、計画・事業がつくりだした空間にも触れておきたい。関東大震災後の帝都復興計画、第二次世界大戦後の戦災復興計画によって生まれた、広場、広幅員道路、街区などは、都市の骨格を形成し、現在も市民から愛されている。[*27] このような復興計画が形成した地域環境の継承は、地域文脈デザインの今後の課題といえる。そして、これからの復興計画・事業には、後年に継承すべき地域環境を創造できるかどうかが問われている。

第5章　定着のデザインが示す可能性と課題

以上のとおり、さまざまな社会情勢のなかで、積極的な企図をもって、地域文脈を反映させる実践がみられる。本章の最後では、これらを総括して第三波の地域文脈論が示す可能性と課題を整理する。多様に映る定着の実践に共通する可能性と課題として、環境と経済の両立、地域の自律性、プロセス・デザインの三点から論じたい。

［1］地域文脈による環境と経済の両立

経済成長に伴う環境変化に対抗してきた第二波では、地域環境を守るための思想として地域文脈論は有用だった。しかし、第三波では、大都市・都心部における都市再生、地方中小都市における中心市街地の活性化、農村における内発的発展の実践など、地域環境を保全しながら活用し、経済価値を生み出すことが企図されるようになった。大都市・都心部における再開発における地域文脈を表現する空間デザイン、運河や水路、旧高架鉄道などのインフラストラクチャー、道路空間の再編にもみられるように、歴史が表象された地域環境を活用して新しい価値を創造することがその土地の経済価値を高めると考えられるようになった。災害史を踏まえた地域環境の形成も市民の安全を確保することはもちろんだが、不動産や地域の資産価値を保護し、高める意味合いもある。このような観点から、地域文脈への関心が高まり、その定着が試みられていると考えられる。

しかし、このような動向によって、地域文脈は一時の流行となり、形骸化される懸念もある。特に大都市・都心部では、地域の歴史文化が表面的に保全されたとしても、瞬間的に消費され、容易に別の何かに代替されてしまう可能性は否定できない。また、地域環境の経済価値の上昇は、ジェントリフィケーションを招き、地域社会に大きな影響と変化をもたらす可能性もある。*28 地方中小都市や農村においても、観光（特にインバウンド）による経済効果を期待した資本投下や開発が生じ、大きな影響を及ぼすことが予想される（二〇二一年時点では、コロナウイルスの影響で、そのような変化は読み取りづらいが、ポストコロナの観光がここで記したような変化を地域にもたらす可能性は高いだろう）。これらの課題は第三波に示された可能性と表裏一体の課題であり、地域文脈論が地域社会にどのように作用するか注視すべきといえよう。

［2］地域文脈による地域の自律性

地域の多様な主体が、地域文脈への関心をもち、読解から定着への実践に関わるようになったことは、第三波の特徴である。まちづくりや計画への市民参加が一般化し、地域環境の価値を再発見すると同時に、地域社会を再認識し、再構築するプロセスと捉えられる。地方都市における町並み保存運動や農村におけるむらおこしなど、地域の多様な主体が新たな市民組織やプロジェクトを立ち上げ、地域での新しい暮らしを創造している。[*29] 地域社会が主体的に地域環境を保全、継承、または創造することが、地域が抱える課題の解決につながっている。このような成果から、地域文脈の読解から定着へのプロセスは地域環境の再発見であると同時に、地域社会を再認識する機会といえる。つまり、地域文脈を巡る地域環境の形成は、地域の自律性を育んでいると評価できる。地域の主体・ステークホルダーの関わりは、地域環境、すなわち地域文脈の持続性を担保する点でも重要であることはいうまでもない。

他方で、地域環境は、地域住民、市民・市民組織、行政、専門家、企業など、地域の多様な主体によるさまざまな主張がぶつかり合い、せめぎ合った結果としても理解できる。地域文脈の定着もまた、対立や葛藤を経て地域環境に結実する。実際には、合意形成が困難になり、地域社会を二分する事態が発生することや高度な政治的判断が求められることもありうる。[*30] したがって、地域社会のさまざまな立場による議論と合意形成の試みが必要であり、主体間の連携や協働も不可欠である。

この四半世紀で市町村合併、むらや集落の再編が進み、地域住民が認識する地域の範囲や領域は変化し、多層化している。専門家や実務家にとっても、計画やデザインの対象や範囲としての地域を適正に捉えることが難しい状況にある。このような観点からも、地域の自律性を促し、地域のビジョンを描き出すことを可能にする地域文脈の実践が果たす役割は、大きいと考えられる。

［3］定着へのプロセス・デザイン

さらに、地域文脈が定着するプロセスに注視することも重要である。たとえば、企画・構想の段階では、地域文脈を読解すべきか否か、地域文脈をどのように反映させるかどうかが論点となり、地域文脈への関心や態度がアウトプットに対して決定的になる。また、計画や設計の段階では、どのような制度を用いて地域環境を形成するか、制度の枠組みに企画・構想をいかに落とし込むかが論点となる。制度における地域文脈の位置づけや距離を理解する必要があり、また制度に応じて関連する主体・ステークホルダーとの調整や合意形成も必要になる。もちろん、地域文脈を計画や空間デザインにどのような反映させるかも大切な論点である。さらに、運用段階を想定することも必要である。先に触れた東京・汐留シオサイトでの試みは、各段階で生じうる課題を示されており（カタログ8）、事業自体が有する制約条件や事業に携わる複数のステークホルダーの合意形成により、構想から施工に至るプロセスでは様々な議論や葛藤が生じていたことがうかがえる。

以上のように、定着のデザインが有効であることが確認できるが、同時に課題が残されていることもわかる。今後の課題としては、ここまでに蓄積されたさまざまな経験を共有し、本章で示したいくつかの論点から実践を検証することが挙げられる。そして、検証によって、地域文脈論は地域固有の環境への関心という位置づけから脱し、地域環境を構築する基本的な理論へと発展することができるだろう。

［注釈］

＊1 第二波の時代、横浜の都市デザインは、開港都市の歴史とその痕跡を生かし（遺しながら）、産業構造の転換とともに低未利用化したウォーターフロントを都市観光地として再生させた。都心部の業務地区では、近代建築の景観を保全しながら、都市機能を強化させてきた。横浜の実績は、革新的な都市行政が独自の制度を導入することで、都市再生を進めてきたことに成功要因をみることができる。その結果、空間組織の更新と保全活用を両立させた空間デザインが、都市の環境価値と経済価値を同時に高めうることを示した。

＊2 「近代化産業遺産」「土木遺産」「未来遺産運動」「農業遺産」といった概念が提示され、その保存運動が活発である。

＊3 日本の文化財保護法では、有形文化財（建造物）、記念物、伝統的建造物群、文化的景観といった類型が保護されている。法改正により、徐々に保護対象が拡充されてきた。また、同じ類型内でも時代の経過とともに幅広い種別の建築・都市空間の指定や登録が進んでいる。一九九六年に創設された登録制度により、身近な歴史的建築物を活用する動きが活発になっている。

＊4 建築・都市計画行政では、美観地区（景観法以降の景観地区）、風致地区、古都保存法、景観法、歴史まちづくり法が地域文脈の定着を後押しする制度に挙げられる。景観法制定への経過には、高度経済成長期以降に地方公共団体が独自に各種の景観制度を整備してきたことの影響が大きい。

＊5 一例として、市街地再開発事業における重要文化財保存型特定街区による容積ボーナス、容積率移転制度、中心市街地活性化法におけるまちづくり交付金などが挙げられる。

＊6 前時代の建築物の痕跡を残しながら行われる再開発を指す。丸の内エリアにおけるメモリアル開発では、日本工業倶楽部会館（二〇〇三年）、明治生命館（二〇〇五年）、三菱一号館（二〇〇九年）、東京駅（二〇一二年）、東京中央郵便局（二〇一二年）が挙げられる。

＊7 東京駅舎は、特例容積率適用区域制度が国内で唯一適用された例として注目すべき存在である。また、東京駅界隈では、丸の内ビルディング（二〇〇二年）、新丸の内ビルディング（二〇〇七年）、東京中央郵便局（二〇一二年）の再開発事業も東京駅前の歴史を意識した空間デザインといえる。新丸の内ビルディングの再開発は、東京駅舎の容積率が移転された事業でもある。

＊8 歴史的建築が復元・再建される例は少なくない。たとえば、戦後日本に多数みられる城下町での天守閣の再建、ポー

ランド・ワルシャワにおける空爆により破壊された歴史的地区が復元・再建などがある。三菱一号館を復元させた再開発事業については、前時代に存在していた文化財に相当すると評価される八重洲ビルヂングが取り壊された点、過去にさかのぼって空間デザインを行う際に、どの時代の空間デザインを引用するかという恣意性が批判されている。

*9 東京・日本橋界隈、大阪・中之島界隈新歌舞伎座、京橋エドグランなど。

*10 東京文化資源会議が文教施設と博物館が集積する文京区、台東区を対象に、歴史文化遺産の蓄積を活用して策定した。

*11 二〇〇一年から開始し、大阪市内の親水空間を創出するさまざまなプロジェクトを展開している。水都再生は、国土交通省による河川空間の活用を促進するミズベリングによるものである。今後、各地でミズベリング事業が実施されることで、都市空間のランドスケープを再構成する動きが活発化すると考えられる。

*12 東京都内の四大学による「外濠再生構想プロジェクト」は歴史的遺構としての外濠の保存と外濠の水質改善による水辺空間の創造を目指している。現存する歴史的遺構の保全活用を起点に、その遺構を生み出した背景となる歴史的、空間的なランドスケープであり、近代化の中で失われた水路ネットワークを回復させようとする試みが展開している。

*13 西村幸夫編著『観光まちづくり――まち自慢からはじまる地域マネジメント』学芸出版社、二〇〇九年

*14 清水義次『リノベーションまちづくり――不動産事業でまちを再生する方法』学芸出版社、二〇一四年

*15 建築・都市計画領域の研究者や専門家は、調査研究活動だけでなく、市民組織の構築や市民組織のネットワークの形成によって、地域住民による町並み保存運動を支援してきた。

*16 ヘリテージマネージャーは、地域の文化遺産を把握し、適切に保全活用する専門家である。兵庫県で始まった取り組みは、全国各地で展開しつつある。

*17 小田切徳美『農山村は消滅しない』岩波新書、二〇一四年。著者は人の空洞化、土地の空洞化、村の空洞化が進展してきたと指摘する。さらに、「誇りの空洞化」が生じ、農山村が消滅することを危惧している。

*18 総務省による地域おこし協力隊は、このような動向を後押しした。

*19 篠原匡『神山プロジェクト――未来の働き方を実験する』日経BP社、二〇一四年。徳島県神山町では、IT企業のサテライトオフィスの誘致やワークインレジデンス事業により、移住者の受け入れに成功している

*20 このほか、戦後の計画的市街地では、広島市営基町団地、坂出人口土地も建築・都市計画遺産として位置づけられる。一方で、日本における郊外住宅地の先駆事例についても、その当時の計画理論の到達点を示す建築遺産、都市計画遺

産としての価値が評価されている。田園都市論の系譜に属する田園調布（東京都大田区）、常盤台（東京都板橋区）、池田室町（大阪府池田市）といった戦前の郊外が挙げられるが、戦後の経済成長期やバブル期に生じた地価高騰への対応（同時に高騰した相続税と固定資産税の支払い、土地建物の投機的売買）により、敷地の細分化、建築物の更新が進み、当時の特徴が失われつつある。

*21 ローレンス・J・ベイル、トーマス・J・カンパネラ編著、山崎義人、田中正人、田口太郎、室崎千重訳『リジリエント・シティ――現代都市はいかに災害から回復するのか？』クリエイツかもがわ、二〇一四年

*22 第II部カタログ1、2、11で紹介した、関東大震災後の帝都復興にみる「区画整理の理念と現実の折り合いの歴史」、津波常襲地・三陸地方にみる高所移転後の低地での再定住はその例であろう。

*23 日本建築学会『復興まちづくり』二〇〇九年。事前にまちづくりに着手していた地域において復旧復興はスムーズに進んだと総括されている。

*24 布野修司『景観の作法――殺風景の日本』京都大学学術出版会、二〇一五年。漁港や港湾から海を眺めることができないことから、漁業を妨げる、避難を困難にする可能性が指摘されている。

*25 アーキエイド『浜からはじめる復興計画――牡鹿・雄勝・長清水での試み』彰国社、二〇一二年

*26 中島直人「記憶力豊かな三陸沿岸都市の姿――意図の蓄積としての都市」『東日本大震災と都市・集落の地域文脈――その解読と継承に向けた提言』日本建築学会地域文脈形成・計画史小委員会、二〇一二年

*27 越沢明『復興計画――幕末・明治の大火から阪神・淡路大震災まで』中公新書、二〇〇五年。帝都復興計画と戦災復興計画が形成した都市空間を都市計画遺産として評価する考え方がある。戦災復興計画によって出現した盛り場の創出を狙いとした広場（麻布十番、新宿歌舞伎町など）、市民の憩いの場として愛される広幅員道路（広島市の平和大通り、名古屋市の久屋大通・若宮大通、東京都文京区の播磨坂など）は、地域文脈として定着したものといえる。

*28 S・ズーキン著、内田奈芳美、真野洋介訳『都市はなぜ魂を失ったか――ジェイコブズ後のニューヨーク論』講談社、二〇一三年

*29 日本国内では、世田谷区の地域風景資産が空間組織と社会組織の双方にアプローチする制度の例として挙げられる。区内の優れた風景を選定するだけでなく、その風景を守る住民や取り組みの存在を重視しており、空間組織の普遍的価値だけでなく、それを保全活用する社会組織とその活動を支援する仕組みに特徴がある。公益社団法人日本ユネス

コ協会連盟の未来遺産運動も同様に、地域の社会組織による取り組みを支援する仕組みである。

*30 鞆の浦（広島県福山市）の埋め立てと架橋を巡る訴訟、ドレスデン渓谷の架橋などが例として挙げられる。また、東京オリンピック・パラリンピック開催に向けた新国立競技場の設計コンペでは、国家的プロジェクトという名目の下、神宮外苑という地域文脈の軽視を批判する声が上がった。

カタログの位置づけ

第Ⅲ部の八つの事例の位置づけを総論（第1〜5章）で示した視点で整理した。表は、横軸に地域が置かれている社会情勢（環境変化、撹乱）、縦軸に定着の類型（保全、再生、創造）を並べ、各事例を該当する位置に配した。さらに、第三波における地域文脈の定着の特徴として総論で挙げた「環境と経済の両立」「地域の自律」「プロセス・デザイン」の三つの視点から事例を整理した。「環境と経済の両立」は、地域環境の保全や地域文脈の創造が経済価値をもたらしている事例である。地域環境の特性や運用される制度・仕組みの違いにより多様な展開がみられる。「地域の自律」は地域文脈を読解し、保全や再生させる取り組みが地域の自律性をもたらしている事例である。多様な主体・ステークホルダーが関わることによって地域文脈は継承され、地域社会が組織化されている。「プロセス・デザイン」は地域文脈を再生・創造するプロセスやその後の経過に重点がおかれている事例である。

		地域文脈論をとりまく社会情勢の変化			
		環境変化			撹乱
定着の類型	保全	環境と経済の両立	歴史地区の保全活用【ウルビノ都市再生】	地域の自律　つながりのリ・デザイン【近江環人】	
	再生			プロセス・デザイン　社会空間構造の再構築【スロープ公園】	生活文化と社会組織の再生【山古志復興】
	創造		地域文脈と景観形成【汐留景観まちづくり】	せせらぎと農地の接続／地域の記憶の継承【港北ニュータウン・グリーンマトリックスシステム】　創造的な地域文脈の継承【銀座デザインルール】	

［表1］カタログの位置づけと特徴

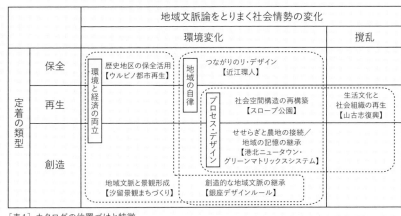

1 災害後の生活文化と社会組織の創造的復旧——新潟県中越地震・山古志村

1 震災復興における農村集落の地域文脈の行方

二〇〇四年一〇月二三日に発生した新潟県中越地震は、人口減少と高齢化が進行する新潟県中越地方の山村に甚大な被害をもたらした。集落空間を現地で再建させるか。集団で移転させるか。復旧復興はさまざまな課題に直面した。

山古志村（現長岡市）では、「帰ろう山古志へ」というスローガンの下で、以前の暮らしを再生するべく、集落空間の原状復旧を基本方針とする復興計画が策定された。ここで注目したいのは、村民が帰村を選択したプロセスと復旧後の集落で以前の暮らしを再建させたプロセスにおいて、企図された戦略と活動である。「創造的復旧」と評される山古志村の震災復興から、地域文脈を定着させるプロセスデザインの一例を紹介したい。避難生活時の各種支援、復旧を基本とする復興計画、帰村後の集落再生のさまざまな取り組み。その連鎖が現在の山古志村を再形成した。

2 避難生活における集落コミュニティの再建

山古志村では、地震による地滑りで村内外を接続する道路が寸断されたため、全村避難が勧告された。避難生活の長期化が予想されたため、集落単位で同じ避難所に入るよう配慮された。その結果、気心知れた仲間が避難生活をともにし、相互扶助することで困難な時期を乗り越えることができた。

震災から約二か月が経過した二〇〇五年一月、村民は長岡市郊外の応急仮設住宅団地に入居しはじめた。仮設住宅への入居も集落単位で実施され、村民は集落コミュニティのつながりを保ちながら、帰村までの避難生活を過ごした。村民同士が顔を合わせやすいよう、住棟は玄関を向い合わせて配置され、団地内には集会所が設置された。集会所には、生活支援相談員が常駐し、村民の心身の健康状態の相談・ケア、ボランティアや支援物資の受入、集会所での交流会の開催を行い、村民の生活、交流、相互扶助を支えた。

［図1］斜面地に棚田が広がる山古志村の風景

3　応急仮設住宅での農的暮らし

　大半の村民が農業に携わる山古志村では、斜面地に広がる棚田で米作りを行い、自宅周りの菜園で野菜作りを行う。農業は生計を立てる手段ではないが、村民の暮らしは、農業を中心に展開する。したがって、震災復興では、農的暮らしの再建が不可欠だったといえる。そこで、長岡市役所は、村民の営農意欲を維持させるため、仮設住宅団地の近隣に市民農園を設置した。結果、仮設住宅に入居した村民の約半数が、市民農園を借り、自給用の野菜を栽培することができた。さらに、仮設住宅団地内の積雪を処理するオープンスペースは、農作業用に活用されていた。農業の場所は、コミュニケーションの場でもあった。「行けば誰かに会える場所」であり、「収穫物をお裾分けすることも楽しみだった」との村民の話を聞くことができた。住まい、立地、周辺環境は全く異なるが、当時の仮設住宅には、山古志村の集落景観にみられる人々の生活文化が再現されていたのではないだろうか。

　このほか、仮設住宅での農的暮らしは、集落の枠を超えた新しい組織を生み出した。地場野菜と郷土料理の継承と普及を目的に主婦たちで結成されたグループは、仮設住宅近隣の農地を借りて農業に取り組み、農産物、その加工品・調理品を長岡市内外のイベントで販売していた。帰村後、農産物直売所が村内の十数か所で運営されているが、当時の取り組みが直売活動を活発化させるきっかけだったと考えられる。

4　復旧を基本とする復興計画とその策定プロセス

　集落単位での仮設住宅への入居は、復興計画を策定する上でも有効に作用した。集落単位で復旧の方針や詳細を検討する際、同じ集落の村民が集まり、議論を重ね、将来の集落の姿を描くことが可能になった。山古志村の一四集落のうち、一二集落は現地で集落空間が復旧され、個々の住宅が元の位置で再建された。復興公営住宅は、一部の例外を除き、入居する村民の集落内、多くの場合は、入居者の敷地に建設され、入居者と集落コミュニティとの関係が断たれることはなかった。仮設住宅の集会所に村民が集まり、議論を尽くし、きめ細やかな計画が策定されたことは、帰村の決断にも影響を与えたと考えられる。

特に被害が大きかった二集落は近隣の土地に集落空間を移転させることになった。木籠集落は、地滑りによる河道閉塞で旧集落が水没し、近接する土地に集落が再建された（旧集落に残された住宅は災害を伝える震災遺構として保存されている）。楢木集落は、ほかの集落内の小学校跡地に再建された。旧集落には神社、墓地、農地が残されており、集落へアクセスする道路と集落内の道路が復旧され、村民は墓地の手入れや農作業のために、旧集落に通っている。

さて、集落空間の復旧という判断は、災害をどのように捉えていただろうか。実は、地震で多発した地滑りは集落を直撃することはなく、集落は地滑りの発生リスクが低い地点に位置していたと理解されている。つまり、集落空間の復旧を基本とする復興計画は地滑りと集落形成の関係を踏まえた判断、被災リスクを考慮した判断だったことを示しており、災害の履歴を読解する重要性が確認される。

5 帰村後の生活文化と社会組織

ここまでに紹介したさまざまな取り組みが多くの村民の帰村を後押しし、復旧された集落空間では、帰村した住民たちが農的暮らしを再開させた（仮設住宅が閉鎖した二〇〇八年一月時点で、山古志村に帰った村民は約七割であった）。山間地で営まれる農的暮らしは以前と大きく変わらないが、避難生活時のさまざまな経験が作用して、変化した部分もみられる。前述のように各集落で直売所が運営され、地場野菜、山菜、加工品が販売されるようになった。直売所は、山古志村の観光資源になり、農産物の生産量や品質の向上ももたらした。なかには、田舎レストラン、農カフェに発展して、村外から来訪者を招いている直売所もある。また、直売所は集落内の高齢者が集うコミュニティセンターの役割も果たす［図2］。集落内外の人々が交流する直売所は、集落の生活文化と社会組織を再生させる装置として機能した。災害の経験は、集落の現状と課題を認識させ、個人と集落が持続するための仕組みを生み出したといえよう。

二〇二二年現在、山古志村の人口は一〇〇〇人を下回り、高齢化率は五〇％を超えている。人口減少と高齢化の進行により、集落社会とともに集落空間は縮小傾向にある。一部の集落では、担い手不足により、年中行事の運営が難しくなっている。そこで、地域外の居住者がさまざまな方法で課題を解決する試みがみられる。大学生ボランティアや闘牛ファンとの交流や集落活動への参加によって、集落社会は支えられている。災害直後の支援から発展した地域外とのつながりである［図3］。

［図2］直売所での集落の人々の交流

［図3］地域外とのつながりを生む交流イベント

6　まとめ

改めて山古志村の復旧を振り返ると、そのプロセスで村民の生活文化を継承する取り組みと社会組織を維持する仕組みが重要な役割を果たしていたことがわかる。仮設住宅では、さまざまな支援の下で、村民の生活文化が自発し、帰村後の個々の生活再建と集落再生に連なっていった。地域文脈とは、集落空間やその履歴ばかりではない。集落空間で培われた生活文化は人々の身体に潜在し、息づいている。そして、人々が居住地を移した場合であっても、別の土地で生活文化が再現されることもある。震災復興においては、人々の生活文化と集落の社会組織こそが重要な存在になる。集落の社会と空間との応答関係がきちんと結び直されたことが震災復興において極めて重要な成果だったといえよう。

［参考文献］
東洋大学福祉社会開発研究センター編『山あいの小さなむらの未来　山古志を生きる人々』博進堂、二〇一三年

2 都市再生事業による空間組織の保全活用と社会経済の転換——イタリア・ウルビノ

1 歴史地区の保存と地域文脈

イタリアにおける歴史地区の保存は、地域文脈論の第二波の典型といってよいだろうか。「近代以前に形成された市街地」と定義される歴史地区は、都市計画制度により厳格に保護されている。しかしながら、制度が存在するだけで、歴史地区が凍結的に保護されることはなく、地域文脈が容易に定着することもない。歴史地区の保存は、社会経済状況の変化に対応しなければならないからである。

マルケ州ウルビノは、都市再生の先駆事例として知られる。タブラ・ラサ志向に対抗する理論と実践は、CIAMによる「輝く都市」の合理的計画に対する完全なるアンチテーゼを提起したと評される。[*1] ウルビノの都市再生を手がけた近代建築家ジャンカルロ・デ・カルロは、綿密な調査で地域を読解して、都市基本計画を策定し、その後半世紀にわたり、多数の都市再生事業に携わった。

2 ウルビノの都市再生とその戦略

第二次世界大戦後、大都市が経済成長を迎えた時期、地域経済が著しく衰退したウルビノでは、一九六四年に都市基本計画が策定され、都市再生のシナリオが描かれた。前述のデ・カルロは、歴史地区は社会的役割と経済的役割を果たしてはじめて存続しうるとし、各種調査を通じて、地域の文脈を読み解いた。[*2] そして、一九五〇年代にすでに着手されていたウルビノ大学の拡張計画・事業と連動した大学機能の強化、ルネサンス期に育まれた文化遺産を資源とする観光機能の強化により、定住人口、交流人口を増加させて、ウルビノの地域経済を立て直す戦略を立てた。

歴史地区は行政、商業、文化、研究・教育などの機能を有する都市の中心として位置づけられ、保護と活用の両立が目指された。歴史地区では、すべての建築が文化的価値、景観的価値、建築的価値（住宅性能、老朽、衛生などの度合い）から評

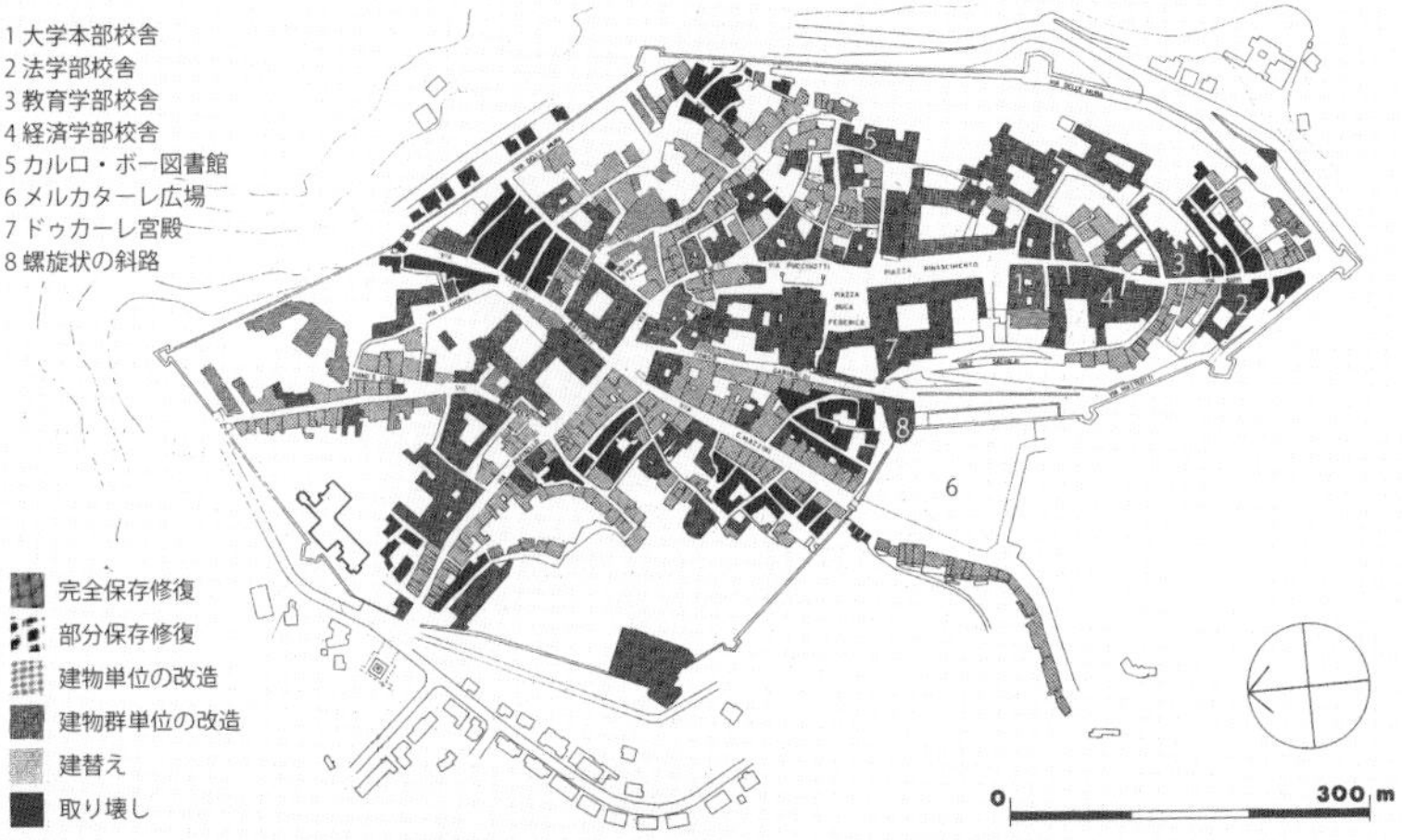

［図1］1964年策定の都市基本計画で示された歴史地区の保存計画（出典：Giancarlo De Carlo）

価され、各々の保全と活用の方針が定められた［図1］。文化財に相当する価値の高い建築物は、丁寧に保護される。そのほかの建築物は、外観を維持しつつ、建築的な特徴や規模に応じて、内部空間が改修される。建築レベルと都市レベル、二つの見方から空間組織の保護と活用のバランスが検討された。さらに、大学機能と観光機能を強化すべく、歴史地区内で建物の修復事業とリノベーションが実践されていった。

3 大学機能の拡張と歴史地区のリノベーション

大学機能の強化は、既存の大学施設の改修、旧修道院、旧軍隊宿舎などの未利用建築物のリノベーションにより試みられた。大学本部校舎（一九六〇年）、法学部校舎（一九六八年）、教育学部校舎（一九七六年）、経済学部校舎（一九九九年）、カルロ・ボー図書館（二〇〇〇年）が、時間をかけて実施されていった。歴史的価値の高い建築物である本部校舎とカルロ・ボー図書館については、既存部分の保護が重視され、内部空間の変更は最小限に留められている。法学部、教育学部、経済学部の校舎は、まちなみに違和感なく馴染んだ外観をもつが、内部空間は現代建築の技術によって改修されている。なかでも教育学部校舎は、煉瓦造の外壁が丁寧に修復されて外観が維持されている反面、内部空間は一新されている。既存の構造体は撤去され、RC造の新しい構造体が差し込まれている。プランも一新されており、屋上部には円錐形のガラスのトップライトが備えつけられるなど、現代建築として再建された［図2］。このほか、デ・カルロが手がけたプロジェクト以外にも、多くの未利用建築が大学施設として再生され、大学機能が強化されている。市民の数を超える大学生を受け入れるため建設された学生寮は、歴史地区外の丘陵の斜面地に建て

［図2］教育学部校舎（写真：Comune di Urbiano）

［図3］斜面地に建設された学生寮（写真：Comune di Urbiano）

られた。自然地形に沿って配された現代建築は、歴史地区をとりまく田園風景のなかに佇んでいる［図3］。

4　観光機能の強化と交通体系の整備

観光機能の強化については、調査を通じて、近隣都市間との交通網と歴史地区内の駐車場の整備が課題として挙げられていた。前述の都市基本計画では、来訪者を迎えるバスターミナル、来訪者を歴史地区に誘う斜路の整備が構想された。前者はルネサンス期に建設されたメルカターレ広場の地下にＲＣ構造体が埋め込まれ、地上がバスターミナル、地下空間が駐車場として利用されている。後者は、ドゥカーレ宮殿の地下空間から発見されたルネサンス期に建設された螺旋状の斜路である［図4］。古文書の記録を手がかりに、発掘調査によって発見された斜路は丁寧に修復され、まちの玄関口にあたるメルカターレ広場からドゥカーレ宮殿のあるまちの中心部にアクセスする通路になった。大学施設の修復とリノベーションにもみられたように、文化財と景観へ配慮しながら、建築・土木事業を駆使し、都市の機能を高める。空間組織を保全活用しながら、社会経済を刷新する点に、ウルビノにおける都市再生事業の斬新さがある。

5　地域文脈デザインの課題

ウルビノ歴史地区は、一九九八年に世界文化遺産に登録されている。その評価はルネサンス期の優れた建築遺産の価値に基づくものだが、社会経済の転換を果たした都市再生事業も一定の役割を果たしたといえるだろう。しかしながら、歴史地区における空間組織の保全活用は、その大胆さゆえに、評価は分かれる。

たとえば、二〇〇〇年にデ・カルロが手がけたある建造物の保全活用計画は、景観論争を引き起こした。ドゥカーレ宮殿とメルカターレ広場に隣接する建造物Dataを現代の建築技術と伝統的な建材を用いた空間デザインによって改修する提案は、歴史地区の景観を損なうとイタリア国内外の歴史家から批難され、設計の変更を余儀なくされた［図5］。既存の旧厩舎の現状を最もよい状態で保護するための湾曲した屋根形状は、ウルビノの伝統的な建築言語に反し、歴史的景観を損ねるとの理由からである。伝統的な建材を使用することで地域経済への貢献と生産技術の継承が意図されていたが、評価されなかった。また、この建物は、市民がウルビノの歴史を学び、都市の将来を議論する場所、パトリック・ゲデスが提唱した「都市観測所」として構想されていた。従来みられる、空間組織の保全活用に留まらず、創造的な性格をもち、市民に都市への関心を促す仕掛けが企図されていたが、その点も評価されなかった。

しかし、興味深いのは、名誉市民の称号を得ているデ・カルロに信頼を寄せ、彼の提案に賛成した市民が少なくなかったことである。いわばコミュニティ・アーキテクトへの理解と信頼がウルビノには存在していたのだ。地域文脈を定着させる際、さまざまな課題が存在するが、ウルビノの事例から、プロジェクトが時間をかけてゆっくりと進行することが重要ではないかと考えさせられる。

［図4］螺旋状の斜路

［図5］Dataの外観

＊1　K・フランプトン著、中村敏男訳『現代建築史』青土社、二〇〇三年

＊2　Giancarlo De Carlo, *Urbino: La storia di una città e il piano della sua evoluzione urbanistica*, Padova, Marsilio, 1966.

［参考文献］

清野隆「イタリア共和国における歴史的景観の保全の現代的課題—ウルビーノ歴史的地区におけるData修復再生をめぐる論争を事例に—」『都市計画論文集』日本都市計画学会、四八巻三号、二〇一三年

3 地域文脈の読解と定着の専門職能の教育と実践——近江環人地域再生学座

1 まちづくり活動の担い手育成プログラム

「近江環人地域再生学座」

地域文脈の読解と定着についての専門職能の教育を実践している事例として、「近江環人地域再生学座（以下、学座）」を取り上げてその仕組みについて述べる。

この学座は、滋賀県立大学大学院に設置された「持続可能なまちづくりのノウハウ」を学ぶ一年間（社会人は二年間在学も選択可）、定員一〇名のプログラムである。同大学の大学院生は「副専攻」として、社会人は「科目等履修生（セットコース）」として受講することができる。[*1]「環人」の「環」には、地球環境との共生、循環型社会の構築、ネットワーク（環）の形成という意味が込められており、湖国近江をフィールドに、地球環境と共生する人間社会への視座を抱いた持続可能なまちづくりの実践者の育成を目指したプログラムである。[*2]

開講は二〇〇六（平成一八）年一〇月で、二〇二二（令和四）年三月までの一六年間の受講生数は一八八名。そのうち修了して称号「近江環人（コミュニティ・アーキテクト）」を獲得した人財は一五六名（院生七五名、社会人八一名）である。受講する大学院生の多くは、建築やまちづくりを専門とする者であるが、社会人は、公務員、教員、建築・コンサル関係者、民間企業職員、看護師、団体職員、自営業者など多様である。[*3]

プログラムは、二〇一六（平成二八）年度までは座学四科目、実習・演習三科目の計七科目一四単位で構成されていたが、二〇一七（平成二九）年度からリニューアルされ、座学六科目（うちweb講義併用三科目）、現場講義二科目、実習ゼミナール二科目、選択科目一科目の計一一科目一四単位となった。

二〇一七年度からのプログラムは、座学については、地域診断法のノウハウを学ぶ「地域デザイン特論」、コミュニティ・ビジネスやマネジメントのノウハウを学ぶ「地域マネジメント特論」、地域再生の実践者との対話から学ぶ「地域再生学特論」、県内外の地域再生事例を学ぶ「地域イノベーション特論」の四科目四単位と、学内外教員の先進的な取り組みを学ぶ「成熟社会デザイン特論」、「サスティナブルデザイン特論」の二科目四単位で構成され、実習系科目は、現場を訪問し実践者から学ぶ「実践現場体感特別講義I・II」と、受講生の地域課題をゼミナール形式で議論し解決策を考察・実践する「コミュニティプロジェクトI・II」の四科目四単位で構成されている。このほか、選択科目として、短期集中のフィールドワークでのファシリテートを実践する「地域再生システム特論」二単位がある。

社会人は必修一〇科目一二単位以上を修めることで検定試験の受験資格が得られる。大学院生は、社会人同様の単位取得に加え、学座または各研究科で指定された選択科目一科目を履修することで検定試験の受験資格が得られる。*4

検定試験は当初、座学四科目の論文記述あるいは計算試験＋面接試験であったが、六年目以降は総合問題の論文記述試験＋面接試験に変更された。この検定試験に合格すると称号「近江環人」が大学から付与される（大学院生は本専攻修了が条件）。

修了後の進路については、大学院生は企業や設計事務所、あるいはまちづくりのコンサルタントや団体に就職している。*5社会人は、それぞれの所属において学修したノウハウを活かし新たな活動を行ったり、学座の実習で関わった地域に入り、まちづくり活動を実践している。*6なお、社会人については、入学試験において、あらかじめ地域課題に対する取り組み状況や、学びたいノウハウ、修了後の展望、活動意欲などを確認しており、単なる教養学修を目的として受講することが困難な仕組みとなっている。

2 地域文脈の読解・定着——地域診断からまちづくりへ

プログラムの体系は、二〇一七年度のリニューアル前後で変わらず、地域診断とコミュニティ・ビジネス、マネジメントのノウハウを身につけつつ、先進的知見と伝統的な技術や現場を体感し、自らのプロジェクトに活用する流れとなっている。特に地域文脈の読解としては科目「地域診断法特論（平成二九年度〜地域デザイン特論）」が注目される。

学座で学ぶ「地域診断法」は、対象地域で地域再生・活性化活動に取り組む際に、当該地域の状況を把握し、当該地域が本質的にあるべき姿を探る手法である。「悪いところを見つけ薬を処方するのではなく、潜在する良いところを発見しその点を伸ばすこと」「地域の自然治癒力を育む」という視点を持つこととされている。[*7]すなわち、対症療法的に部分を治していくのではなく、その対象の潜在的能力を引き出し、健康度合いを高めていくという代替医療的手法の導入である。「地域診断」という手法は、自治体の経営状況を対象としたものや、公衆衛生分野のものもあるが、地域診断法での地域診断は、それらの属性も含めて総合的な地域の空間や人々の暮らしを含めたシステムを読み解き、把握することを目標としたものとなっている。

地域診断法の特徴は二点ある。ひとつは、俯瞰的に地域を見る鳥の目、人々の生活や暮らしの視点から地域を見る虫の目、そして、それらの状況を客観的データで見る科学の目という三つの視点を踏まえて、複合的に地域を診る、という見方である。この見方を常に意識することで、うわべだけの地域診断や、地域内を中心とした独りよがりの地域診断を避ける。これらの見方を修練することで直感力が養われる。

ふたつめは、地域の特性を、自身の専門以外のさまざまな視点において把握し、その地域の本来あるべき姿や課題解決の方向性を見いだす手法として、エコロジカル・プランニングの手法を基礎として実施されていることである。

3 エコロジカル・プランニングを用いた地域診断

エコロジカル・プランニングは一九六〇年代にイアン・マクハーグが提唱した生態学に基づいた開発手法で、プロジェクト対象地をさまざまな環境要素（レイヤ）で評価し、それらを重ね合わせた総合評価で適地や方策を選定するものであった。六九年に *Design with Nature* [*8]として出版された。七〇年代に雑誌『建築文化』[*9・10]においてその概念と手法が詳細に紹介されている。九〇年代に入って、茨城県住宅供給公社と大成建設が百合が丘ニュータウン六反田池周辺地区で実践的適用を行った。[*11]

大成建設ではその後も開発プロジェクトへのエコロジカル・プランニング適用を試み、独自のマトリックス解析手法を用いた簡易な評価手法を開発し、二〇〇二年『テーマコミュニティの森』[*12]においてその手法を公開している。「地域診断法特論」の授業においては、この大成建設のエコロジカル・プランニングによる地域診断の手法を基礎とし、授業が実施されている。

授業では、地域診断の視点と手法としてのマトリックス型エコロジカル・プランニングの手法、GISなどのデータの収集方法を学び、その後、地形・水系の特性、気候の特性、動植物の特性、歴史の特性、経済の特性、防災の特性などの各属性について専門的な評価ノウハウを学ぶ。受講生は、グループごとに対象地域を定め、それぞれの地域に対し実践的な分析を試みることとなる。

　マトリックスの分析では、横軸に大中小の三つのスケールを設定し縦軸は地学的特性、気象的特性、生態的特性、人為的特性の四属性を基本に用いる。総合的に眺め縦軸の属性ごとの地域の位置づけと評価、横軸のスケールごとでの地域の位置づけと評価を読み取り、最後には斜めに（全体的に）対象地域の特性を把握する。

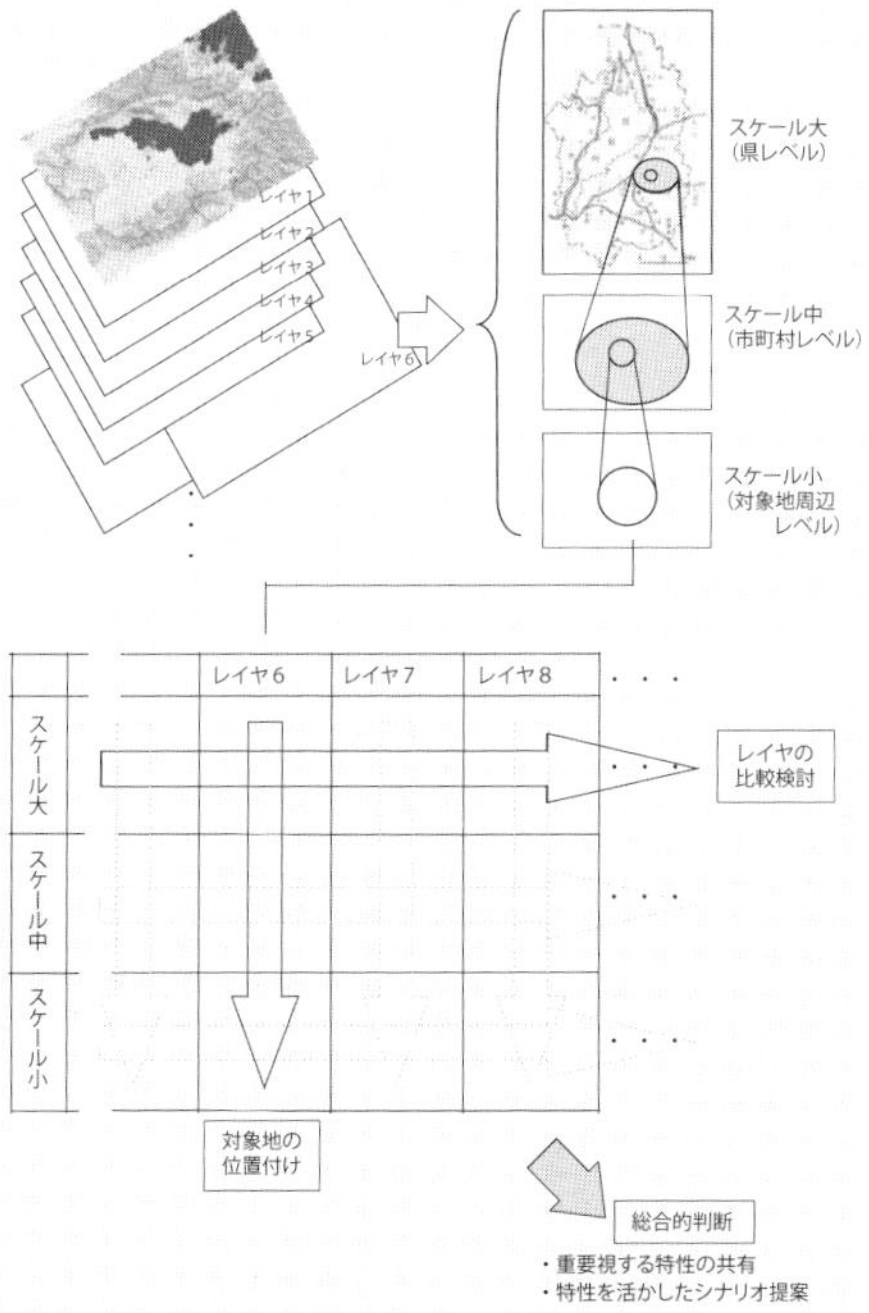

［図1］エコロジカル・プランニングを用いたマトリックス分析*[13]

　この評価で各属性のつながりを読み解き、その地域の本質的な特徴があぶり出される。主観的な評価は避け、客観的事実やデータの総体として地域を見ることがポイントとなる。受講生は、妥当な結論が得られるまで、縦、横、斜めの評価を繰り返し、マトリックスを作成する。このようにして完成した診断結果を、自治体や地域住民たちと共有することで、地域の本質的な特性を踏まえたまちづくり活動を展開できるようになる。

4　地域での実践ツール——地域診断法ワークショップ

　エコロジカル・プランニングによる地域診断法は、客観的なデータを集め、そのつながりを解読することで地域のあるべき方向性を見出す。この手法は客観的な事実の集積であるので合意形成を得やすいという特徴があるが、分析には時間とコストが必要となる。

　そこで、この地域診断法の原理を応用し、より簡易に住民主体のまちづくりに活用できるツールとして開発されたのが「地域診断法ワークショップ」の手法である。この手法は、地域の環境資源、文脈を棚卸しし、それらのつながりを考えることで地域のあるべき方向性を一日のワークショップで描き出すという手法である。*14

このワークショップでは住民とよそ者が協働して地域資源・特性を洗い出し、つながりを再構築して地域のキャッチフレーズを描き出す。複数のグループでの実施となるが、これまでの実績から、グループ間およびマトリックス型地域診断結果と比較して、洗い出される地域資源・特性は類似しており、描き出されるキャッチフレーズも類似する結果となることが指摘されている。*15

受講生はこのような地域診断法のノウハウを基礎として学び、学座の体系的な学修を通じ、地域における文脈の再認識、再構築を試み、それらをコミュニティビジネスなどの手法で実践的な活動に展開していく。

5 つながりのリ・デザインが実践できる人財の育成

以上、地域文脈の読解と定着についての専門職能の教育を

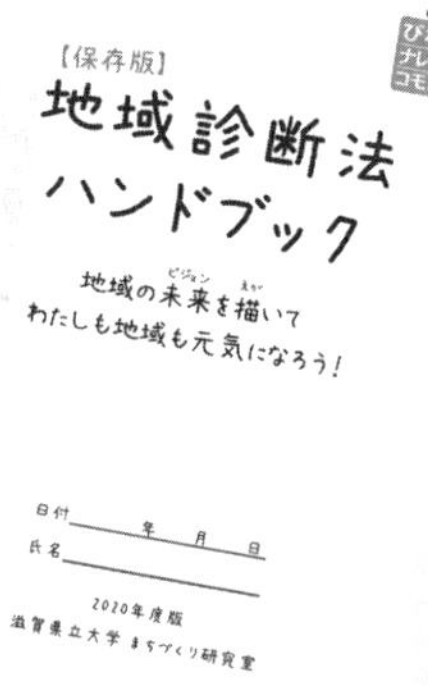

[図2]『地域診断法ハンドブック』ワークショップの方法が解説されている*14

実践している事例として、滋賀県立大学大学院に設置された近江環人地域再生学座の取り組みをみてきた。学座においては地域文脈の解読手法としてエコロジカル・プランニングを応用した「地域診断法」を用い、それを基礎としつつ、まちづくり活動の知見やノウハウを修得し、地域における実践的な活動者の輩出が行われているといえよう。

人口減少社会にある日本の、特に地方においてその持続可能性を担保するには、改めて地域の価値を再認識し、その価値を生かした活力の創造が不可欠な状況となっている。大地の形、水の流れ、吹く風、日の当たり方、そこで育まれた生態系、そして人間社会。そうした地域文脈を人々が認識し、読み解き、人と自然、人と人、人と社会のつながりを再構築（リ・デザイン）し、地域のあるべき方向性の共有を通じて活力を創造することが求められている。そうした社会の要請に、学座は専門職能の教育のひとつの手法を提示していると考える。

＊1 近江環人地域再生学座HP：https://ohmikanjin.net/, 2021.1 閲覧時
＊2 上田洋平「まちづくりを担うコミュニティ・アーキテクトを養成」『地域づくり』一般財団法人地域活性化センター、二〇一五年二月、一八頁
＊3 滋賀県立大学地域共生センター、近江環人地域再生学座外部評価委員会資料、二〇二一年一月
＊4 前掲1
＊5 滋賀県立大学地域共生センター、近江環人地域再生学座受講生名簿、二〇二一年一月
＊6 近江環人地域再生学座パンフレット「私にとっての近江環人」二〇二〇年一一月
＊7 近江環人地域再生学座編・鵜飼修責任編集『地域診断法 鳥の目、虫の目、科学の目』新評論、二〇一三年三月
＊8 イアン・L・マクハーグ著、下河辺淳総括監訳、川瀬篤美総括監訳『デザイン・ウィズ・ネーチャー』集文社、一九九四年九月
＊9 磯部行久ほか「エコロジカル・プランニング 地域生態計画の方法と実践Ⅰ」『建築文化』三四四号、一九七五年六月
＊10 磯部行久ほか「エコロジカル・プランニング 地域生態計画の方法と実践Ⅱ」『建築文化』三六七号、一九七七年五月
＊11 茨城県土木部都市局住宅課「自然と共生する住宅づくり」『茨城県環境共生住宅建設ビジョン策定調査報告書』一九九七年三月
＊12 タイセイ総合研究所、細内信孝『テーマコミュニティの森』ぎょうせい、二〇〇二年
＊13 鵜飼修「地域継承空間システムの担い手：コミュニティ・アーキテクトの育成手法：滋賀県立大学近江環人地域再生学座」『日本建築学会総合論文誌』第一〇巻、二〇一二年、六一頁
＊14 鵜飼修、水野華織編『地域診断法ハンドブック 地域の未来（ビジョン）を描こう！』持続可能な地域まちづくりビジョン創造手法の開発グループ、滋賀県立大学 鵜飼研究室、林研究室、稲枝地区まちづくり協議会、二〇一六年
＊15 鵜飼修「都市近郊農村地域における地域ビジョン策定手法に関する研究―彦根市稲枝地区を対象として」『日本計画行政学会関西支部年報第三五号（二〇一五年度版）』二〇一五年、Ⅰ－三一－七頁

4 道と緑の改善による社会空間構造の再構築——豊中市・スロープ公園

1 村落域の社会空間構造の原型と相互依存関係の解読

大阪都心から一五キロメートルほど北にある豊中市旧桜井谷村エリア（現宮山町、柴原町、桜の町、刀根山町に相当する地域）を対象に、戦前の山・田畑・集落・水系の構成と維持管理の仕組みを調査し、復元したものが図1である。当地域は戦前までは村落地域であり、旧桜井谷村は柴原、内田、野畑、少路、北刀根山、南刀根山の六カ村からなる連合体であった。これらは共同で春日神社を維持し、当初は同じ桜井谷小学校区にあった。

図1の両端（北西と南東）に森が連続しており、中央に向かって谷状に土地が下がっている。そこを北東から南西に向けて千里川が蛇行している。この地形に対して成立した土地利用と水系を分析することにより、人・社会が土地への働きかけをとおして生まれる空間や機能の配置に一定の型が成立していることがわかった。

まず柴原村に着目すると、北側から南側へ向かって、山、墓地、畑、ため池、集落、水田へと短冊状に土地利用が構成されていることがわかる［図2］。山に降った雨は斜面に張り巡らされた溝でため池に集められ、ため池から水路によって下部の水田へと注がれる。標高がため池より上にあって水の回らない土地は畑となり、水田に近い側は集落となる。集落を三分する垣内という社会集団は、水田の一部を共同所有し、緊急時の苗を確保している。また、雑木林からとれる柴は遺体を焼くための貴重な燃料であり、需要をまかなうだけの面積の山を確保している。以上の土地利用と水系の構成は、長い年月を経て集落の人口の暮らしを支えるために最適化されたものであり、この地域の村落の「原型」を表していると言えよう。東に隣接する内田村の村落域は南北に約二キロメートルにまで延びるが、東西の幅は狭いところで一五〇メートル、広いところでもせいぜい五〇〇メートル程度であり、細

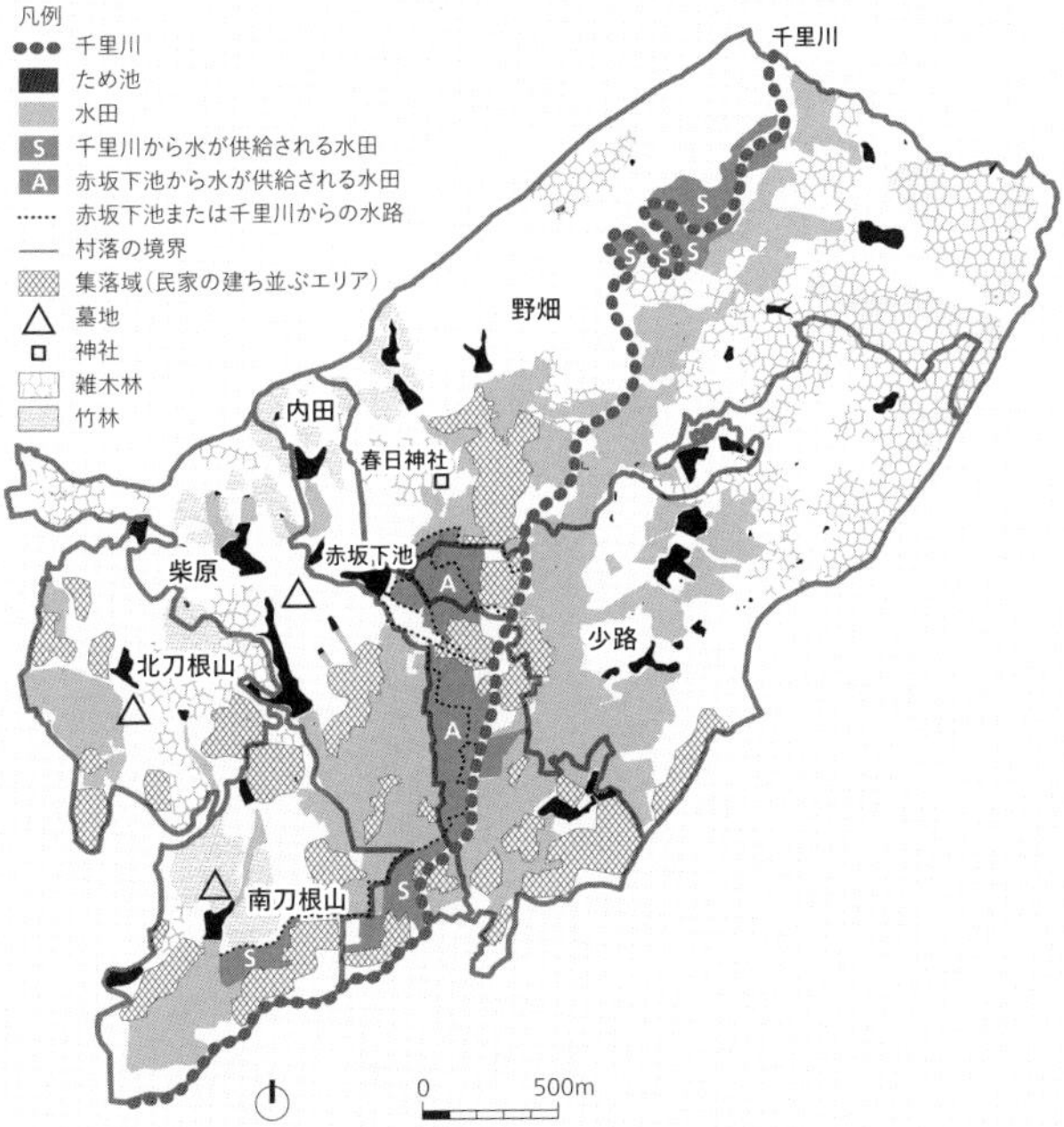

［図1］旧桜井谷村における山・田畑・水系の維持管理の仕組み

長い土地に、山、畑、ため池、集落、水田の原型が非常に効率よく体現されている。

村落同士の関係性も見出すことができる。柴原村の二尾池は、六カ村の中で唯一水の湧き出る最も優良なため池であり、自村のみならず、西側に隣接する南刀根山村の水田にも水を供給していた。内田村の赤坂下池の水も東隣の野畑村と少路村の水田まで引かれている（図1エリアA）。南刀根山村は二尾池の水を分けてもらってもまだ水が不足するため、千里川上流の他村のエリアに取水口を設け、他村とシェアしながら水を引いていた（図1エリアS）。一方、少路はほかの村落からの水の供給は受けていないが、ため池の水が回らない高所にも雨水のみに依存した「天水」と呼ばれる水田をつくっていたことから、水資源については有利な環境でなかったことがわかる。

墓地の共用についても協調関係が見出せる。柴原村には共同墓地があり、ここに遺体の焼き場もあった。特に焼き場は遺体を夜通しかけて焼く特別な場所であり、村落のはずれで鬱蒼とした樹木に覆われ、人々が日頃怖くて近づかない空間であった。内田、野畑、少路三村落は柴原の共同墓地と焼き場を使用していた。南刀根山は独自の墓地を保有していたが、焼

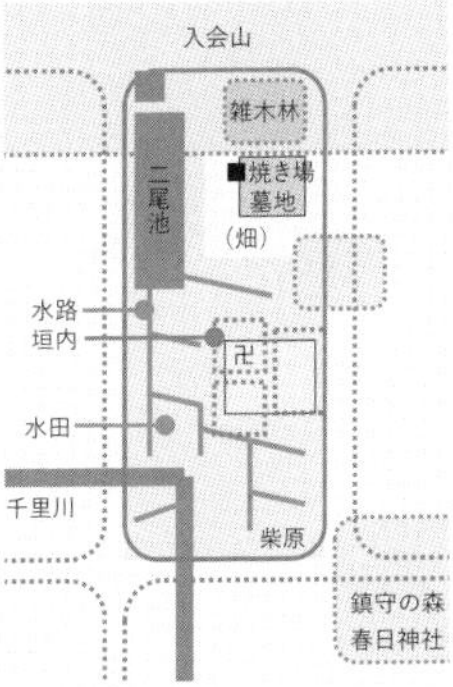

［図2］社会空間構造の原型
（旧柴原村）

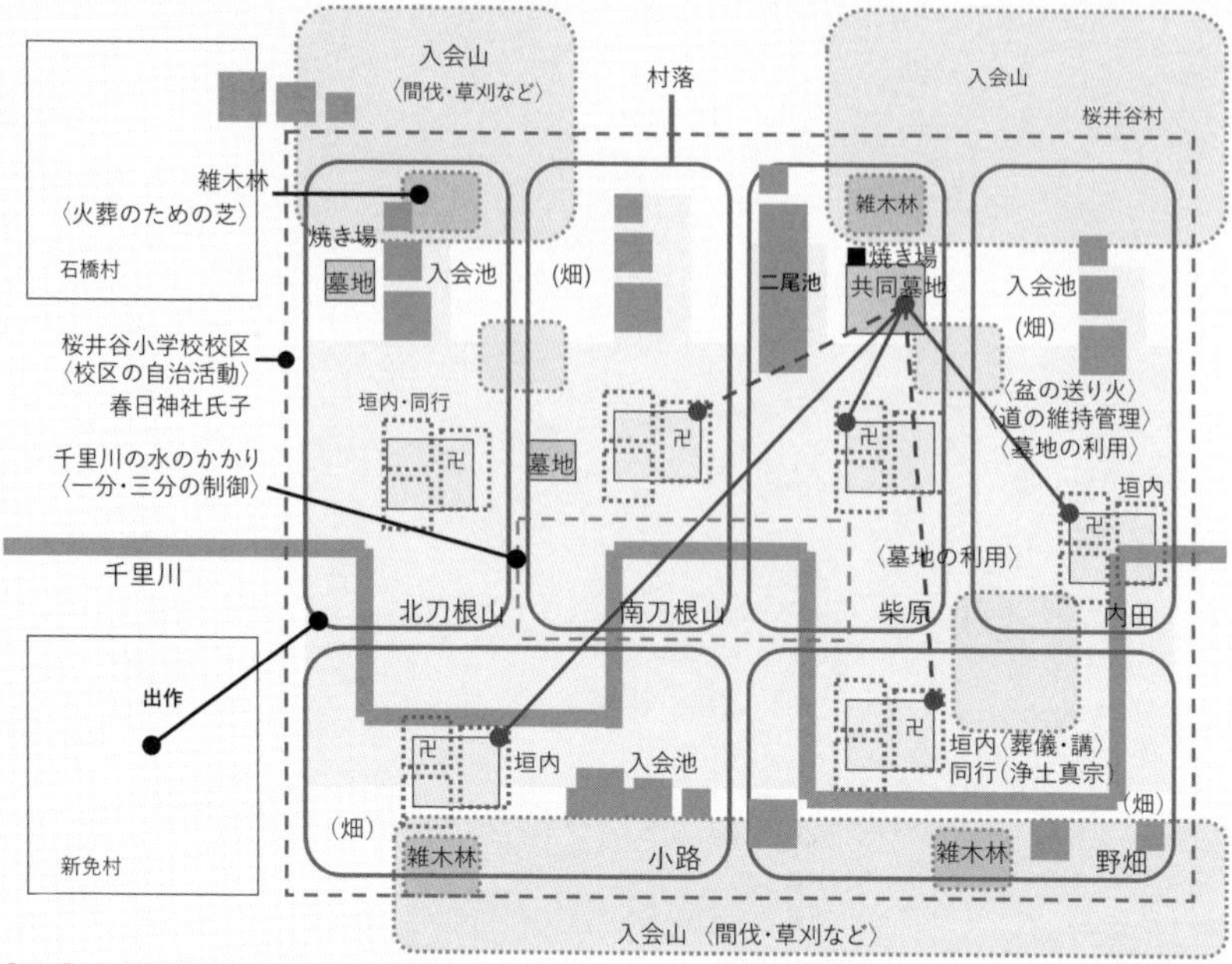

［図3］土地利用のレイアウトに反映された全地域的な相互扶助の仕組み

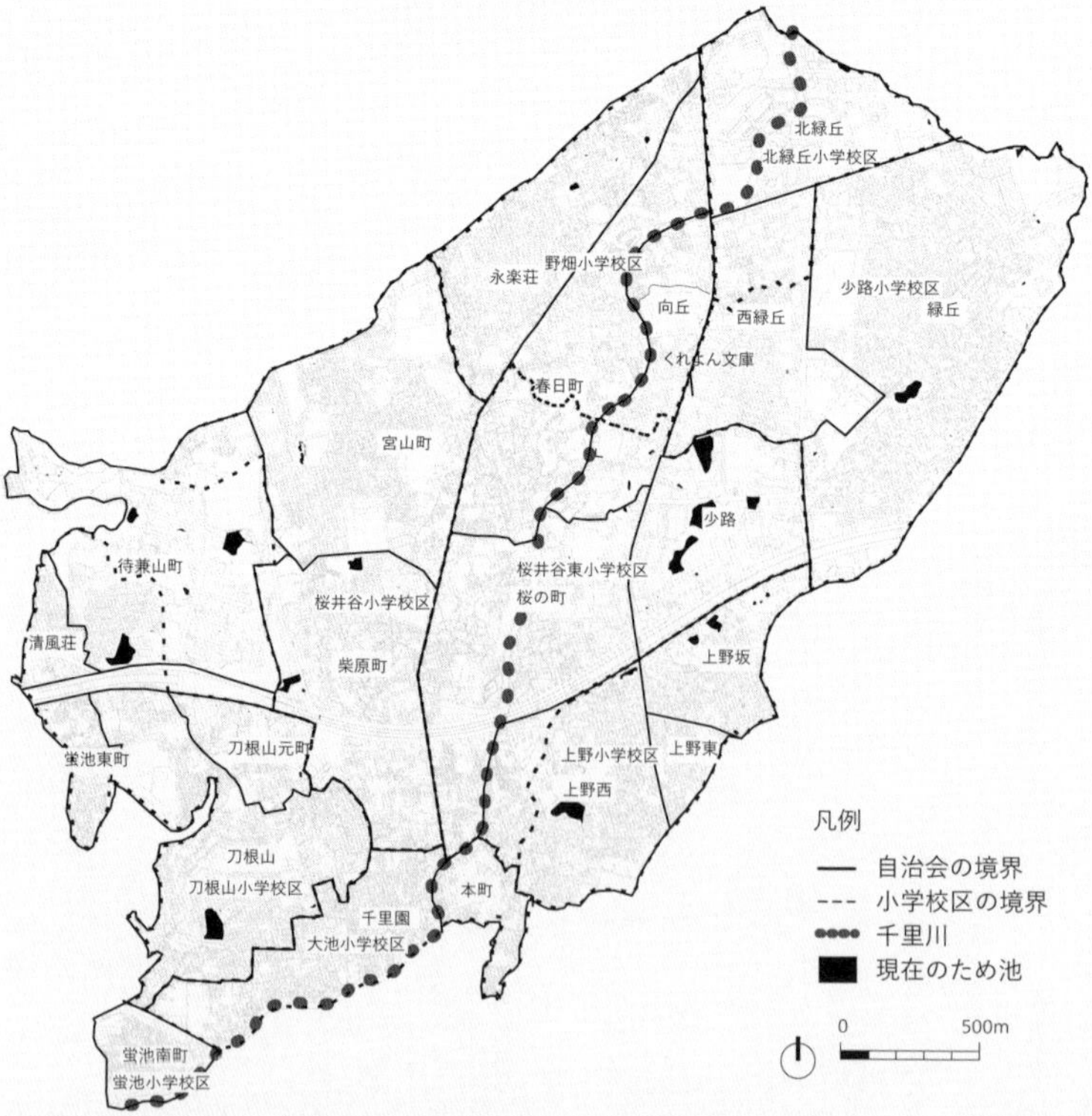

［図4］旧桜井谷村エリアにおける自治組織と学校区の分布

き場は柴原のものを使用した。北利根山のみが、独自に墓地と焼き場を保有している。

道と行事にも村落の関係が現れている。共同墓地の前から各村落の方面へ道が放射状に延びており、盆の最終日にはそれぞれの道を通って各村から松明を掲げた行列が墓地に集まってきた。行列が練り歩く道は、大勢の人々や重たい松明が通行できるよう、前日までに各村が自ら通る道を補修した。これらの関係を図3にモデル化する。六カ村は水系・道・墓地に基づく全地域的な相互扶助の関係を築き上げており、それが土地利用とレイアウトに反映されていたことがわかる。

2　地域文脈を再構築するまちづくり

戦後は徐々に市街化が進み、現在は一部のため池、里山を除くエリアのほとんどが新たな住宅地やマンションへと変わっている。新たに形成された自治会や学校区のシステムは旧六カ村とは全く異なる区域分けがされており、村落を維持してきた旧来の社会システムから、自治会を基礎とする新しい社会システムへの転換が進んでいる［図4］。

［図5］スロープ公園

地域文脈からみた新しい地域環境整備の方向性を示す事例として、二つの取り組みを紹介したい。一つは、旧六ヵ村旧集落の住民による「朝市」の活動である。わずかに残された畑を利用して、農家が野菜を育て、農協の敷地で地域の人々に販売している。農家の人々も直接買い物に訪れる新旧住民の笑顔を見て生産意欲をかきたて、青々とした畑の景観の再生につなげる試みである。自治会と学校区の細分化により失われかけた旧来の全地域的な人のつながりを、再構築する点で意義がある。

もう一つは、大阪大学豊中キャンパスと旧柴原村エリアで、旧集落の人々の農に関わる技術を地域ぐるみで継承する活動が進められている。地域と大学のワークショップにより、旧柴原村からキャンパスを貫通する道の改善が提案され、そのシンボルプロジェクトとして、大学と旧村との境界の大きな高低差を解消するために「スロープ公園」が整備された［図5］。旧集落の人々より公園や街路樹を美しく維持するための知恵も提供された。周辺地域やキャンパス内に残された緑の維持管理活動に広がっている。旧集落の人々の技術を新住民が受け継ぎ、市街地に断片化された緑や道に手を加えることで、現代の社会空間構造の型を再構築する点が注目される。

5 地域の記憶を継承するグリーンマトリックスシステム——港北ニュータウンの近隣住区論

1 近隣住区論の文脈の再生

日本の主要なニュータウンのプランナーへのインタビューによれば、クラレンス・A・ペリーによって提唱された近隣住区論が一人歩きし、理論の「パッケージ化」が起こった。パッケージ化とは、近隣住区をひと揃いの生活環境とみなし、近隣住区の内部構造を検討しなくても、これらを配列すればニュータウンの構成が成り立つと考えられてしまうことである。[*1]

しかし、港北ニュータウンの計画を主導した川手昭二はこれに疑問をもち、C・A・ペリーに影響を与えたとされるシカゴ学派の思想によりどころを求め、近隣住区論の原点を探った。

シカゴ学派は二〇世紀初頭の大都市における貧困・非行・社会解体などの都市問題の根源を追求した社会学研究者のグループである。彼らは、単なる地理的表現にすぎなかった地区が、自ら感情や精神、伝統をもつ地区に変化したとき、これを「近隣」と呼んだ。学校は家族の機能の「あるもの」を受け継いでおり、近隣の精神は公立小学校を中心に組織化され継承されることを見出した。[*2]

川手は、近隣の精神が受け継がれる仕組みを港北ニュータウンに構想した。祭事の楽しい思い出は家族のなかで共有され、翌年に受け継ごうとする動機や意欲となる。先人や親世代の方法に敬意をもって批判と創意工夫が加えられ、祭礼は時代に合わせて進化していく。川手はこの文化を継承する仕組みを「無意識の歳時記」と呼び、緑道や歩行者専用道が学校、商店、広場、神社などをつなぐ「グリーンマトリックス（以下、GM）」という歩行者体系に具現化した［図1］。

ペリーは、近隣住区の要として学校・コミュニティセンター・教会・広場の組み合わせを構想したのに対し、川手は教会の代わりに道を組み合わせた。日本における商店街は、通行量がなくなる夜に子どもが大人に見守られて自由に遊べる空間となり、大人がまちの運営を話しあう様子を子どもがうかがい知る場所にもなる。世代を超えた精神の受け継ぎは、欧米では教会であり、日本では商店街や大人と子どもが居合わせる道であると解釈された。

［図1］港北ニュータウンに計画された道空間

さらにシカゴ学派は、すべてのコミュニティは「より大きく包括的なコミュニティ」に連続しており、経済的にも政治的にも他と相互に依存していることを指摘した。GMは、行為と空間の組み合わせで構成されたマトリックスの表を網羅するように、通勤・通学・買い物・散歩などの多様な戸外行動が生じることから命名された。この歩行者体系はすべての学校区を貫通するように張り巡らされている。各地区における日常の多様な行動や共同作業の積み重ねが精神を育み、これが道に沿い、地区を超えてより大きなコミュニティへと包括されることが目指されている。港北ニュータウンは、近隣住区論のなかに途絶えたシカゴ学派の思想の文脈を再接続したニュータウンである。

2　まちづくりの媒体としてのしなやかな道空間

川手のGMのヒントは千里ニュータウンにあった。千里ニュータウンの建設の半分が完了した頃、近隣住区の計画に新しいアイデアを吹き込むことを期待され、市浦都市開発建築コンサルタンツ（現・市浦ハウジング&プランニング）の富安秀雄がプランナーに抜擢された。自動車社会の到来していた北米での仕事の経験を経て、歩行者体系と自動車体系を分けて計画すること、さらに、歩行者体系は最大限便利で歩きやすく、まちの中心軸や骨格を為すように計画するとの発想に至り、富安が帰国してすぐ、新千里東町に具現化された[図2]。今ではこれらの道がまちづくりの中心になり、防犯活動、清掃、環境学習、草花による美化などが展開される人々の交流軸となっている。学校にとっても高齢者のグループにとっても、何か社会貢献をしたいと思い立ったとき、身近なこの道が受け皿となっている。*3

［図2］千里ニュータウン新千里東町に計画された道空間

港北ニュータウンがさらに進化した点は、GMの体系にインフラを埋設しなかったことである。清掃や草花による美化に留まらず、人々の合意形成により道の線形をも改変できることが狙いである。GMの最終目標は、区民と行政が協働でマスタープランをつくり、まちづくりへと展開する「新・新地域公共圏」の誕生である。GMで醸成された人と人のつながりが、自らのまちの個性と魅力を継承する仕組みへと発展する。区民による組織がプラン改訂のシンクタンクとなり、GMを周辺地域に拡大する計画を検討するなど、実効的な取り組みの成果が上がっている。

3　千里ニュータウン再生のモデル

千里ニュータウン新千里東町は港北ニュータウンの計画のモデルとなったが、逆に港北ニュータウンは近隣住区のマネジメントの点で千里ニュータウンのモデルとなり得る。千里ニュータウンの計画では、団地は外部空間によって人のつながりが生まれるよう住棟配置に工夫がされ、まちびらき後にはこれらの空間にプレイロットや小道、小広場が順次整備された。いずれも居住者間の議論や合意を伴ったため、コミュニティ形成の契機ともなってきた。新たに形成された道を「構築型」、一般的な通路が飾りつけられ格上げされた道を「定義型」、通り抜けを意図して計画された通路がよく機能し、

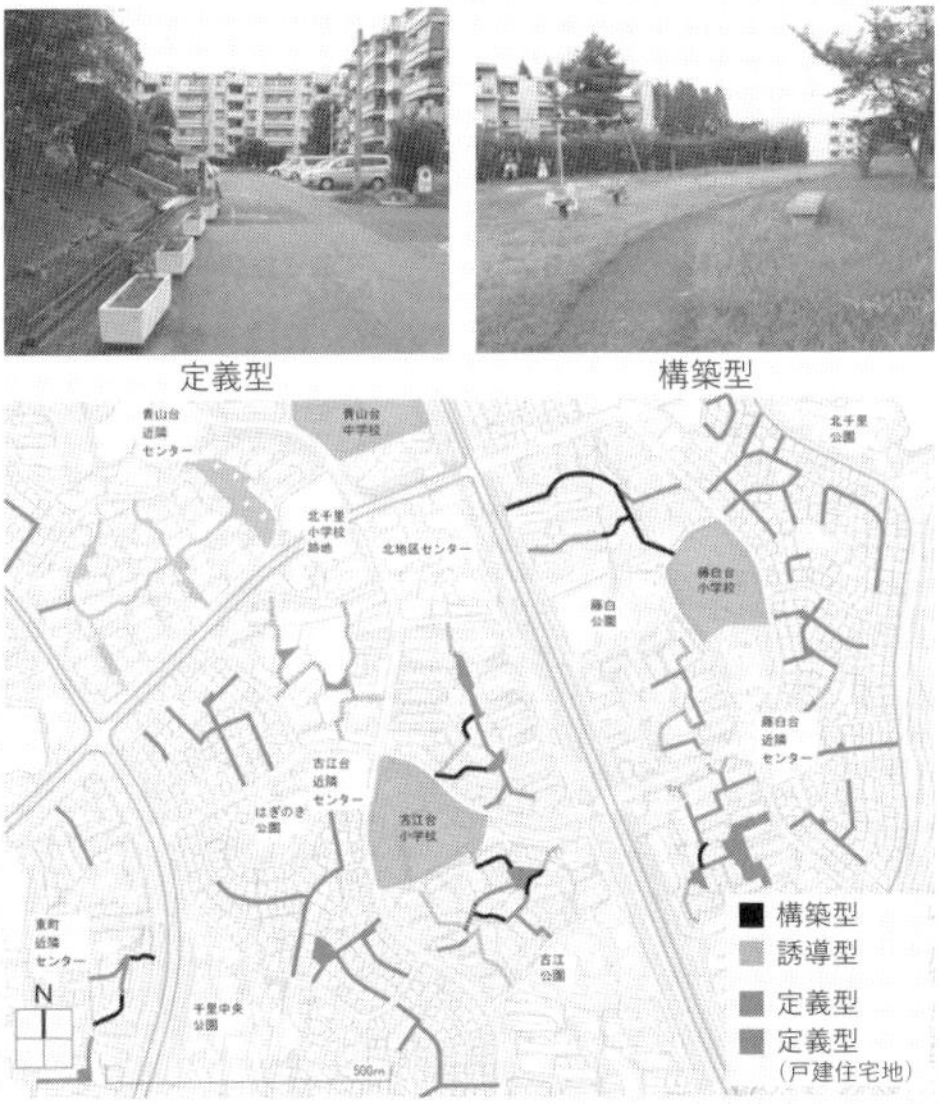

［図3］千里ニュータウンに形成された道空間（建替え前）

高度に維持されている道を「誘導型」と定義し、地図にプロットすると図3のようになる。港北ニュータウンで計画されたGMと類似した構造が、千里ニュータウンにも形成されたことがわかる。

港北ニュータウンでは、GMの空間は二種類の公共用地で生み出されている。一つは、都市計画公園として整備された細長い形状の緑道（A）、もう一つは、都市計画道路として整備された歩行者専用道路（B）であり、国との粘り強い交渉の結果実現した［図1］。

しかし、千里ニュータウンの道のネットワークは団地内敷地に形成されたため、建物やフェンスで囲い込まれたセキュリティ重視のマンションへの建て替えにより消失が進んでいる。これからの一つひとつの建て替えの計画に、コミュニティの発現の媒体となりうるようなオープンスペースの骨格を編み直していくことが必要である。これまでに生まれた人材と、行政、専門家、ディベロッパーが協力し、千里ニュータウンならではの地域公共圏を形成し、まちづくりの媒体となるしなやかな道空間を再形成していくことが期待される。

＊1　木多道宏・岡絵理子・森永良丙・寿崎かすみ「日本のニュータウンによる「西洋」の脱却と目標像」日本建築学会 近代の空間システム・日本の空間システム特別研究委員会『近代の空間システム・日本の空間システム――都市と建築の21世紀：省察と展望』二〇〇八年、九九―一〇〇頁

＊2　R・E・パーク、E・W・バーゼス他著、大道安次郎、倉田和四生訳『都市――人間生態学とコミュニティ論』鹿島研究所出版会、一九七二年

＊3　木多道宏「地域文脈からみた「まちの居場所」の形成に関する研究――キーパーソンの課題解決行為に基づく千里ニュータウン「ひがしまち街角広場」の形成過程の考察」『日本建築学会計画系論文報告集第六七五号』二〇一二年、一〇二三―一〇三一頁

6　せせらぎと農地とグリーンマトリックスシステムの接続——港北ニュータウンのグリーンインフラ（緑地系統）

1　グリーンマトリックスシステム

港北ニュータウンのグリーンマトリックスシステム（以下ＧＭＳ）は、わが国のニュータウン開発における公園緑地系統の一つの完成形とされる。[*1] ＧＭＳは、「樹林系緑地を学校などの施設内、公共空地、集合住宅敷地内や公共公益施設のヤード内に確保し」、これらを歩行者専用や緑道で結合させている。[*1] これらの日常生活動線は、計画では「オレンジ系」と呼ばれ、新たな公園緑地のみでなく保全緑地を含む「グリーン系」を、さらに公共公益施設群などを一体的につなぐことで、「単なる都市施設のネットワークを超えた骨太な『都市構造』としてのオープンスペースの実現」を目指していた。[*2] この二系統は、新たなまちと保全された斜面緑地と尾根の骨格を継承したものであった。

2　「谷ではない」せせらぎ

ＧＭＳを特徴づける、もう一つの要素に水の流れがある。「せせらぎ緑道」と呼ばれる水系が、周辺斜面樹林や緑地のネットワークを形成している。「水源確保と循環構造に自然のサイクルを範とし」「動力を用いない」[*2] 流れが形成されている。このせせらぎ水系は、過去の水系や谷地形とは完全には一致せず、ほとんどが人工の流れである。開発前の地形における谷と現在のせせらぎの位置を比較すると、そこには微妙な「ズレ」がある。[*3] これは港北ニュータウンの造成の特徴でもある。

3　分断されたニュータウン

せせらぎ水路は、その始点では開発地から表流・浸透した雨水が保全された斜面緑地などを経由して湧水などとともに流れを形成し、地域と関係した構造を持っている。しかし、その終点は地域と接続しきれていない。防災上の課題などもあると思われるが、周辺地域への水源涵養や流末の河川への接続は行われておらず、地域の集水域とも独立している。

またニュータウンに隣接して広がる「農業専用地区」も計画的には担保されているものの、幹線道路によって物理的に分断されているだけでなく、生活空間としてもニュータウンとの関係を十分築けてはいない。

4 ニュータウンの定着——インフラとしてのせせらぎと農地

港北ニュータウンの開発に主導的な立場で関わった川手昭二は、計画参加に先立って周囲の川から谷を登り、丘の上の農地に至る散歩道を意識したと述べている。[*4]

港北ニュータウンが地域の文脈を読み取りつつ形成されたことは間違いない。今後、この緑地系統を「定着」させていくために、経緯を深く理解し、文脈をたどりつつ、既存緑地のインフラ機能をさらに向上させていくことが必要だろう。たとえば、「系統」を拡張し、せせらぎの水系や周辺農地を積極的にニュータウンと地域に連携させ、GMSを補完する、いわば「ブルー系」「イエロー系」の検討である。[*3] これらの系統はニュータウン内部で完結させず、せせらぎ水路と河川とをつなぐ遊歩道など、目に見える接続のみでなく、地下水の浸透など目に見えないカタチも含んだオープンエンドな系統をつくる。それが、かつて港北ニュータウン周囲の谷の農地へ湧水が供給されていた文脈を引き継ぐことにつながるだろう。[*5]

今後、かつての文脈を発掘しつつ、その現代的な意味での定着を図ることが求められている。

＊1 田代順孝『緑のパッチワーク—緑域計画のための「9＋1」章—』技術書院、一九九八年、二三二頁

＊2 住宅・都市整備公団神奈川地域支社港北開発事務所『港北地区オープンスペース計画・設計技術資料集』一九九八年、一五一頁

＊3 岡本祥幸「自然環境を基盤としたグリーンインフラの構築—港北ニュータウン・グリーンマトリックスシステムの解読と再考—」『二〇一四年度工学院大学大学院工学研究科建築学専攻修士論文梗概集』二〇一五年三月、一—六頁

＊4 二〇一三年九月一九日、都筑区役所でのインタビューにおいて

＊5 篠沢健太・岡本祥幸・宮城俊作「港北ニュータウングリーンマトリックスシステムと原地形・水系の関連」『ランドスケープ研究』七九(五)、二〇一六年三月　六八五—六八八頁

7 地域主導の創造的な地域文脈の継承――銀座デザインルール

1 創造的な地域文脈の継承という課題

二〇〇八年に策定された『銀座デザインルール』には、次のような趣旨が書かれている。

銀座の街が急激に変化するのではなく、なだらかに継承されていくことを主眼として考えられているが、同時に、個々の建物や広告物などにおける品位ある創造的なデザインが、街の姿に部分的な変化をもたらし、それらの革新的な試みの積み重ねによって街が進化していくことも大切である。

日本を代表する繁華街である銀座は、このまちが長い時間をかけて築いてきた「銀座らしさ」を継承していくために、地域が主導するかたちで街並みのデザイン・コントロールを行っている。その継承すべき「銀座らしさ」の重要な資質には、ここで挙げられた「創造」「変化」「革新」「進化」が含まれている。街並みのデザイン・コントロールは、地域文脈の定着において有力な手段であるが、銀座は、創造的な地域文脈を維持、継承していくという、一見では矛盾を抱えているようにも思える試みを行っている。

2 銀座デザイン協議会が発足するまでの経緯

銀座が地域主導で街並みのデザイン・コントロールに取り組みはじめるきっかけは、一九九八年の機能更新型高度利用地区と街並み誘導型地区計画の導入までさかのぼる。当時、銀座のビルの多くは一九六三年の容積地区制導入以前に建設されたもので、その後の容積率規制によって既存不適格となっており、更新が進まない状況であった。ただし、このことが銀座で統一感のあるスカイラインを形成されていた要因でもあった。建物の最高高さ（五六メートル）、屋上工作物の高さ、壁面後退距離（二〇センチメートル）、誘導用途を定めた高度利用地区と地区計画の導入（「銀座ルール」と呼ばれた）によって、銀座では新たな時代に向けた更新が進むことになった。

　この地区計画の策定の際、特に大きな議論になったのは壁面後退距離であった。建物の壁面が街路に沿って並ぶという銀座の特徴を維持することが焦点となった。こうした地区計画の具体的な内容を巡る議論が契機となって、同年に銀座の中心的な商店会である銀座通連合会が主導して、専門家たちを招聘し「銀座都市計画会議」を開催し、一九九九年には「銀座まちづくりビジョン」をつくり上げた。そのビジョンのなかで生み出された概念が「銀座フィルター」であった。それは「銀座に内在してきた、自然で不思議な自律力」と表現され、銀座らしくないものは通過させない見えない共通認識であった。ビジョン策定を通じて、そうした概念とともに、銀座の街並みを特徴づけるヒューマンスケールの街区、一軒一軒の小さな間口の集積、それぞれ特徴のある通りといった要素が明確になっていった。

［写真1］銀座の街並み

　ビジョンの策定後、今度は銀座のまちづくりの体制構築が課題となった。二〇〇一年には、銀座内のすべての通り会、町会、業界団体を統合するかたちで、全銀座会が結成され、二〇〇三年には銀座地区の意思決定機関であることが承認された。

　こうしたまちづくりに対する取り組みが進みはじめたところで生じた問題が、都市再生特別措置法に基づく銀座内での大規模超高層ビル建設計画であった。「銀座ルール」の適用除外となるケースであった。全銀座会は、特定街区や総合設計を対象とした例外規定をなくす方向で地区計画の見直しを進めるとともに、「銀座に超高層ビルはふさわしいのかどうか」という問いを基点として、銀座のまちづくりをより具体的、実践的に検討していく組織として、二〇〇四年に銀座街づくり会議を設置した。そして、銀座街づくり会議は、数値による規制というかたちをとらざるを得ない地区計画の限界を鑑み、「銀座らしさ」を守るためには、地域が主体となり、自分たちで一つひとつの案件のデザインの良し悪しを「銀座フィルター」に照らして判断していく仕組みが必要であるとし、銀座デザイン協議会の設置を中央区に要望した。その結果、中央区は市街地開発事業指導要綱を改正し「デザイン協議会」制度を創設し、銀座地区内の一〇〇平方メートル以上の建築物、建築確認の対象となる工作物を対象としたデザイン協議会を銀座に設置し、協議会との事前協議と合意書の作成を確認申請前に行う仕組みを整えたのである。

3 銀座デザイン協議会と『銀座デザインルール』

二〇〇六年一一月に発足した銀座デザイン協議会は、銀座街づくり会議の担当メンバーと専門家委員から構成され、二〇二一年度までに三一七二件もの案件の協議を行ってきた。その協議の基本的な考え方は次のように示されている。

> 事前確定的な基準の機械的な適用ではなく、協議対象者が次章にあるような考え方を参照したうえで、創造的に考え、協議に参加して、事業者と街の人々との協働作業によって良好な街並みが形成される。

実際、協議会発足当初は、「銀座フィルター」を明文化した基準はなかった。協議が先行し、経験が蓄積されていくなかで、「銀座らしさ」を継承するための「銀座フィルター」をどう説明すればいいのかが見えてきたのである。二〇〇八年にそれは『銀座デザインルール』として出版された。

『銀座デザインルール』の特徴は、通常のルールにあるような数値基準ないし定性的な基準が書かれているわけではない、ということである。むしろ、銀座のまちづくりの歴史、継承されてきた街並みの特徴から説き起こし、銀座の街並みのデザインに対する考え方、そしてこれまでの協議事例に見る判断の根拠などで構成されている。こうした事前確定的でないルールの正当性は、このルールが時間をかけて培ってきた「銀座フィルター」を共有する地域自身が、地域全体の合意の上で（銀座デザイン協議会を運営する銀座街づくり会議の母体は全銀座会である）、自律的に策定し、運用しているということが大きい。それと同時に、銀座がデザイン協議会を通じて守っていきたい「銀座らしさ」は、これまであったものであると同時に、今までなかったものでもあるということが、ルールの性格を決定づけている。冒頭で述べた「創造」「変化」「革新」「進化」という銀座の地域文脈に適応したデザイン・コントロールのあり方なのである。

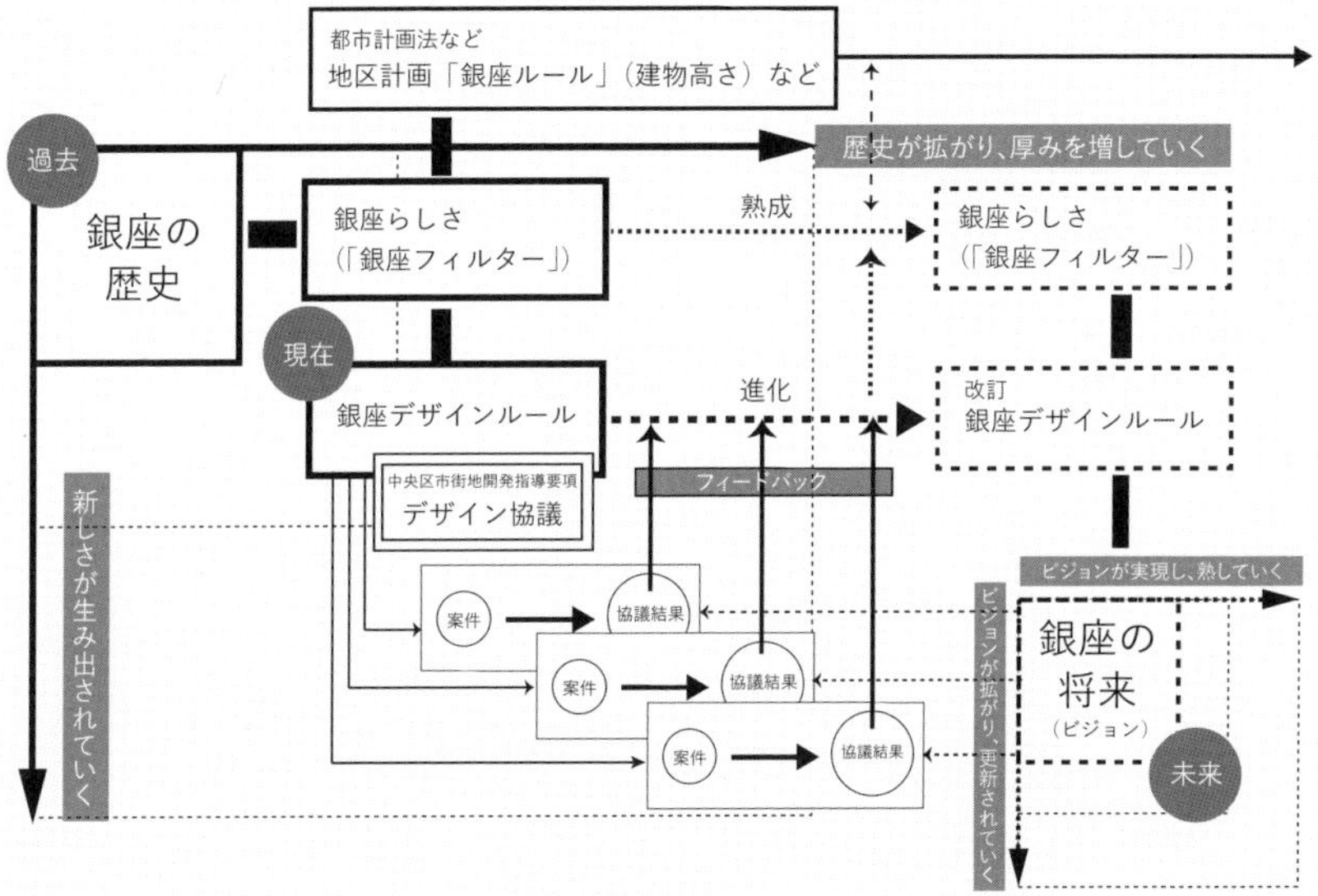

［図1］「銀座デザインルール」を中心とした銀座の過去、現在、未来
（蓑原敬・中島直人他『白熱講義　これからの日本に都市計画は必要ですか』学芸出版社、2014年より）

『銀座デザインルール』自体も固定的なものではない。『銀座デザインルール』は「協議の経験と事例の積み重ねによって熟成させていくべきものであると同時に、ルール自体を新しい案件の提案に即して、常に見直し、再考していくべきもの」である。実際に、二〇一一年には、さらに蓄積されてきた協議実績を踏まえて『銀座デザインルール　第二版』が出版され、二〇一五年には新たに地域の課題として浮上してきたデジタルサイネージや音声を伴う屋外広告物に対する考え方を含めて、『銀座デザインルール第二版　追補別冊』が発行された。そして、二〇二一年には、街並みのデザインを超えて、銀座型地区デザインを目指すことを明確にした『銀座デザインルール　第三版』が発行された。ルール自体が進化しているのである。

［参考文献］
銀座街づくり会議・銀座デザイン協議会『銀座デザインルール』二〇〇八年
同協議会『銀座デザインルール　第二版』二〇一一年
同協議会『銀座デザインルール　第三版』二〇二一年
銀座街づくり会議・銀座デザイン協議会『2004－2014』二〇一四年
竹沢えり子「地域主体によるデザイン協議の成立要因についての研究――銀座を事例として」東京工業大学博士論文、二〇一一年

8 都心開発地区と景観まちづくり——汐留シオサイト

1 はじめに

東京都港区に東京都が土地区画整理事業（以下、区画整理）を行った汐留地区（約三一ヘクタール）がある。現在、住居表示には汐留という地名は存在していないが、今も汐留町会という町会名として残る。当該地区は、旧国鉄汐留駅（貨物駅）を中心にJR線路を挟んで広がり、北は新橋駅から南は浜松町駅まで約二キロメートルを範囲としている。江戸期、芦原が埋め立てられ、仙台藩、会津藩などの大名屋敷として利用された。明治期は日本初の鉄道駅・新橋駅、日本初の火力発電所など近代化を担う場所となった。その後、鉄道の東京駅への延伸を機に烏森駅（現在の新橋駅）が設置されると、当該地は物流拠点として大きな役割を果たすようになるが、国鉄民営化で清算対象となり貨物駅は廃止、開発用地（国鉄清算事業団用地）として処分されることとなった。都心近接という立地から、国鉄時代の赤字解消に役立つとの期待もあり、さまざまな思惑が巡らされ、翻弄された。国を始め日本建築学会なども関係するなかで、バブル期時価売却に伴う地価上昇への悪影響が懸念され、国鉄関連会社の自力開発による付加価値化の模索もあったが、結果として公的セクターである東京都が施行者となる区画整理をベースに再開発地区計画（現再開発等促進区を定める地区計画）で開発ボリュームを規定することとなった。

汐留地区の景観形成という視点からは、大きく二つのステージに分けられる。一つは一九九四年に区画整理の決定後、その枠組みの下に街区形状と必要公共施設が検討された時期、もう一つは換地の方向性が決定され、一九九七年に汐留地区街づくり協議会（以下、街協）が地権者中心に再結成され、官民協働で公共施設整備を進めてきた時期である。筆者は、一九九七年から二〇一六年まで街協の都市デザイナーを務め、現在はJR西側で地元従前地権者により再建された汐留イタリア街の街並みデザイナー[*1]として、まちの成り立ちに関わってきた。そこで、汐留を題材に、大都市都心部に起こるまちの変容に際し、地域文脈を理解し、その読解と定着を担う主体は誰か、という視点で述べてみたい。

2 土地利用転換と基盤整備から景観まちづくりへ

汐留地区は、東京都が都心で行った区画整理の対象地区だが、社会的経済的背景からの苦肉の手法選択によるもので、積極的な意味での関与ではなかった可能性がある。その根拠として、二〇〇〇年当初の東京都の整備・開発又は保全の方針（現都市整備マスタープラン）において、汐留地区には開発地区としての計画的位置づけがなかったことが挙げられる。開発予定地区については基本構想・基本計画を策定し、業務商業マスタープランのなかで拠点の位置づけを与えるといった都市計画の枠組みがあったにもかかわらずである。大規模未利用地の土地利用転換として、高容積型の開発を志向しながら、位置づけがない稀有な存在である。その一方で、都営地下鉄、臨海部新交通、環状二号線などの広域基盤施設整備も盛り込まれていた。臨海部などの展開により都心の都市構造が変化していく転換期にあったのだろう。

公共施設整備のために、区画整理の区域設定にあたってはJR西側の既成市街地を巻き込むかたちとなった。最初から土地の高度利用を前提に国鉄清算事業団から土地を取得した大企業からなるJR東側の地区とは異なり、既成市街地であったJR西側の地区では、公共減歩により再建築できない地権者も存在し、生活再建の視点でまちづくりが求められた。

この区画整理で整備される基盤施設は、地上、地下の四層に渡るペデストリアンデッキ、地表道路、地下歩道、地下車路に公園と交通広場であり、そうした用地は区画整理の公共減歩でまかなうことになっていた。

これからのまちづくりのきっかけとなる道路の整備にあっては、区画整理の施行者である東京都は、一部の道路設計が終了していること、前述のとおり上位計画での位置づけがないこと、将来管理費の負担軽減を理由に、標準仕様に留めようとした。

街協のなかで、街並み景観への関心が寄せられたのは、自分たちが関わる新しいまちで、自分たちの建物はオーダーメイドなのに、減歩で整備される公共施設がなぜ標準仕様なのかという素朴な疑問からだった。しかし、景観整備へのこだわりと意欲という点で、自社を構える企業群と賃貸物件を設ける企業群では認識も異なった。

この区画整理は清算事業団用地の新規開発だけではなく、ＪＲ西側の地区のような既成市街地の再開発も含んだことで、新規開発での新たな公共施設整備だけでなく、既成市街地の新たな文脈の形成という点で公共施設整備を捉え直す必要も生じた。そこで、汐留という地域のもつ歴史をいかに解釈し、これからに何をつなぐかといった思考が求められ、景観整備は施設単体のデザインに留まらず、全施設共通のストーリーとして都市デザインの意味を強めることになったといえる。そして、ＪＲ西側地区の従前地権者が街協の代表となることで、大企業の開発事業から地元住民と企業住民を主体とするまちづくり事業へと筋書きが変更されていった。

3　地域文脈と景観形成による視覚化、実在化

公共施設全体のストーリー化として進められることになる街並み景観整備が、区画整理の事業決定当初から志向されていれば、街区形状も建物配置も今とは全く異なるものになっていたに違いない。しかし、都市計画の上でも区画整理と地区計画ではステージが異なり、決定に関わる主体も異なるため、まちづくりの目標が計画の細分化プロセスにおいて具体的に反映される可能性は低くなっていく。当該地区のうち清算事業団用地においては、バブル崩壊後に開発事業を成立させることが目標でもあり、他社との協調を求めるまちづくりのガイドラインは最小限のマナーとなった。その結果、各社が外国人建築家を採用し、企業の威信をかけた建築博覧会として競い合う建築、という景観が成立した。それが、一転、公共施設に対してストーリーを求めることになった背景には、建築博覧会的に各自が自由を追求するまちづくりが、超高層建築がバラバラであるという行政からの批判を生み、せめてまちの共有財産となる公共施設でまとまりある景観整備に対処しようという現実的対応でもあった。しかし、単なるグレードアップではなく、まちづくりとしてのストーリーをもって整備することになった。それは、標準仕様の公共施設により公共減歩に見合わない環境価値になることを防ぐことにもつながる。

公共施設は、一般的には行政の事業主体が設計、建設を発注し、施工される。事業主体は国や自治体が策定している施設整備基準（マニュアル）を元に設計し、管理者の視点からは管理のしやすさ（費用と労力）から、交通安全管理者の視点からは交通安全最優先として内容に注文が入って、それらを修

正して設計が終了する。

施工段階では整備に支障が生じると、その影響の規模にもよるが、現場で設計内容が変更されてしまう。管理段階では、予算不足を理由に、補修の際に材料変更により元の形態が変化することはありうる。

つまり、設計、施工、管理といった段階ごとに関わる者が、それぞれの権限の下に整備内容にも関与し、それらは分業化により分断され一貫性を有しないために、時間的な経過により施設が変質していく可能性がある。そして、地元住民はお仕着せとして享受させられるのが一般的である。

街協が最初に提案した公共施設の修景案は、こうしてつくられた行政の設計案をベースに、行政側の整備費および将来管理費の負担を考慮しつつ、地権者の公共減歩に見合う水準としての妥当性を追求しただけの案であった。

しかし、その後、積極的な街並み景観として公共施設のストーリーを求める方向に転換することで、ペデストリアンデッキ、道路、地下歩道、公園、交通広場といった異なる性格の施設に対して一つのコンセプトの下で整備することになった。これは、適用される基準が異なる各施設に対し、共通のデザインを実現するということで、既成の基準の適用にも影響を及ぼした。また、行政が通常行う設計から管理までの分業化に対して一貫する仕組みを導入する必要も生じた。

「都市をリセットする」という既成概念の打破を目標に掲げ、すべての施設の統一コンセプト「タイダルパーク＆アートウオーク」を導入することとなった。それを実現する仕組みとして、将来管理まで視野に入れた設計を行うために、整備主体と管理主体と地元が一緒に協議する枠組みを用意し、協議を進めた。

適用する基準の運用については試行錯誤が積み重ねられ、行政側も初めての対応に官民の協議はすぐに行き詰まった。限られた時間のなかで妥協を最小限にするべく、地元要望に対して地元が将来的に管理に関与する責任を持つことで、行政と地元のさまざまなレベルの合意形成について持続的な仕組みが用意できたことになる。

タイダルパーク（汐の満ち引きを感じさせる公園都市、の意）は、海外のランドスケープ事務所の提案をベースに、汐留地区の特性を考慮してブラッシュアップするというかたちでまとめられた。海外事務所の起用については、インパクトと斬新さを求めたいという街協幹部の意向が強く働いたが、それは日本の事情に配慮しない提案の方がショック療法的に行政折衝

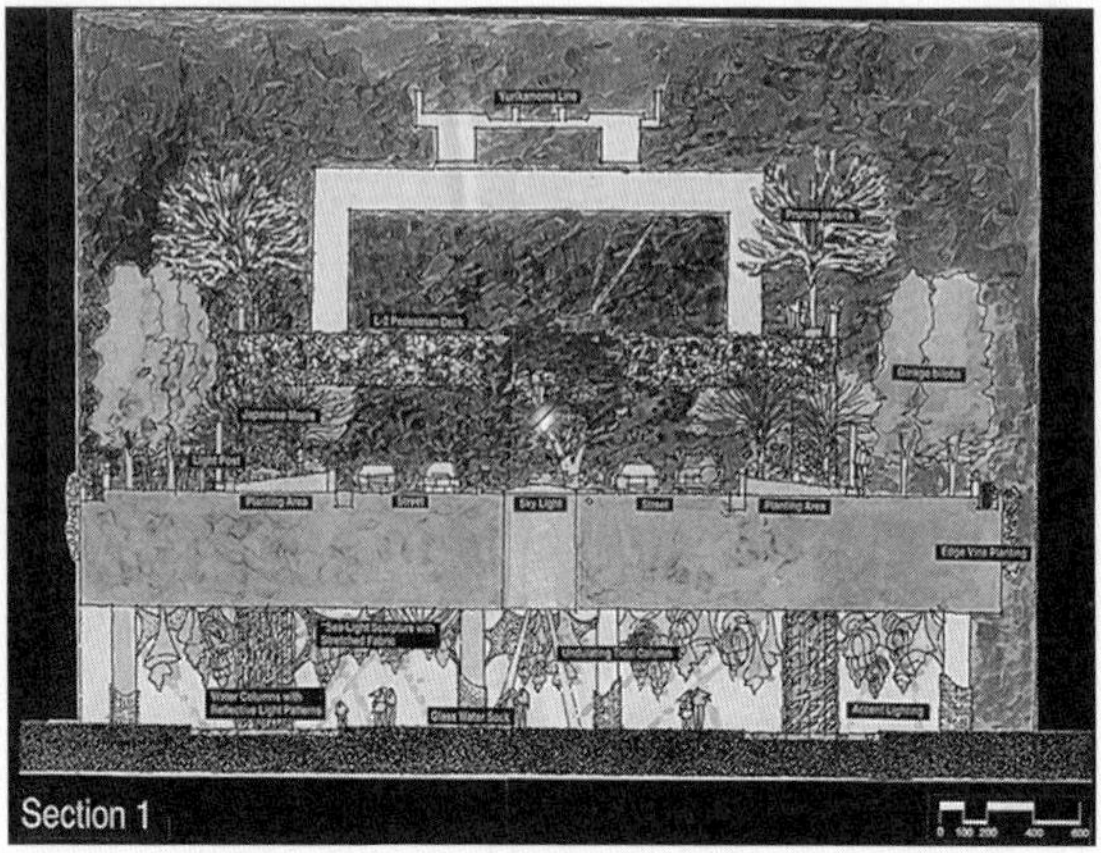

［図1］タイダルパークを示したコンセプトスケッチ

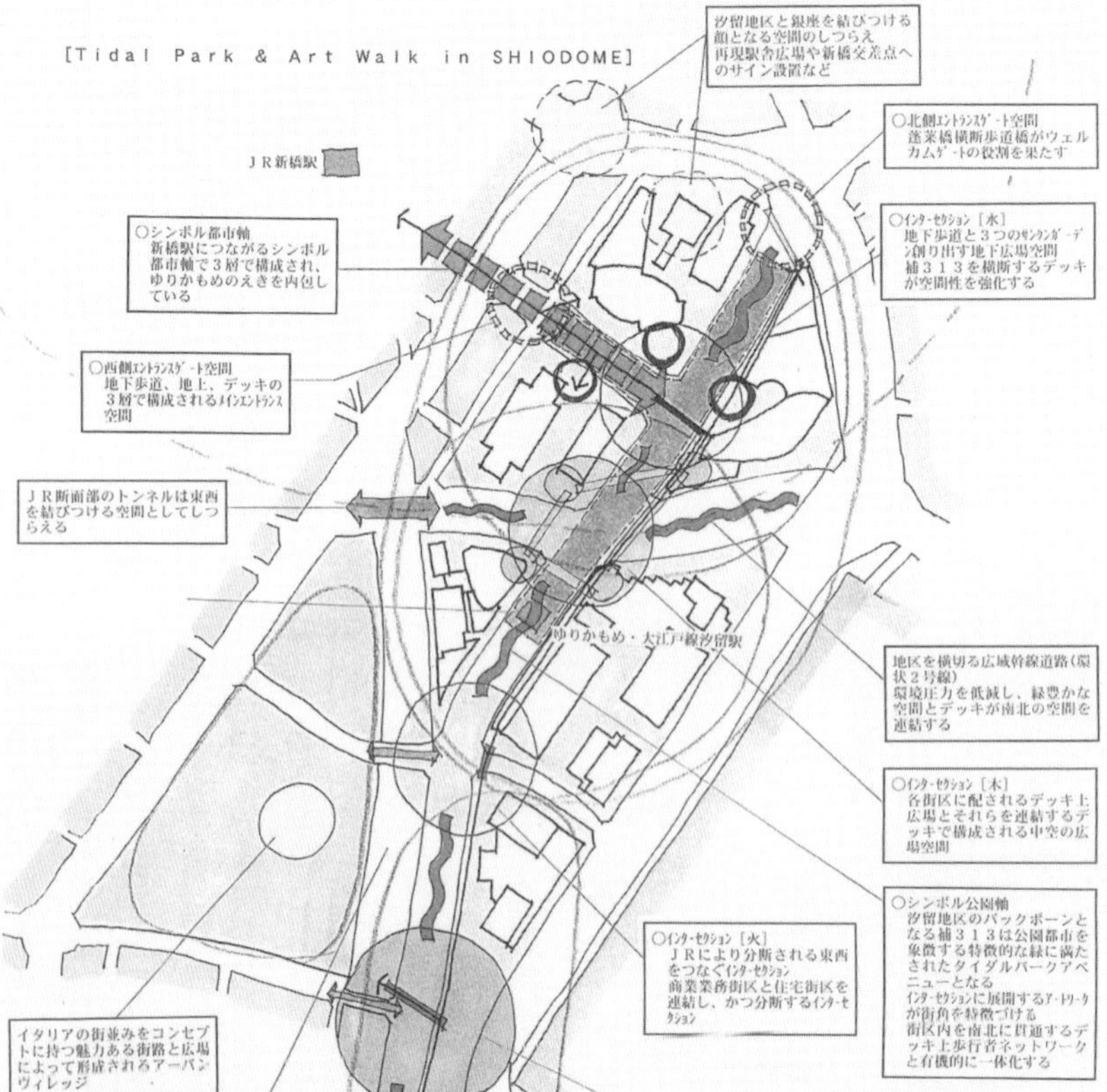

［図2］翻訳された都市デザインコンセプト

に影響を与えられるという計算も働いていた。それがあまり無理な文脈にならなかったのは、周囲を既成市街地に囲まれながらも、汐留地区自体が新橋停車場以前は大名屋敷、新橋停車場以降も貨物駅という都市の裏方的な存在であり、イメージが希薄な場所だったという特性も否定できないだろう。復元した新橋停車場以上には目立った地域の手がかりがなく、土地利用転換による超高層ビジネス地区以上の意味を与えるためには、やや突飛かもしれないが新たな文脈をつくらざるをえなかったともいえる。タイダルパークは、初期段階でのあくまで全体ストーリーとしてスケッチで表現されたもので、基本構想に近い。施設整備に際しては設計に落とし込む作業が必要となる。そこで、設計用にコンセプトを翻訳する作業

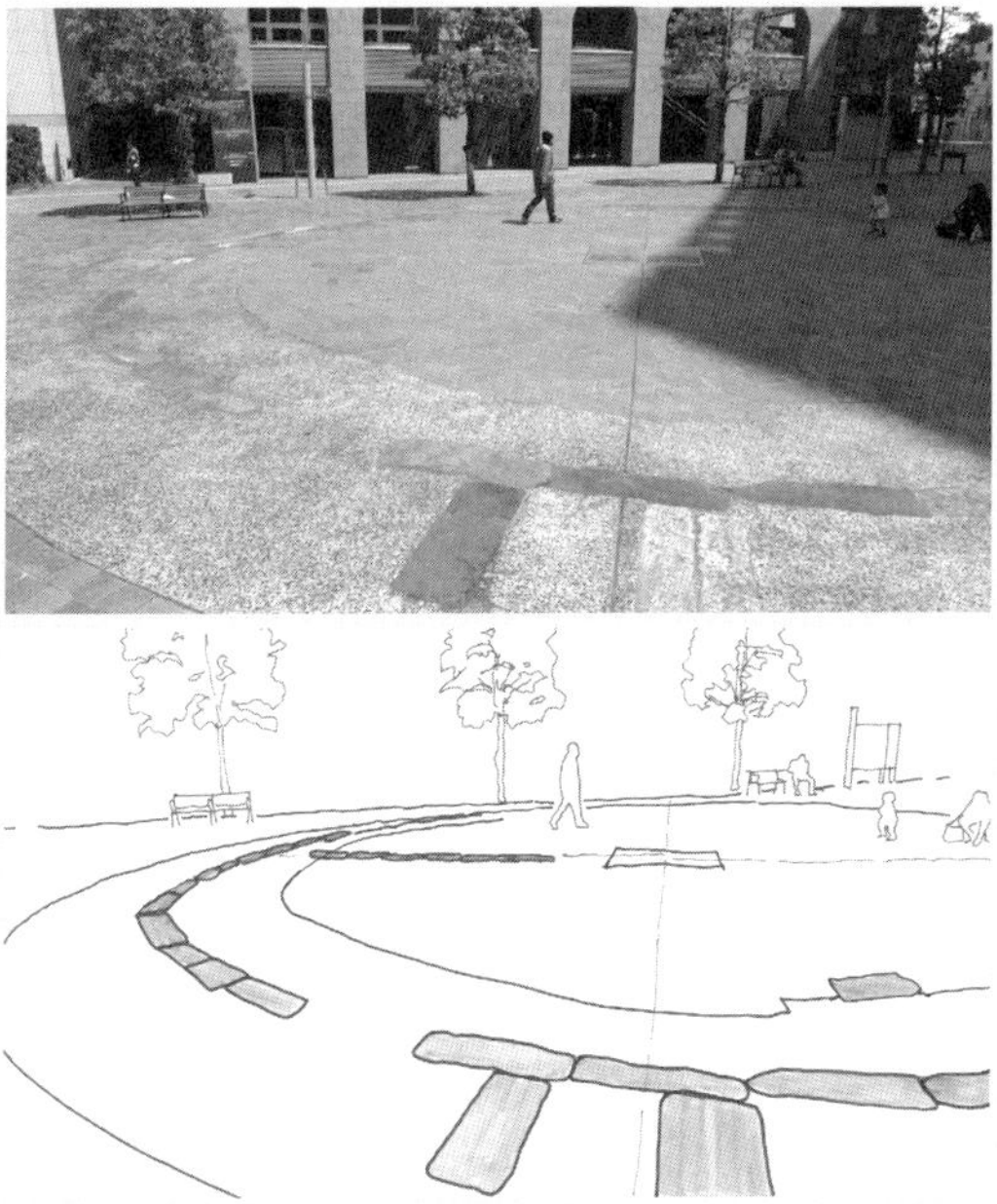
［図3］鉄道関連遺構（転車台の再利用）

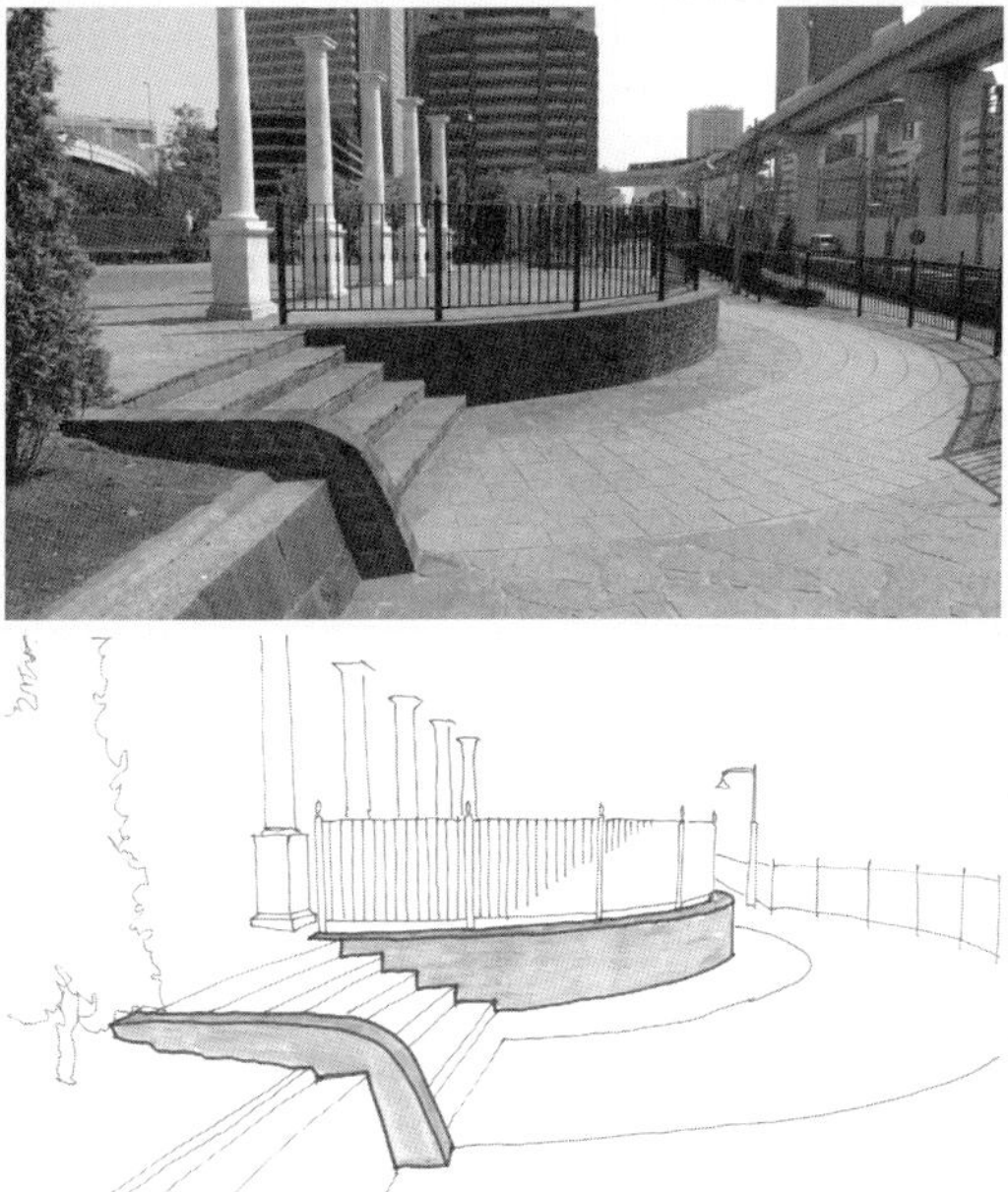
［図4］工業遺構（火力発電所レンガ）の再利用

を行うことになり、その段階でデザインとしての取捨選択、付加的作業を行っている。そのなかには、公共施設内における大名屋敷の間知石や火力発電所の基礎レンガ、転車台の基礎石など江戸期・明治期の歴史的資源を再利用する試み、新橋停車場の軌道位置を地下歩道内に表示するなどの試みも含まれる。

いくら斬新といっても、設計段階では現行の整備基準にも一定の適合性が求められるため、タイダルパークのコンセプトを空間に実体化できるようにデザイン要素を見直し、最適化を行った。また、事業の進捗に応じて公共施設の前提条件が変化していき、当初のイメージのまま実現化することが困難となった施設もあり、そこについては一から基本構想を作成することが求められた。

汐留地区のまちなみ景観整備はこのように公共施設を中心に進められたが、建築との関わりについては街区建設時期により状況が異なっている。タイダルパークのスケッチは公共施設を中心に描かれており、それを地区計画で規定された二号施設（ペデストリアンデッキや広場）と地区施設（歩行者通路や緑地等）にまで拡大し、公共的空間として扱うこととした。

先行して進んだ新橋駅周辺では、タイダルパークのコンセプトができる前に、民間敷地は着工しており、公共施設との調整が必要となる舗装材や舗装パタン、植栽、照明などは決定していた。そのため、官民で連続する空間でデザインの不具合を最小化する調整となった。

一方、後発に建設された民間敷地においては、公共施設と同一の舗装材および舗装パタンなどの採用により一体的空間を形成するようなデザイン調整を進めた。特に浜松町駅周辺においては、歩行者に特化した交通広場と沿道の民間敷地が連続した一体的な空間となるように調整した。交通広場は複数の案が検討されたが、最終的には隣接する旧芝離宮恩賜庭園を映し、浜松町駅から人を誘うような広場デザインとなった。交通広場を囲む二棟の超高層建築の柱スパンを、縦横のグリッド・パタンで構成し、それを舗装と植栽で視覚的に表現することで、広場と建物との一体化を試みている。このグリッド・パタンは、近代建築と、植栽地を旧芝離宮恩賜庭園の島に見立てた牧歌的な流線形の交通広場という異なる性格のものをつなぐ効果を狙ったものである。

汐留地区で公共施設にストーリーを持ち込んだ整備は、ハイテクな超高層建築デザインに対しニュートラルで主張しない道路デザイン、という組み合わせに慣れた方々には過剰なデザインの氾濫のように見えるかもしれない。しかし、ヒューマンスケール、人の目線という点で見てほしい。超高層建築と道路が人の目に一緒に見える景観とはどのようなものか。超高層建築は遠景としては像を結ぶが、近景としてどこまで道路側から歩行者に見られることを意識させてデザインされているだろうか。セットバックして道路から建物壁面まで距離があり、ますます人の目には開口部の位置、外装の素材や色しか目に映らないとすると、それは景観の図としては成立しにくい。超高層建築というヒューマンスケールを逸脱した規模の足まわりのまちなみだからこそ、ヒューマンスケールで認識できる公共施設にこそ力を入れる必要があったともいえる。

4　地域文脈の定着デザインと総合的な都市デザイン

東京で公有地が絡む開発事業において、地域性を堅持した将来像を描くことについては、判断が分かれるところだろう。土地利用転換の場合には、従前土地利用に付随する地域イメージからの脱却と新たな文脈の付加が期待されるからである。地域が持つ歴史や文化を継承することさえも、高度な政治的な思惑や意図とも無縁ではないと考えられる。

汐留地区は、事業開始後は政治的意図が重くのしかかることはなく、それが地元主導での事業推進と官民協働の枠組みにつながり、その結果、地元が描く公共施設デザインの可能性に道を開いたと考えている。文脈の手がかりが薄い地区にあって、公共施設を地域でカスタマイズすることで、新しい地域文脈をつくろうとした。そのために、規制緩和ではなく、第三者に説明が可能なレベルまできめ細かくデザイン検討し、関係者合意の仕組みをつくり、将来的にも持続的に地域の主体として取り組むことで実現させてきた。

取り組みの道筋には、地元の主体性やリーダシップが欠かせないことは言うまでもないが、公共空間のデザインという専門性が高く求められるものについて、地元組織に内部化された専門家として関与できたことも、事業推進上その効果は計りしれないと考えている。東京都心だからできたのだという指摘を受けることもあるが、地方都市であっても同様の取り組みは十分に可能であると考える。

地域文脈を解釈し、デザインを介在させて実現される空間とは、結果一つのものに結実するのだが、そのプロセスでは異なる形態になる可能性を有している。コンセプトを実体化するにあたり、条件に照らしてデザイン要素を取捨選択することは既述のとおりだが、その取捨選択には携わるデザイナーの価値観も反映され、また関係者協議や関係する法制度にも影響を受ける。だからこそデザインを説明するアーカイブが必要になる。何が選ばれ、何が選ばれなかったか。なぜそのかたちに帰結したのか。その問いに対する答えは実体化された空間ではうかがい知ることはできないためである。そして、選ばれなかったデザインにも、一分の魂がある。それが、地域文脈の解釈の幅と可能性を残すことにつながるのではないだろうか。

＊1　街並みデザイナーとは、「東京のしゃれた街並みづくり推進条例」（二〇〇三年）の第二〇条に位置づける景観形成重点地区の景観ガイドラインを策定する際に同条第23条により選任された専門家である。

［参考文献］
土田寛「都市デザインプロセスと歴史的文脈に関する考察」『日本建築学会技術報告集』第一七巻、第三五号、二〇一一年二月、三三九－三四四頁

第IV部

再び、フィールドでの模索と展望

第1章 地域文脈デザインのチャレンジ
——都市の現在的課題のフィールドで考える

ここまで読解、定着と段階的に紹介してきた地域文脈デザインは、結局のところ、私たちが生きる物的環境において、過去から現在、さらに未来への発展的なプロセスのなかに見出される何らかの継承的な構造であり、価値だと定義できるだろう。文脈はひとつではないし、もちろん不変でもない。たとえば私たちが環境を見る枠組みのスケールを変えれば、それに応じて異なる地域の構造が見えてくる。大きなスケールの構造は、いくつかの小さなスケールの文脈構造が互いに影響を及ぼし合いながら階層的に積み重なってできている。また、小さな場所であっても、必ずしも単一の文脈に支配されているわけではない。発生の異なるいくつかの文脈が、継起的に持続・変形し、絡まり合いながら、私たちの環境の複雑な質をかたちづくっている。第Ⅳ部では、今日の都市・地域のさまざまな場所に噴出している状況のなかでは、これまでの論／実践のストックで理解・回答できる範疇を超えるものがあるのではないかという問題意識の下で、改めて現在の都市・地域の課題（チャレンジ）に即して、地域文脈デザインを検討してみたい。そうしたチャレンジの例として、

(1)グローバル化・新自由主義の下での開発規模の肥大化、(2)二〇世紀後半に計画・建設された新都市の解体/成熟、そして(3)大規模災害の頻発(とりわけ人為的と言わざるをえない災害)による地域文脈の破断、などを挙げることができる。いずれも、私たちが近代という名の下で推し進めてきた何かが混乱をきたしている状況に起因する動向なのかもしれない。

では、この意味での「チャレンジ」を地域文脈デザインがどのように引き受け、蓄積の点検と更新を図り、そして新しい現実にどのように「チャレンジ」していく可能性があるのか、つまり、この不確実な現代都市において、地域文脈デザインの貢献の「フィールド」を拓いていくことができるかどうか。本部では3つの事例的なルポルタージュを通じて示していきたい。

第一のフィールドは明治神宮外苑である。東京二〇二〇オリンピックのメイン会場となった新国立競技場が立地する。オリンピックゲームがいまやグローバルな都市間競争や大規模メディア資本の経済戦略の場であることは論をまたない。東京二〇二〇オリンピックもまた、そうしたグローバル化、新自由主義経済の影響下で企画され、COVID-19によってその根底をさらわれた。ここで取り上げたいのは、そうした意味でのグローバル化が都市開発にもたらした規模の肥大化という問題群である。その象徴となった新国立競技場の問題を起点に、近代的な、あるいは二〇世紀の都市施設開発と地域文脈との関係を再検討する。

第二のフィールドは、筑波研究学園都市である。高度経済成長期に企図された計画市街地の多くで、今まさに、計画と地域文脈との関係の再編が問われている。建設から時間が経過し、その空間が生きられていく過程で、社会、空間を強力に規定した当初の意図は変化、転換を重ねている。計画という意図と、意図せざる変化との関係が、独自の地域文脈を生み出している。たとえば、筑波研究学園都市では、都市定住者によって田園の文脈化が行われている。そうした具体の事象を見つめるなかから、計画の解体と醸成をポジティブに捉える地域文脈デザインの可能性を探る。

そして、第三のフィールドは、福島県浜通り地区である、東日本大震災の原発事故による被災地である。原発事故災害はさまざまな意味で「見えない災害」である。しかし原発災害は環境を確実に汚染し、空間から社会を引き剝がし、社会は空間を失って浮遊せざるをえなくなった。改めて社会の組み立てと空間の組み立ての対応構造という基本に立ち返り、避難社会という福島の現実のなかでの地域文脈デザインの可能性を思考する。つまり、社会と空間とが分離されてしまった状況（ただし、それは現代社会にあまねく見られる現象なのかもしれない）において、その両者の撚り合わせとしての地域文脈デザインとは何かを考えたいのである。

第2章 神宮外苑の地域文脈——フレームを問い直し、フリンジを再検討する

1 東京二〇二〇オリンピックと神宮外苑地区の再開発

現在（二〇二〇年九月）、既存樹木の多くを伐採することになる神宮外苑の再開発計画をめぐって、肝心のいちょう並木への悪影響も含むさまざまな懸念の声があがり、専門家グループからは対案も示されるなど、大きな議論が起きている。思い返せば、神宮外苑の再開発が、東京二〇二〇オリンピックを巡る問題として最初に提起されたのは、二〇一三年から二〇一五年にかけての新国立競技場の設計案を巡ってであった。二〇一二年七月、神宮外苑の国立競技場とその隣接街区を一体化した敷地を対象に、新国立競技場基本構想国際デザイン・コンクールが実施され、同一一月にはイラク出身の建築家ザハ・ハディドの案が当選した。しかし二〇一三年九月に国際オリンピック委員会総会にて東京がオリンピック開催地に選出される直前、槇文彦が日本建築家協会の機関誌『JIA MAGAZINE』二〇一三年八月号に、「新国立競技場案を神宮外苑の歴史的文脈の中で考える」とい

う論考を寄稿し、ザハ・ハディドによる新国立競技場設計案の問題性を指摘した。その趣旨は新国立競技場の敷地にゆとりがなさすぎること、そして、このような巨大施設は神宮外苑の歴史的文脈からして相応しくないというものであった。コンクールのプログラムの批判を通じて、ザハの設計案についても歴史的文脈と無関係であると否定した。槇の問題提起を受けて、建築の専門家のみならず多くの市民も巻き込んで論争が展開された。結果としては、二〇一五年七月にザハ案は白紙撤回され、仕切り直しとなり、同年一二月には新国立競技場新設計案優先交渉権者が決定するという流れとなり、論争は沈静化していった。二〇一六年三月にはザハが急逝するという不幸もあった。その後は新設計・建設体制の下、粛々と新国立競技場の建設が進み、二〇一九年一一月には大成建設・梓設計・隈研吾建築都市設計事務所共同企業体設計の競技場が竣工した。

この新国立競技場を巡る一連の論争の論点の一つに、神宮外苑地区をめぐる都市計画の変更に対する疑義があった。新国立競技場基本構想国際デザイン・コンクールでは、そもそも該当敷地を含む周辺が風致地区に指定されており、一五メートルの高さ制限があったにもかかわらず（ただし旧国立競技場もスタンド部分ですでに二三メートルの高さがあった）、七〇メートルまでの高さが認められた。コンクール結果公表直後の二〇一二年一二月に国、都、明治神宮、民間企業から神宮外苑地区地区計画（再開発等促進区を定める地区計画）の提案がなされ、二〇一三年六月には都市計画決定された［図1］。そして、以降も二〇一五年四月に「神宮外苑地区まちづくりに係る基本覚書」の締結、二〇一六年九月には新国立競技場の計画・設計変更に伴う神宮外苑地区計画変更が都市計画決定された。

高さ規制緩和を織り込んだデザイン・コンクールが先にありきでの都市計画変更については、そのプロセスについて批判的に検証されるべきであったが、一方で地区計画に基づく地区全体の再開発検討がすでに進められていたことを勘案すると、計画の中身について検証することが必要であった。神宮外苑地区地区計画（再開発等促進区を定める地区計画）では、地区計画の目標を次のように記述していた。

> 本地区は、大正期に整備された神宮外苑の都市構造を基盤として、風格のある都市景観と苑内の樹林による豊かな自然環境を有している。また、昭和三九年の東京オリンピックの主会場となった国立霞ヶ丘競技場をはじめとした日本を代表するスポーツ施設が多く集積し、国民や競技者がスポーツに親しむ一大拠点を形成している地区であり、「二〇二〇年の東京」計画（二〇一一年一二月策定）において、「スポーツクラスター」として、集客力の高い、にぎわいと活力のあるまちの再生が方向付けられている。
>
> 今後、国立霞ヶ丘競技場の建替えを契機として、地区内のスポーツ施設等の建替えを促進し、国内外から多く

［図1］神宮外苑地区地区計画（2013年、東京都都市整備局ウェブサイトより）

の人が訪れる世界的競技大会の開催が可能となるスポーツ拠点を創造する。また、神宮外苑いちょう並木から明治神宮聖徳記念絵画館を正面に臨む首都東京の象徴となる景観を保全するとともに、神宮外苑地区一帯において、緑豊かな風格ある景観の創出、バリアフリー化された歩行者空間の整備など、成熟した都市・東京の新しい魅力となるまちづくりを推進する。（「神宮外苑地区地区計画 計画書」新宿区、二〇一三年）

地区計画の対象となる地区は、神宮外苑を中心に、東京体育館・明治公園、都営住宅などとして利用されていた都有地、新国立競技場や秩父宮ラグビー場をはじめとする日本スポーツ振興センター（ＪＳＣ）の所有地、さらには青山通り沿いの民有地などが含まれていた。地区計画では、地区は大きく、Ａ地区：大規模スポーツ施設、公園、既存施設等の再編・整備を図る地区と、Ｂ地区：聖徳記念絵画館、神宮外苑いちょう並木を中心とした緑豊かな風格ある都市景観を保全する地区とに分けられた。Ａ地区はさらに細かく四地区に分けられ、新国立競技場が建設されるＡ－２地区は建築物の高さの制限が七五メートルに、ＪＳＣの本部があるＡ－４地区は八〇メートルに緩和されているのが特徴であった。

そして、現在までに「スポーツクラスター」としてのまちの再生を目標として、この地区計画を基本に、公園まちづくり制度という新たな枠組みを使って、ラグビー場や野球場を建て替える計画が進められている。本章では、新国立競技場の建設を契機として注目を浴びるようになった神宮外苑地区のこうした動向に対して、地域文脈デザインの視点から新国立競技場着工前に行った検証作業について、報告する。

2　神宮外苑地区の歴史的文脈

聖徳記念絵画館をアイストップとし、広大な前庭といちょう並木のアプローチが中心軸を成し、その周囲に運動施設を配した外苑一帯が竣工したのは、一九二六年である。明治天皇の事績を記念するために生み出されたこの一大苑地は、陸軍の青山練兵場が移転した跡地に造営されたことは知られている。では、練兵場となる前、このあたり一帯には何があったのだろうか。明治東京の郊外として、ただ野原が広がっていただけなのだろうか。実はそうではない。後の神宮外苑となる一帯は、江戸期以来の市街地があった。

明治以前、青山は江戸の市街地の周縁部であった。この地帯には、大名屋敷や旗本屋敷、与力同心の大縄地、寺院などが入り組みながら立地していた。そして、地形に沿って、いくつもの道が通っていた。青山練兵場開設

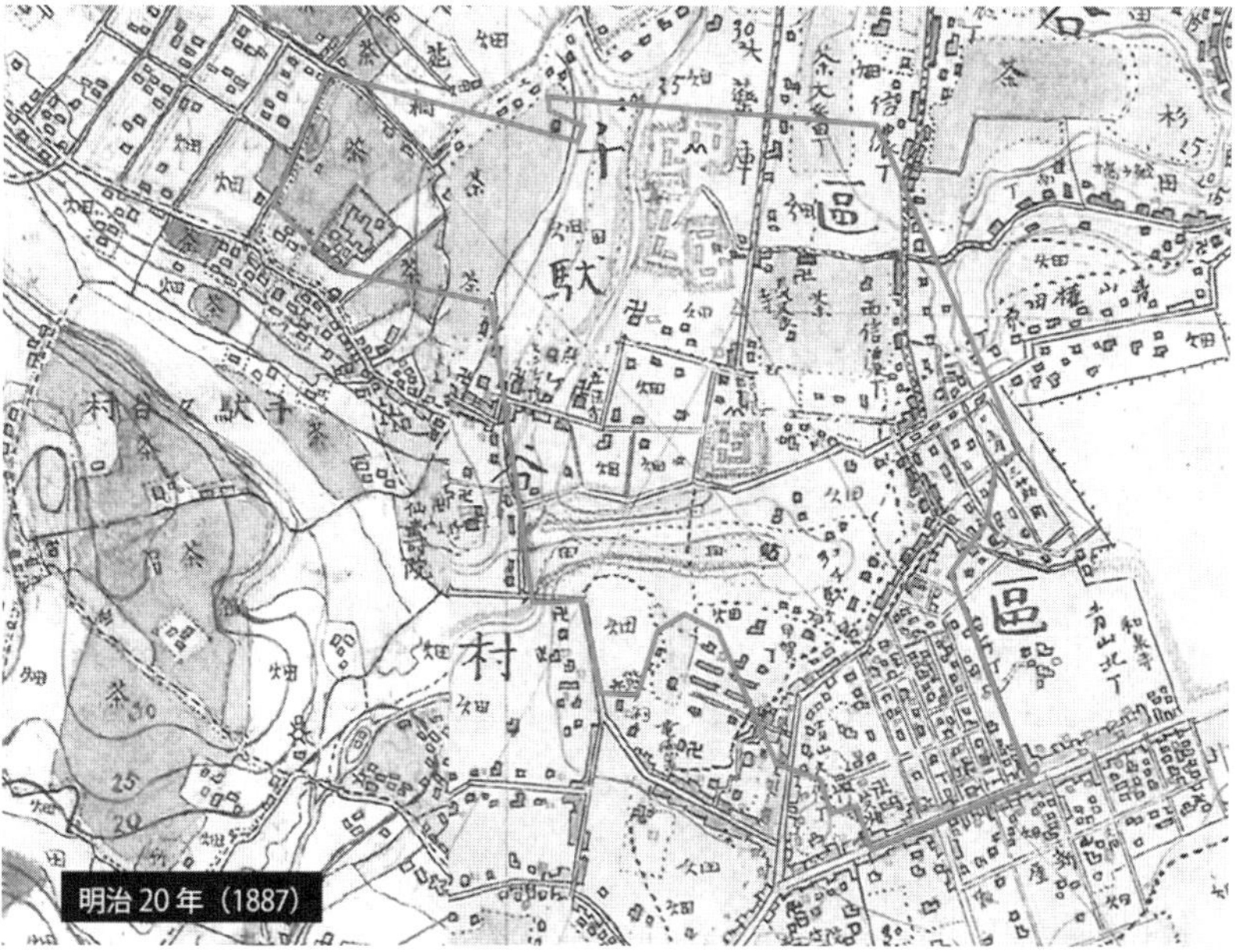

［図2］青山練兵場開設当初の地区の状況（1887（明治20）年）

の翌年、一八八七〔明治二〇〕年に作成された陸軍の測量地図［図2］からも、南北、東西に抜ける道筋と沿道のまちなみ、渋谷川がつくりだす谷地形、そして、茶畑や畑地が織りなす郊外の生活空間の姿が想像できる。青山練兵場、そして神宮外苑は、こうした市街地をクリアランスしたあとに造成されたのである。

一八八六〔明治一九〕年、日比谷にあった練兵場を移転させるかたちで、敷地面積四七ヘクタールに及ぶ青山練兵場が開設された。ちょうど東京では市区改正審査会が設置され、東京の改造計画の立案が進んでいた。青山練兵場の近辺でも、大山街道〔青山通り〕が市区改正設計で二等道路に指定され、拡幅された。一九〇四〔明治三七〕年には青山通りでの路面電車の運転が開始された。一方で、千日谷という谷地と権田原町という高台とが高低差のある地形を含み、青山御所と接していた練兵場の東側にも、一九〇六〔明治三九〕年に電気鉄道が開通した。練兵場の北側に一八九四〔明治二七〕年に開通していた甲武鉄道と、南と東の二つの路面電車によって、青山練兵場の敷地は縁取られることになった。なお青山練兵場は軍用地としての利用だけでなく、日本で最初の万国博覧会の会場にも選定されたが、財政的な理由から実現には至らなかった。

一九一二年の明治天皇の崩御を受けて、明治天皇の事績を記念する施設の造営を求める声が上がり、一九一五年には明治神宮の造営が決定した。明治神宮は内苑と外苑から構成された。青山練兵場が代々木練兵場へと移転した跡地に造営された神宮外苑は、民間有志による組織である明治神宮奉賛会が国民からの寄付を基に計画、設計した。基本計画をまとめたのは、東京帝国大学建築学科の佐野利器、実施設計を担当したのは造園家の折下吉延《おりしもよしのぶ》であった。青山口からいちょう並木のアプローチ街路、芝生の広場を通じて、聖徳記念絵画館までまっすぐに引かれた軸線が景観の中心を形成し、その周囲に樹木に覆われるかたちで競技場や野球場といった運動施設が配された[図3]。樹木密度は軸線から遠ざかるほど濃くなっており、中に入ると広々とした空間が広がる外苑も、周囲から見ると樹林地のように見えるという内と外の対比的な空間構成をとった。なお、竣工と同じ一九二六年の九月、神宮内外苑が都市計画法に基づく全国初の風致地区に指定されたが、その指定範囲は外苑付近では、青山口付近の一部の宅地、および内苑との間の内外苑連絡道路沿道に限定されたものであった。

　戦後、神宮外苑は一九五二年までGHQの接収を受け、米軍将校用のスポーツセンターとして利用された。この時、中

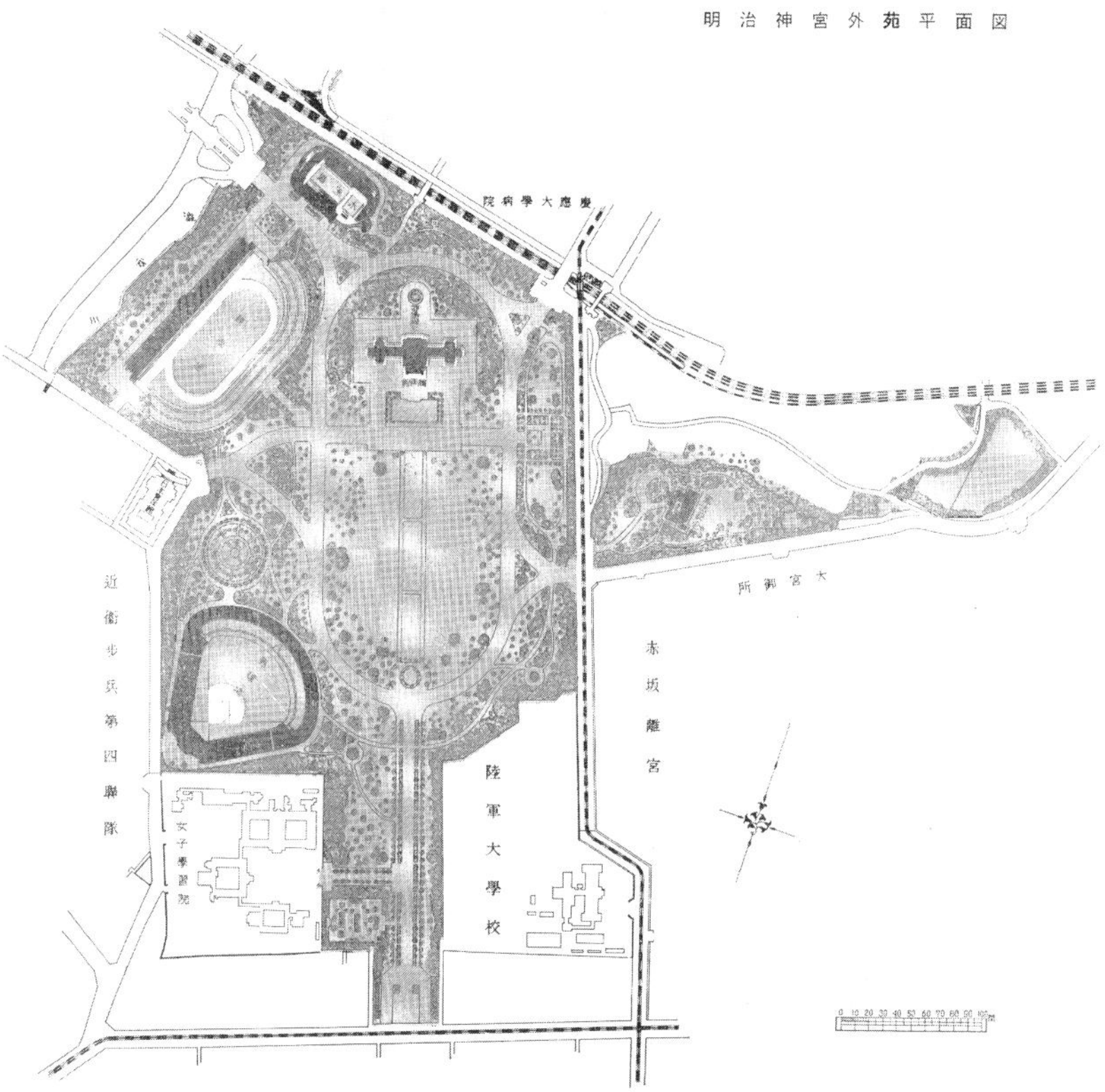

［図3］明治神宮外苑平面図、1918年頃（前島康彦編『折下吉延先生業績録』折下先生記念事業会、1967年）

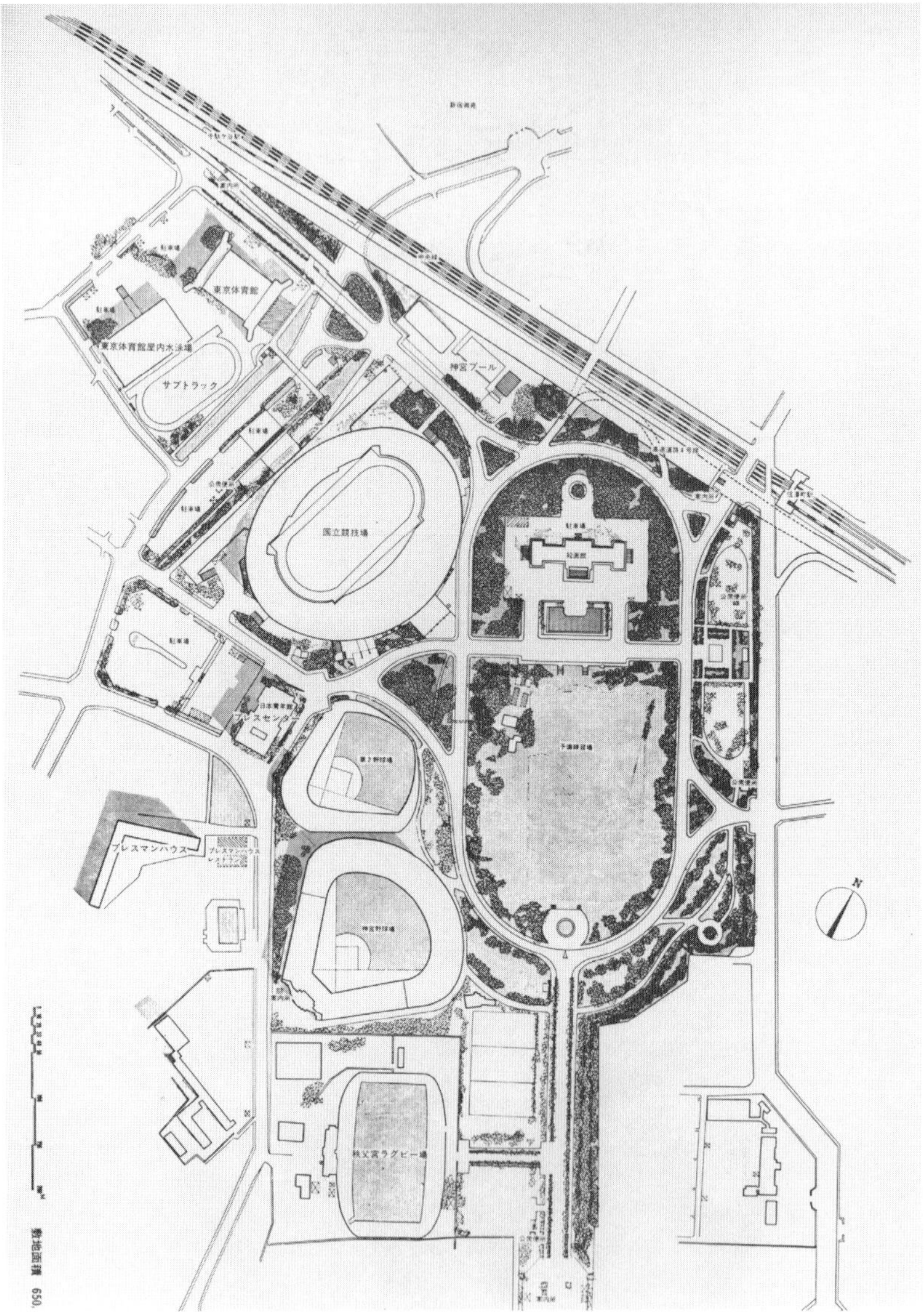

［図4］ 明治公園オリンピック競技施設（『オリンピック東京大会施設作品集』 第1回日本建築祭実行委員会、1964年）

央の芝生の広場は野球場となった。接収解除後、政教分離政策のもと、外苑は宗教法人明治神宮に払い下げられた。なお、いちょう並木西側の土地は、空襲被害を受けて女子学習院が移転したのち、一九四七年にはラグビー場（一九五三年に秩父宮ラグビー場に改称）となり、結局、明治神宮には払い下げられなかった。その後、一九五八年のアジア大会、一九六四年の東京オリンピックの開催に向けて、一九五八年、神宮競技場のあった敷地に新たに国立競技場が建設された。一九六四年のオリンピック時には観客席が増設された。この過程を通じて国立競技場の施設規模は増大し、樹木と競技場との主従関係が逆転することになった。外苑全体としては、明治神宮による土地経営の観点から、第二球場やゴルフ練習場などの施設が相次いで建設されていった［図4］。しかし一方で、戦災復興都市計画に由来する緑地・公園指定を引き継ぐかたちで、一九五七年には神宮外苑一帯に明治公園が都市計画決定され、一九六四年には国立競技場の外縁にあたる部分に、その公園の一部が開設された。また、戦前にごく一部の区画のみに指定されていた風致地区は、戦後、一九五一年に神宮外苑全体へと指定範囲が広がっていた。一九六三年には東京体育館を含め、神宮外苑隣接地も風致地区に包含された。東京オリンピック関連の建設事業が続くなか、公園指定や風致地区指定によって、神宮外苑の空間特性を守るという意識が確かに存在していたのである。

こうした経緯を経て、成立していた神宮外苑一帯にて、二度目の東京オリンピック招致を契機とした再開発が企図され、そのために設定されたのが、先に言及した地区計画であった。

3 フレームとフリンジ

地域文脈デザインが提起する論点

では、こうした経緯を確認したうえで、地域文脈デザインとして、どのような論点が提起できるのだろうか。ここでは、フレームとフリンジの二つに注目してみたい。

現在の地区計画の範囲である神宮外苑地区とは、一九二六年に竣工した明治神宮外苑、および一九六四年の東京オリンピック開催に際しての関連整備地区などを基本として設定された一つのフレームである。このフレームは実に強固である。現在の地区計画に限らず、景観まちづくり関係の諸計画や、あるいは神宮外苑の景観を巡る議論は、聖徳記念絵画館に対する軸線（ビスタ）やそれを中心として周囲に広がる景観の保全を論理の中心に置いてきた。たとえば、東京都は大規模建築物等景観形成指針に基づき、神宮外苑の聖徳記念絵画館へのビスタ景観の背景保全のためのコントロールを行っており、その範囲は神宮外苑のフレームの外側にも到達しているが、あくまでフレーム内の強固な論理、秩序を外延したかたちである。しかし、このフレーム自体が歴史的に生み出されてきたものであって、神宮外苑、そして青山練兵場以前には、存在しなかったものである。

東京二〇二〇オリンピックを通じて、近年、神宮外苑はずっと注目されてきたが、青山練兵場から神宮外苑に至る過程において、クリアランスされた地域の構造について関心が寄せられることはほとんどなかった。かつてフレームが存在していなかった時代、この地区には周辺の地域と一帯を成したムラがあり、連続したミチがあったが、その存在は、現在ではわずかに神宮外苑地区を三分する港区、新宿区、渋谷区の区界に記録されているのみで、完全に思考の外に置かれ、不可視化されている。裏返せば、神宮外苑地区について思考する際、国家的事業としての明治神宮外苑造成というかたちでいわばトップダウン的に設定されたフレームが、その後の思考を規定してきた。そのため前提としているフレームを意識的に、ないし批判的に捉えることがなかったといえよう。そうした状況を踏まえて、この地区の忘れられたムラやミチのレイヤーを、槇らがその重要性を指摘してきた「神宮外苑の歴史的文脈」に挿入してみることで、フレームそのものを検討の俎上に載せること、それがこの地区での読解としての地域文脈デザインとなる。

神宮外苑のフレーム内には、軸線を中心とした強い空間の秩序、景観の構造があるが、それを成立させてきたのは、フレームの外周に向かって密度を高くしてきた樹木、緑地であった。神宮外苑造営当初より、そのフレームの外周にあたるフリンジには十分な緑地が配され、一九六四年の東京オリンピックに向けた整備においても、明治公園が設置されるなど、フリンジはフレーム内の空間とフレーム外の地域との緩衝地帯＝バッファーとして機能していた。このバッファーによって、内部の軸線の空間秩序が担保されていたのである。

新国立競技場を巡って行われた一連の論争の起因の一つは、敷地に対して過大な施設要求の結果として、フリンジでのバッファーの確保が不可能となったことにあると見ることができる。フレーム内部が肥大化したことで、フレーム外とされていた周辺地域との間のある種の断絶が露出し、神宮外苑が特に調停も経ないまま周辺地域に溢出したのである。実際に、竣工した新国立競技場を東側の外苑西通りから眺めてみると、そこには平面に納めることができず、立体公園としてデッキ上に移設された公園が確かに存在しているが、実際に目に入ってくるのは、その下部でぱっくりと口を開けている競技場のバックヤードであり、街路をまたぐ立体公園が生み出す内部を覗き見ることを難しくするゲート空間である［図5］。

強固なフレームがもたらす周囲との空間的な断絶は、第一に動線・回遊面での課題、第二に景観面での課題として捉えられる。それを社会的文脈として捉えれば、超大規模国家的プロジェクトと周辺のまちの多様な主体が織りなす普通のサイズの開発の集積との関係性に帰着する。歴史のなかに埋もれていた時相の異なるレイヤを手がかりとして文脈レイヤを複数化させたうえで。空間的にも文脈を丁寧に紡ぎ直すことは、単一論理のツリー状の都市空間構造を、セミラティス状の都市空間構造へと転換させていくことになるかもしれない。それは二〇世紀に生み出されてきた閉鎖完結系の国家的施設建設プロジェクトを、二一世紀の開放連繫系の市民的地域再生プロジェクトへと転換させていくこととも言い換えられるだろう。

その際、フリンジのありかたが議論の一つの焦点とな

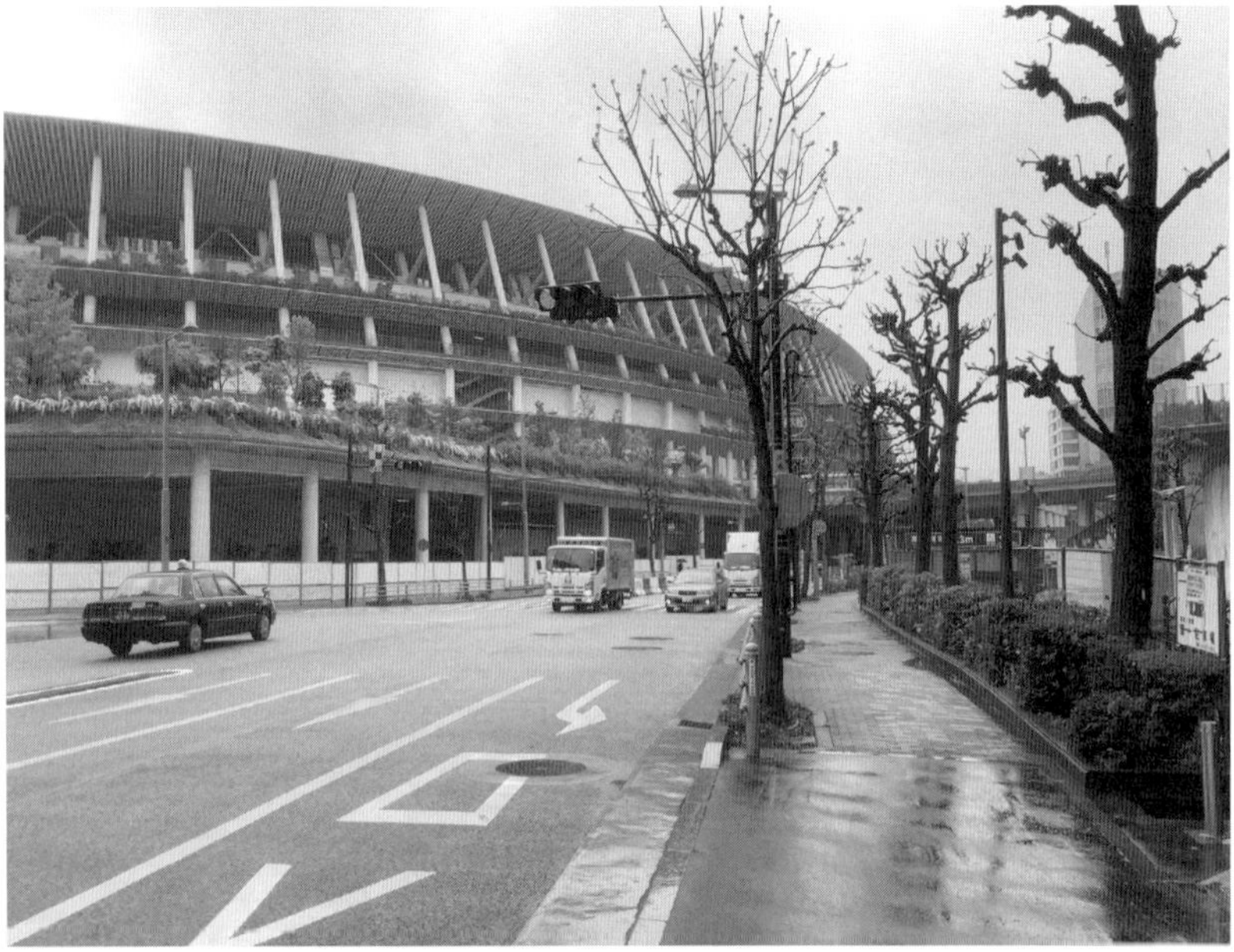

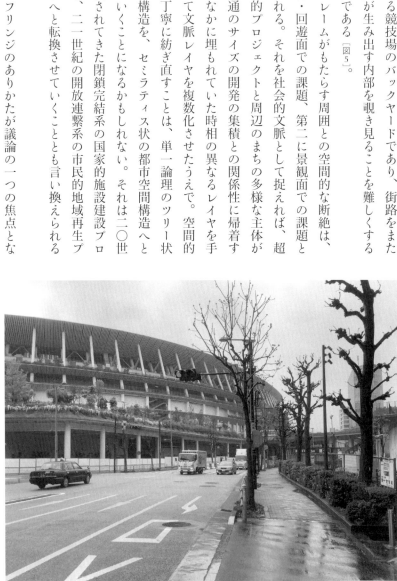

［図5］外苑西通りから見た新国立競技場

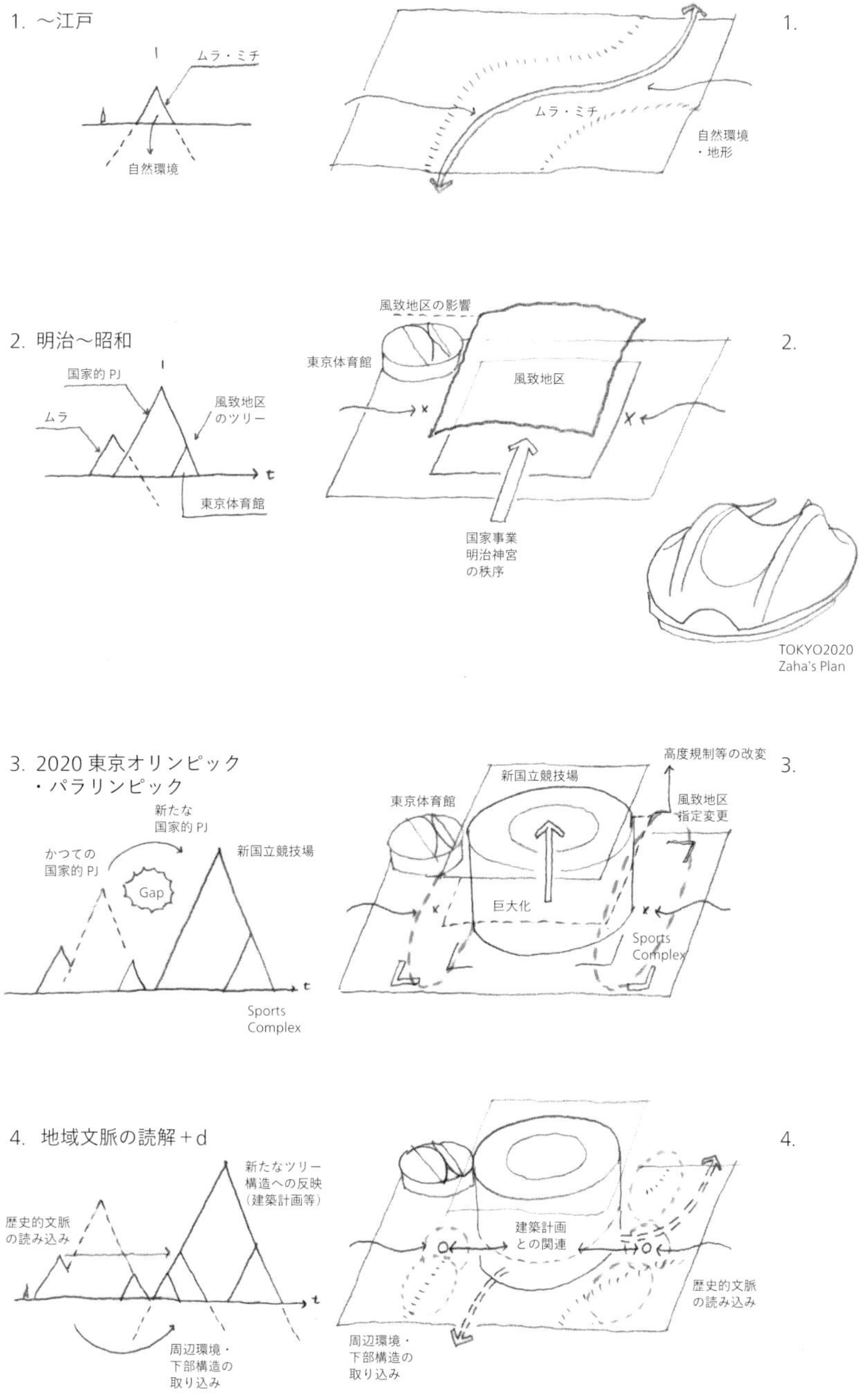

［図6］神宮外苑―国立競技場の地域文脈ダイアグラム

る。十分な緑地などの緩衝帯で異質なもの同士を調停する（直に接しないようにする）という発想が大事だが、すでにフレーム内の肥大化によってそれが難しくなっている場合では、フリンジによって両者を結びつける、紡ぎ直す、溶け合わせるという発想もあってよいのではないだろうか。そして、神宮外苑地区の再生まちづくりについては、フレーム内の土地権利者のみならず、周囲の地域のまちづくりを担うより広範な主体の連携による検討、運営が求められているのではないだろうか。

以上の神宮外苑地区を対象とした地域文脈デザインの視点からの検討を、近代都市計画遺産をはじめとする自己完結型の二〇世紀型都市空間の再整備、リノベーション（文脈の複数化や紡ぎ直し）、あるいは島型の都市再生プロジェクトと周囲との隔絶という問題に接続させ、広く都市のありようの問題提起と、実際の改善につなげていくことが定着としての地域文脈デザインの課題である。

第3章 筑波研究学園都市——地域文脈の解体と醸成

1 計画意図によって枠取られた都市の文脈読解のチャレンジ

筑波研究学園都市は、一九六三年に閣議了解され、一九七〇年に施行した筑波研究学園都市建設法を根拠とした巨大国家プロジェクトによって建設された計画都市である。筑波研究学園都市の建設の目的において、「目的一　科学技術の振興と高等教育の充実」として、高水準の研究教育拠点を形成し、それにふさわしい研究学園都市として均衡のとれた田園都市を整備することが挙げられ、「目的二　東京の過密対策」として、東京に立地する必要のない国の試験研究・教育機関を計画的に移転し、首都圏の人口の過度集中の緩和に寄与することとされた。

その計画コンセプトに表れた文脈は、首都圏の過密化抑止のための分散配置として、①田園都市居住による、②自立型都市の実現といえる。筑波研究学園都市は、東京から一斉集団移転によって、そこで働く人々の官舎と生活施設を一体的に整備された。その建設都市類型は、いうなれば「植えつけられた都市―植民都市」の派生型として、「官舎都市」と解釈することもできるだろう。

本稿は、筑波研究学園都市を事例として、国家プロジェクトによる計画市街地という空間構造の強い規定力のある計画意図の分析を通じて、意図を超えた文脈醸成を読解する。先行する文脈（空間的・社会的・理念）の変化（解体と醸成）のなかで、意図しないネガティブな変化をどのようにしてポジティブに転換していくかが大きな課題となっており、文脈の読解が今後の計画の方向性を検討する上で一つの指針となることを企図したい。そこで、筑波研究学園都市の文脈読解において、今後の計画論的展望に向けて、以下の点を意識して論述したい。①郊外田園地域の構造転換による空間利用（都市生活）の変化を読みながら、定住のスタイルが多様かつ成熟してきている点を評価しつつ、良好な形で空間継承されることを考える。②常につくばのなかで語られる「新旧住民の対立構造」を超えた動きに着目する。③官舎廃止に伴う中心部のドラスティックな変化にあって、その変化に対応していない不変の点として、センタービルを含む中心街区のあり方や今後の検討についてレビューする。

まず、ここで筑波研究学園都市の歴史的な概要を整理したい。筑波研究学園都市について論述するときに細かい時期区分は異なるものの、おおむね三期に分けて考えるのが一般的である［表1］。

第一期は筑波学園都市建設が閣議了解された一九六三年から官主導により都市建設が進められた時期で、おおむね国際科学技術博覧会（つくば万博、一九八五年）の開催が仕上げ的な位置づけとなる。

第二期は、一九八七年に三町一村が合併し、つくば市が誕生し、これにより地方自治体として、行政組織ができ上がり、都市建設から統治、自治の時代に入る時期にあたる。第三期はここまで都市建設から政策が充実してきた筑波研究学園都市に、つくばエクスプレス（TX）が開通したことを契機とした都市の転換を第三期とする。二〇〇七年四月には人口が二〇万人に達し、特例市に移行している。

筑波研究学園都市は、計画的に造成された研究学園地区と旧三町一村の農村部を含む周辺開発地区に大きく分けられる。人口増減のグラフを見ると、元来八万人弱で推移していた旧三町、一村の人口に研究学園都市建設による研究学園地区への人口流入によって、一九八〇年に一二万七〇〇〇人台に急増していることがわかる。その後も人口は研究学園地区で増加を続け、旧農村部においても増加し、旧農村地区だけでも二〇一三年には一五万人に届きそうなほどになっている［図1］。

2 計画都市の文脈

東京から研究機関の一斉集団移転の実施は、三〇超の国の研究機関とそれに付随して三〇〇の民間機関が筑波研究学園都市に移転した。建設された官舎は七七五五戸にも及ぶ。この研究

時期	年代	出来事
第1期	1963（昭和38）年	研究・学園都市の建設地を筑波地区とする（閣議了解）
	1970（昭和45）年	筑波研究学園都市建設法施行
	1971（昭和46）年	「筑波研究学園都市建設計画大綱」を推進本部決定
	1980（昭和55）年	43の試験研究・教育機関等の施設が概成 「研究学園地区建設計画」を決定
	1981（昭和56）年	「周辺開発地区整備計画」を承認
	1985（昭和60）年	国際科学技術博覧会開催
第2期	1987（昭和62）年	つくば市誕生（3町1村が合併）
	1996（平成8）年	「科学技術基本計画」閣議決定
	1998（平成10）年	「研究学園地区建設計画」 「周辺開発地区整備計画」改定
	2001（平成13）年	多くの試験研究機関が独立行政法人化
第3期	2005（平成17）年	つくばエクスプレス開通
	2010（平成22）年	新たなつくばのグランドデザイン策定
	2011（平成23）年	国際戦力総合特区に指定

［表1］筑波研究学園都市の主なあゆみ

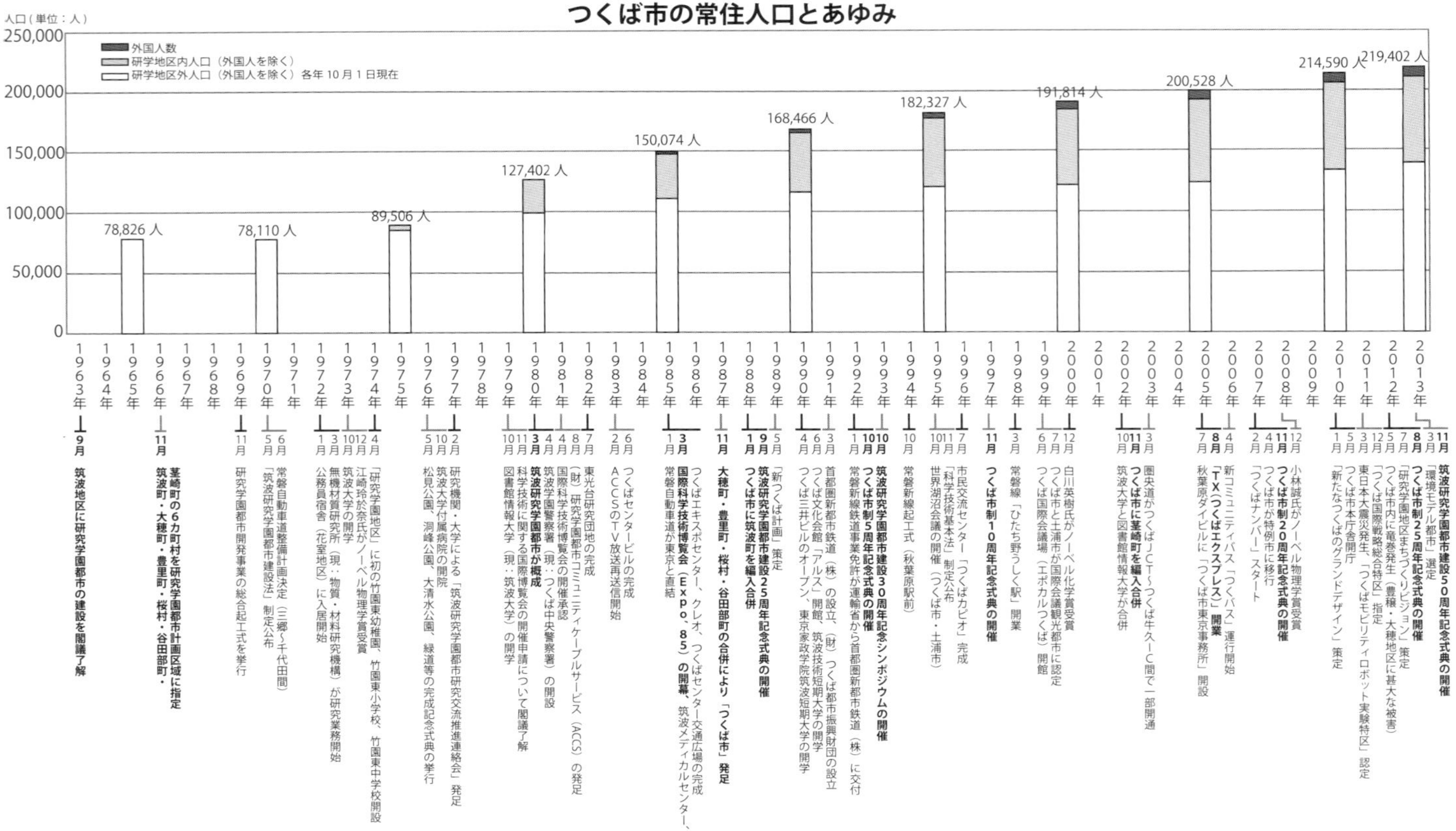

［図1］つくば市の人口（つくば市「統計で見る筑波研究学園都市の50年」を元に作成）

教育機関に勤める特異な単一的属性による住民（植民者）のための都市であることを考えると、筑波研究学園都市は官舎都市といえる。転勤の多い研究者を中心に、その後開学する筑波大生をはじめとする学生も四〜六年間の定期的な人口の入れ代わりが基本であり、常に新しい人が流入することで定着が起こりにくく、都市文化の成熟化が起こりにくい特徴もあるといえる。官舎都市は類型として、社宅街にも似ているが、そこに暮らす従前からの居住者と異なる文化背景を持った移住者という観点から、国際移住の植民地官営企業に近かったのではないか。

茨城県南部の農村地域の台地上の山林に建設されたこの計画都市は、マスタープランに基づいて建設され、自動車を主体とした都市づくりとなっている。東京都心部と直接の交通手段は高速バス、もしくはバスで土浦を経由して常磐線利用するなど、決して都心アクセスの利便性は当初からよくない。そのため生活圏域での生活サービス機能整備につながり、陸の孤島と揶揄されたが、このことが首都圏とは異なる自立型都市形成につながったとも考えられる。

ここで理念としての自立都市、田園都市居住をコンセプトとした筑波研究学園都市で計画・造成された都市空間に着目してみよう。

官舎を中心とした低密度の特徴的な住戸配置計画によって、各居住地区はまとまりをもって計画され、歩車分離による中心部を貫くペデストリアンデッキによって、センター地区へ通じる豊かな歩行環境が実現している。センター地区では、グリッドパタンの単調さを回避するために四五度振った歩行者道路の軸などの設定もあり、一九七〇年代の街区設計技術をさまざまに取り込んだ計画となっている。研究関連施設と職住近接による車利用を前提とした都市構造は、歩車分離の徹底によって、大街区が形成された。自動車道路に接する歩道は広くもあるが街区のエッジは樹林地となることが多い。そのため、幹線道路沿いは空間として貧相であり、夜道は暗く歩ける空間にはなっていないなどの課題はあるものの、都市デザイン上の戦略として、南北都市軸上に形成された公共施設群は機能的である。このように、都市基盤整備による枠組み（道路・街区システムと官舎の立地）に、新規レイヤとして新住民の移住が社会的に編み込まれる構図で、研究学園地区は計画されていった。低建蔽率の緑豊かな空間は、田園生活かは別として、落ち着いた居住環境を生成していった。

3　計画以前の文脈

前述のように理念的に計画、建設された研究学園都市に対して、計画以前の文脈はどのように機能したのか、空間的特質と社会的特質から言及し

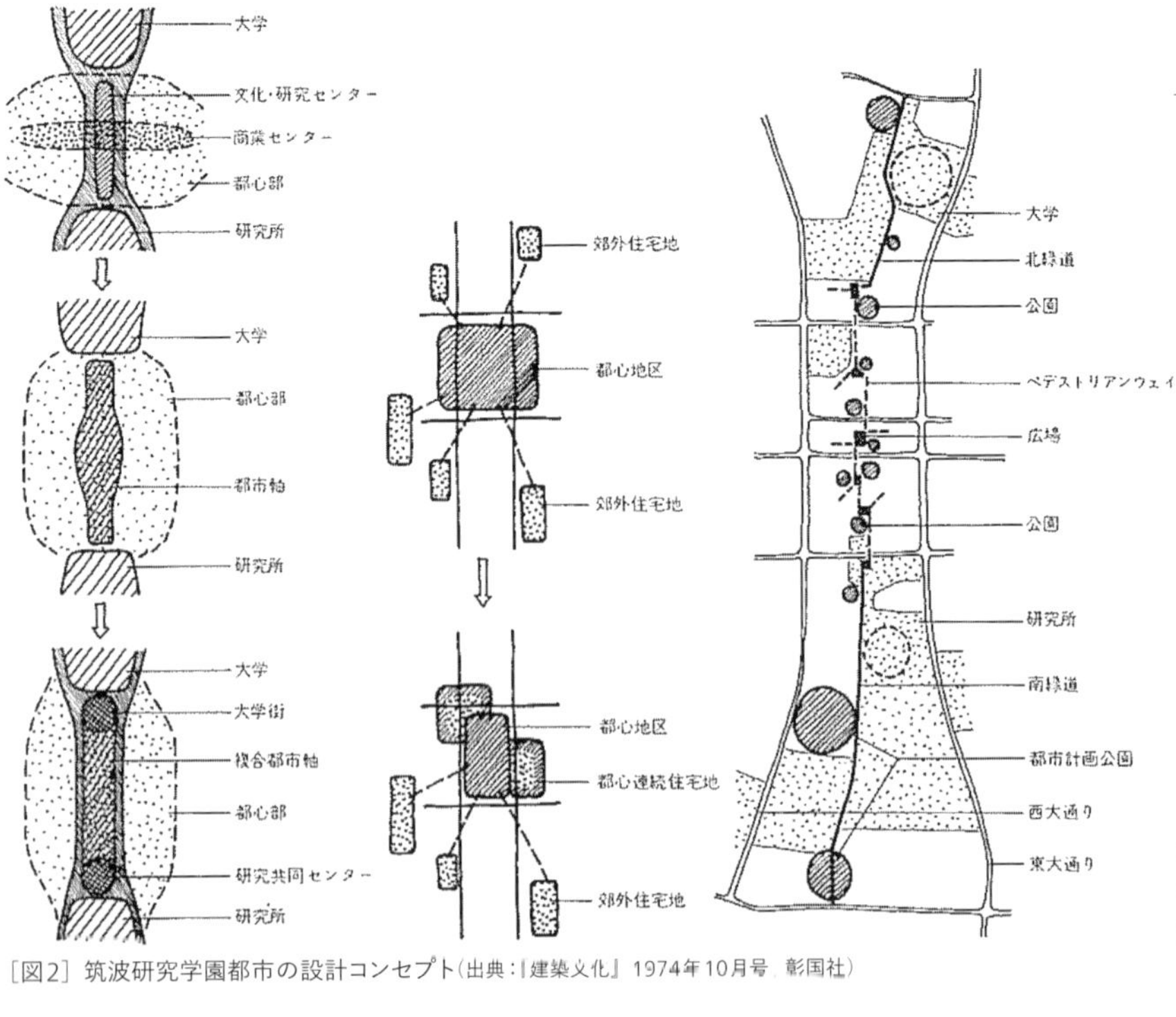

［図2］筑波研究学園都市の設計コンセプト（出典：『建築文化』1974年10月号、彰国社）

ておきたい。

1、空間的特質

地域文脈読解の基本的方法である、過去の形成について着目する。まず研究学園地区が立地している地形的特徴を見ると、本地区は南北に細長く建設されているが、地区の東側には花室川、西側には蓮沼川と二本の河川が流れており、この二つの川に挟まれた台地に立地していることがわかる。そして、この台地は明治から第二次世界大戦直後まで川の水辺付近に立地した農村集落に対する山林部として、原野の林が面的に広がっていた。既存の農村集落は、研究学園都市建設地の台地の縁辺部、谷津田と台地の緩傾斜面に発達していた。このような地理的特徴に研究学園地区が建設されたことは、用地取得が影響している。つまり、既存農村集落を避けるかたちで、面的に土地取得する上で、農業用途として、積極利用していなかった山林部が用地買収されていったのである。上書きがしやすい樹林地を選んで、建設された計画市街地は、既存集落に並置されるかたちで立地した。そのため、建設前後を地形図で比較すると、集落間をつなぐ里道が、計画区域では付け替えなどもありつつ、部分的継承されていることが見てとれる。造成された研究学園地区の幹線道路が東西南北に直行しているため、里道（県道）が地元では近道として利用されているのである。

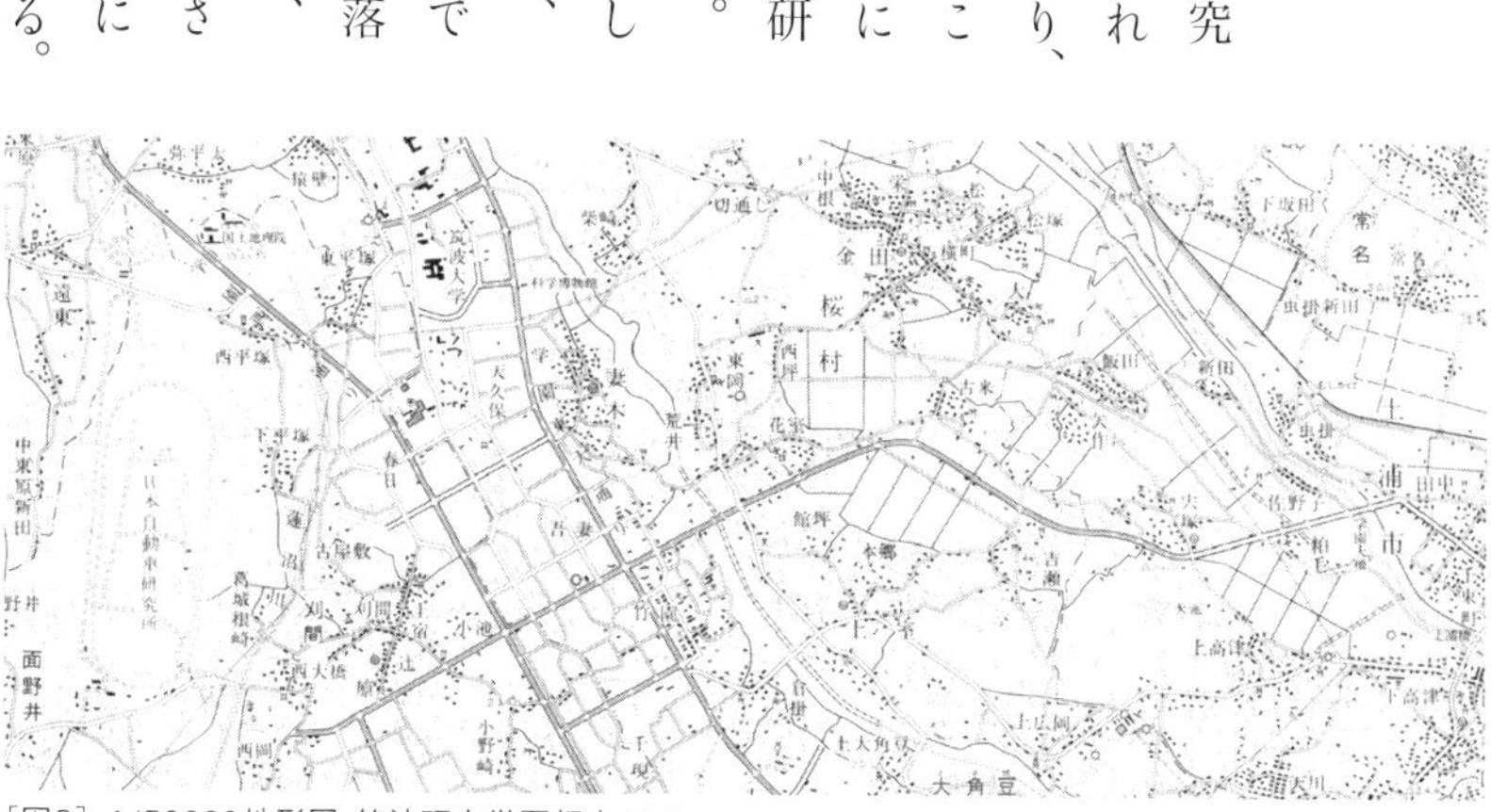

［図3］1/50000地形図 筑波研究学園都市（出典：国土地理院、2005年）

2、社会的特質

次に、社会的特質として計画に関わった人々に着目すると、地元でのヒアリング調査により、筑波研究学園都市建設のための土地買収に応じた土地所有者は、「新・旧住民」であるという。「新・旧住民」とは、近世まで遡ることが可能な伝統的な農家を「旧住民」と呼ぶことに対して、明治、昭和、戦後といった各時期にこの地に入植し定着した流入層のことである。この「新・旧住民」は、主に農業だけではなく、造園業や建設業、柴屋などと呼ばれる職種が多く、そうした樹林管理の面から台地の山林部を所有していたことが多いようである。現時点では、既存集落内に居宅を構えており、一見すると違いはわからない。しかし、伝統的な農家ではない近代以降の入植者によって、次の研究学園地区の開拓の受け皿をつくる構造が見られている点は興味深い。

さらに、筑波研究学園都市に入植してきた新住民と旧住民の関係について、言及していこう。つくばでは、入植してきた新住民と地元に立地していた旧住民の間でコミュニティの融和が課題であった。入植直後の様子を、活き活きと描写した著書に筑波研究学園都市の生活を記録する会編集の『長ぐつと星空』がある。筑波研究学園都市建設の一〇年間の生活誌をテーマに、一九八一年に全三巻、続編も上中下巻で一九八五年に発行された。この書のタイトルである長ぐつと星空は、入植当初まだ道路整備も不十分で、未舗装の泥だらけの道を行かねば生活できず、夜空には星空がよく見えたことが象徴としてつけられている。そして、本書によると、筑波研究学園都市入植第一期では、まだ生活用品を購入するための生活利便施設が整っておらず、生鮮食料品も土浦までバスで買いに出かけなくてはいけないほど不自由していたという。そこで、図らずも入植した主婦層は、旧住民である近所の農家の元を訪ね、さまざまに支援してもらったという。開発途上の道路用地を暫定空間として利用した農業体験や住宅団地での朝市の開催は、一方で物資購入のままならない生活のなかでの必要に迫られた活動という側面でもあった。このようにして、新住民と旧住民の交流は、期せずして農住生活が短期的に実現することとなったが、その後、都市インフラが整うにつれて、新住民と旧住民は疎遠になっていったことが描かれている。

4 計画後の文脈

1、つくばエクスプレス開通による自立都市の文脈の解体

筑波研究学園都市の時期区分として第三期に入る契機となった二〇〇五年のつくばエクスプレス（以下、ＴＸ）の開通によって、東京都心部へのアクセスが飛躍的に向上した。つくばから秋葉原まで鉄道の定時運行により四五分でアクセスすることが実現したのである。ＴＸ開通は、駅周辺の住宅開発を促進し、郊外部に住宅を取得し、東京都心部に通勤するライフスタイルが増加し、ベッドタウン化の進展が見られるようになった。また、研究学園地区の各研究機関への通勤・通学もそれまでのつくば市内居住を前提にした職住近接構造から、都心部から通うことも可能になった。人口はＴＸ開通後も沿線開発などの影響もあり、増加傾向にあるが、研究学園地区での勤務者の人口動態は変わりつつあると考えられる。そのため、これらの変化は、計画の文脈であった自立都市のコンセプトを解体させることになった。これまでに強固な計画による空間構造が、ＴＸを契機として、

ドラスティックな空間・社会的変化と再編によって、そこで生活する市民のライフスタイルも大きく変更しつつある。従来の計画意図をもってつくられた都市の理念の消失と変化に迫られているのではないかと考えられる。

2、センター地区の大転換——解体と空洞化

次にTX開通を前後して、センター地区の状況の変化についても言及しておきたい。

財政健全化政策によって、これまでセンター地区の景観を築いてきた官舎群に廃止計画が立案された。そして、この廃止計画は、東日本大震災の復興財源確保のため加速化し、このことが契機となり、官舎から民間マンション・民間戸建分譲への建て替えが促進され、資本ベースの住宅建設によって、低層低密から高層高密への転換が起こったため、圧倒的な空間変化が起こっている。

TX開通を前に、二〇〇〇年代に入ると大店法の改正によって、つくば市郊外部にはショッピングモールの建設が進み、筑波研究学園地区のセンター地区は空洞化が顕著となっていった。

それまでセンター地区の商業施設として市民の買い物の用を支えてきた「西武百貨店」の撤退はその象徴的な出来事として記憶されている。しかし、歩車分離を徹底した街区構造は、巨大な駐車場を有する郊外型ショッピングモールの台頭により、利便性で劣るという見方もできるだろう。

自立型都市の標榜による陸の孤島化は、センター地区に生活サービス機能を集中させる計画で対応していた。しかし、三町一村合併によってつくば市が誕生したため、市役所が政治的理由もあってセンター地区に立地できないまま分庁舎型運営が長く続いた。そして、ようやくTX開通を機に

つくば市役所を集約移転し、センター地区の終点つくば駅から一つ手前の駅である「研究学園駅」へ立地させることができた。このことにより、行政機能からみた都心の重心は西側に移動したと見ることができる。このような、周囲の急激な変化のただなかで鎮座する磯崎新設計によるつくばセンタービルは元来何もない原野に都市を立ち上げることをコンセプトに、むしろ廃墟のように立ち上がることとしたが、ついに都市化が追いつき、皮肉にもそれを追い抜き空洞化する時代となったということもいえるだろうか。

センター地区では、ペデストリアンデッキなどの公共空間のメンテナンスが課題となっているが、つくば市では、つくばセンタービルの改修に二〇二〇年から取り組んでいる。TX開業などによって動線が変化したことや周辺環境の変化に対して機能更新ができていないという課題認識の下、市内周辺の状況変化を踏まえたつくばセンタービルの役割を位置づけ直し、空間を継承しつつ、市民サービス機能を充実させ、動線改善する計画を進行中である。

3、周辺部の都市化の進展――田園都市居住コンセプトの醸成

さらに、筑波研究学園都市の周辺部に着目し、自立都市ともう一つの文脈として重要な田園都市居住について検討したい。つくばでは、新住民である研究者層の転勤による流出と回転率の速さが、その居住傾向に対する特徴であるが、市内での住み替えもまた高頻度で発生していた。東京から官舎へ、そして外縁部の戸建て住宅といったように外部（主に東京）から中心（研究学園都市中心部）への流れとその後、中心部（市街化区域）から周辺（調整区域）へという流れが起き、外縁部へ居住空

間が染みだしていくようないわゆる住宅すごろくの流れが存在する。

さらに、商業に着目しても、自動車の機動力を前提とした農村部での多様な活動領域の広がりがあり、カフェやレストランなどの郊外部や旧集落内への出店も少なくない。大都市とも郊外とも異なるライフスタイルの展開が発生している。こうした田園地域の店舗や住宅や田園都市生活は、T

［図4］筑波研究学園都市官舎廃止前後の様子（©2022 Google）

［図5］ムック『知的な田園都市の生活マガジン つくばスタイル』枻出版社、2004年

Ｘ開業以降、「つくばスタイル」としてつくばのブランディング化も展開している。そして近年計画造成された緑住農一体型住宅地の試みでは、住宅前面部に景観緑地を設定し、緑の景観ガイドラインと裏庭での農業活動が行える住宅地開発など、その特徴的な試みを都市計画的にも後押しする事業なども展開している。

こうした試みは、ＴＸ開通による住宅取得の選択肢を増加させ、つくば市の高い教育水準から顕著な人口誘因となっているという。そのため、新住民（研究機関勤め・茨城県外からの移住者）にさらに新・新住民（一般企業勤め・茨城県内移住者）が加わっている構図となっている。ＴＸ開通によって、東京都心部の通勤圏として機能し、ベッドタウン化が進展し、逆に東京からの通勤も可能になり、非居住就労者も増加することで、自立都市のコンセプトは希薄化しているが、筑波研究学園都市の周辺開発区域では、徐々に田園都市居住の文脈は多様な居住形態と合わせて醸成されつつあるのである。

5　小結——文脈の解体と定着の同時進行性

当初から「計画の文脈（自立都市）」には、居住対象が特異な単一属性であった点に矛盾があり、計画実現を困難にしていた。その後ＴＸ開通

［図6］緑住農一体型住宅地（中根・金田地区）

を契機に、都市－農村の関係は「計画後の文脈」として再編され、自立都市の文脈の解体が新規居住層の流入と定着を生み、田園都市居住が醸成する流れにある。筑波研究学園都市の計画の文脈は、元来単一的な、統一的なコンセプトに基づく都市建設であったが、TX開通によるこれまでの閉鎖的な自立都市は解体され、多様な居住者による断片の集合によって、固有性をもった田園都市居住が醸成されつつあり、多様な固有性を蓄積してきている。これは、居住者の生活空間への関与のしやすさとも共鳴していると考えられる。筑波研究学園都市郊外の個別の活動は多様で、空間づくりに関与しやすい柔らかさが存在するが、一方でこれまで研究学園地区は、官により定められた計画の文脈に則り枠組みに固められた空間であった。今後、再生にどれほどの市民が直接に関与しながら、ビジョンを実現していけるかが問われているだろう。

［参考文献］
筑波研究学園都市の生活を記録する会編『長ぐつと星空――筑波研究学園都市の十年 全3巻』ふるさと文庫（筑波書林）、一九八一年
筑波研究学園都市の生活を記録する会編『続・長ぐつと星空――筑波研究学園都市のその後 上中下』ふるさと文庫（筑波書林）、一九八五年

第4章
福島原発事故被災地——破断と再編

1　見えない災害

原発事故災害は様々な意味で「見えない災害」である。

たしかに二〇一一年三月の東北地方太平洋沖地震の影響は福島でも小さくはなかった。津波もまた、岩手や宮城だけでなく、福島の沿岸部の集落にも壊滅的な被害をもたらした。それは目に見える。本書でみてきた建築集合、都市空間、集落空間、生態環境のそれぞれに地震や津波は形ある被害をもたらした。だが放射能（放射性物質）の汚染はまったく異質だ。

一二市町村で行政的な避難が行われた。自主的な避難を含めると数十万人が多かれ少なかれ自分のまちや村を離れたと言われている。一二市町村の「避難指示解除準備区域」を二〇一七年春までに歩いた読者はいるだろうか。もちろん訪ねても人に会うことはまずない。家々が見えていても、なかに誰もいないことがわかっている。そのことは微かに、しかし確かに感じられる。その「不在」こそが原発事故の特徴であり、逆説的に可視的だということはできる。

人々がいなくなった場所では、何も起こっていないように見えるのに、除染の名のもとに建物が壊され、宅地や農地から土が剥ぎ取られていった。その光景はいかにも奇妙だった。やがて更地になり奇妙に明るくなった市街地も、延々たる圃場整備後の農地も、その人間化された環境があっという間に植物や動物に取り返されていった。住民の帰還は捗らない。いったい、放射能による環境汚染とは何だろうか、またその除染とは何だろうか。

他方、場所から引き剥がされた人々の動きもまた、容易にその全貌を知りうるような類のものではない。それは文字どおり浮遊し、転々と動き、揺れ惑い、ときに匿名化し、それぞれの共同体や職場や学校、それぞれの家族や個人によって異なる個別の事情に引き裂かれてもいる。

そして、福島の実情を見たり、地域再建を支援したりする人々が少ないためか、情報に立体性がない。津波被災地にあれほど多数の建築関係者が押し寄せたのとはきわめて対照的である。マスメディアは視聴者に、苦悩のなかから立ち上がろうとする被災者個人への共感を求め、また他方では原発の事故そのものと格闘した技術者たちの決死の覚悟に刮目を迫るが、避難にせよ汚染にせよ、あるいは地域再建にせよ、その特質、構造、プロセスの全体を伝えてはくれない。フォーカスは人物と原発にあり、風景が排除されている、風景の動きが。

他方で福島は、原発災害という特殊な条件下にあるだけではない。どの地方とも同じように、人口減少や高齢化に直面し、集落共同体や自治体の存続もいずれは危ぶまれることがわかっていた。各自治体の役場職員などの実感を聞くかぎりでは、原発事故でそれが一〇〜一五年ほど早く到来してしまったというところのようだ。たとえば震災一〇年後の各集落住民の帰還率が発災前の二〇%といった数字に直面してその意味するところを理解しづらいこともまた、この災害を「見えない災害」にしているのではないか。

ところで、一般に災害は、それが自然災害だとしても人間社会が示す反応の表現である。実際、どんなに地震や津波が起きても人が住んでいなければ災害に数えられることはない。破壊、避難、再建などのすべてが災害過程のなかで表現される。つまり地震や津波は人間社会への入力であり、災害は人間社会の出力の総和として定義されるわけである。しかし、これまでのスケッチで察していただけたように、原発事故災害の場合、それがどのような全体像をとるのかさえ、必ずしも理解の努力が払われているとはいえない。言い換えれば「見えない災害」としての放射能災害をいかに可視化するかという問題に解決を与える必要がある。他方で、本書においては、福島の原発災害の理解や復興のデザインにおいて、地域文脈論がどのように役立つのかを見定めることが基本的課題となる。

筆者はNPO福島住まい・まちづくりネットワークによる地図集『福島アトラス』[*1]の制作プロジェクトに携わってきた立場から、その着眼や取り組みをふまえてこの課題にアプローチする。なお地域文脈デザイン小委員会では、同NPOの協力をえて二〇一七年六月にメンバーによる福島の視察を行い、これをベースに、同年九月に開催された日本建築学会大会でのパネルディスカッション「地域文脈デザインの貢献のフィールドを拓く：三つのチャレンジ、そのルポと討議」にて広く議論を行った。

2 社会と空間

原発災害からの地域復興のデザインにおける地域文脈デザインの有効性をどう考えていくか。結論からいえば、福島の現場に即して考えることで、「地域文脈」は先行するものとデザインするものの適合という二分法的な図式を超えて、地域文脈それ自体のダイナミックな変形過程への介入方法として捉え返されるのではないかと考える。地域文脈論は、何らかの文脈読解を伴うはずだから、その土台として「社会空間構造論」という都市史研究の典型的なフレームワークを活用してみよう。

あらゆる都市は、社会の組み立てと空間の組み立てとが対応づけられる構造として理解されうる。空間は社会によって命を吹き込まれ、また社会は空間的な大きさや配列などによって定着されるという相互の補強関係がある。家には家の、町には町の、地区には地区の、都市全体には都市全体の、それぞれのレベルで空間と社会が噛み合った世界を組み立て、それが積み重なっているのだ。もちろん社会と空間の結合は動かしがたいほどに固定的なものでなく、一定の冗長性（あそび）をそなえており、常時小さな組み換えが起こっているのがふつうだ。こうした見方は、じつは形式と内容の照応というきわめて一般的な私たちの認識図式の一例である。言語におけるシニフィアン（意味するもの、音の配列）とシニフィエ（意味されるもの、内容）も同型だ。そう考えればわかるとおり、都市の社会空間構造論の見方は、典型的に構造主義的なものであるといってよい。

さて、福島の避難一二市町村には多様な集落がある。そのそれぞれが、自然の地形や動植物と人工物とによって編まれた空間的環境の組み立てと、そこに展開される人間集団の組み立てをもち、それが互いに補強しあって固有の構造をなしている。もちろん、それぞれの集落が互いにまったく異質というわけではない。一定の型がある。たとえば「迫《さく》」と呼ばれる谷戸ひとつに一五軒前後が張り付いた農村などはよく見られるもので、ひとつの典型といえよう。その谷筋の頂部に溜池があり、江戸時代から三〇〇年あまりにわたって一五軒の共同体で維持され、この水で谷戸に開かれた水田を潤している。その収穫が税などの移出分をふくめてこの一五軒の経済をなす基本単位となってきたのである。もちろん近隣あるいは遠隔地との様々な交通関係もあるが、里山も含めてこの共同体の緊密な組織構造に従ってこの世界は管理運営されてきた。それが、この集落の社会空間構造のざっとした素描である。もちろん、近世中後期、あるいは高度経済成長期以降などは、比較的大きな経済構造の変化にさらされたであろう。それでもこの環境的な世界の社会空間構造的なまとまりは壊れることなく維持されてきた。そうした一つひとつの世界が一定の固有性や自律性をもち、互いに連接しあい、交渉しあい、積み重なって浜通りや阿武隈山地などと呼ばれるより大きな環境に埋め込まれている。

原発災害はこの環境を汚染し、空間から社会を引き剥がすことになった。社会は一時的にせよ空間を失って浮遊せざるをえなくなったのである。

3　避難社会の動態的な文脈

空間（場所）から引き剥がされ、根を失って浮遊した人々の動きの総体を、「避難社会」と呼んで括ってみよう。もちろん、バラバラな動きの総和を意味ある社会として捉えうるのかという疑問はあろう。しかし、あえて言葉を当てることによって、少なくとも他に融解してしまわないその固有の特質を見ようとする私たちの構えが生まれる。

数字を挙げてみよう。原発事故直後の避難者総数は四七万人と推計されており、発災一〇年にあたる二〇二一年三月時点の復興庁統計でもなお避難者数は四万人強とされている。災害はまだ続いている。発災初期の四七万のうち、自主的な避難をのぞき、行政的な判断に基づく避難が行われたのは全一二市町村であり、その避難者は約九万七千人であった。以下では主にこの範囲に視野を絞って避難社会を考えるが、その内実もきわめて複雑である。ごく短期間のうちに郷里に戻れた人もいれば、今後も帰還が許される目処が立たない人もいる。汚染と避難指示、除染事業の範囲、補償、原発や中間貯蔵施設の立地など、多様なファクターによって避難社会はむしろ引き裂かれているといった方がよい。しかしそのこと自体、他にはない特質であることも強調しておきたい。

さて、最初期の避難は、ある程度までは役場などの手配したルートや目的地を共有した集団として、また同時にかなりの程度まで個別的な縁故を頼ってめいめいに、まずは郷里を離れる方向へと離散した。こうしてはじまった避難生活だが、さまざまなデータによれば最初の五~六か月はきわめて頻繁な移動を強いられた。車中や親戚宅、体育館や公民館、旅館やホテル、公営住宅の空室などを転々とし、ようやく八~九月に仮設住宅に入るが、その頃には若い世代や子供たちのなかには都市部に溶け込みはじめた人々もいる。その後も人々はさまざまな判断を迫られ、動いてきた。発災一〇年後の現在も、避難指示が解除されても帰還率が二割に満たないところも少なくない。先にいまなお避難者四万という数字をあげたが、避難社会は不安定で流動的であり、また匿名化しやすい面もあり、数字が実態のすべてを表すとは限らないことに注意しなければならない。

その避難社会を可視化することは、地域の再建を考えるうえで決定的な意味をもつ。本書でいう地域文脈は、基本的には物的・空間的な環境の組織（構造）のことであり、ほとんどの章や事例では実際そのように使われているだろう。しかし、ここではC・アレグザンダーがデザインのあらゆる条件をすべて文脈（コンテクスト）と定義し、また「都市はツリーではない」と主張しながら人の意識や身体が歩道・コイン・新聞ラック・信号といったものと連鎖的に関係を生み出していく様を描いたことを想起したい。つまり文脈は動的であり、空間だけで定義できるものでもない。かといって、社会によって空間を意味づけることも容易ではない。社会そのものが動き、変化している。それは三・一〇までの社会ではない。その動的な社会が、郷里をふくむ地域の空間を再発見し、自らのさらなる変化を賭して新たな結びつき（社会空間構造）をつくり出していく営みこそが、おそらく復興だからである。

そこで、避難社会を可視化する試みのひとつとして、NPO福島住まい・まちづくりネットワークの膨大なインタビューをとりあげよう。同NPOでは、二〇一一年夏以降、仮設住宅団地での生活をはじめた居住者の語りを収集した。そこには「故郷を離れてどのように移動してきたか」「故郷に帰りたいか否か、その理由は」といった問いをめぐる語りが必ず含まれている。図1は、同データからあるひとつの家族だけをとりあげ、彼らが発災六年後に復興住宅に入居するまでの移動をすべて描いたものである。彼らがつごう一一か所の〝すまい〟を転々としたこと、その道程のなかで家族の離合も経験したことなどがわかる。この例は決して特別なものではない。膨大なデータを概括すれば、避難者は二〇一一年三月から八月まで（仮設住宅入居まで）のたった五か月の間だけでほとんど例外なく六～八箇所ほどの避難先（体育館、公民館、ホテル、公営住宅空室など）を移動しなければならなかった。試みに同様の地図を数十ほどの家族について描いてみればすぐさま明らかになるのだが、線が描き出す図柄はまちまちであり、その背後にいかに個別的な事情や縁故が作用していたかが透けてみえる。しかし、同時にある意味でむしろより重要なのは、そのばらばらな動きの「線」を重ね合わせた錯綜のなかに、一定のパタンが見出されもすることである。

避難者はまず故郷から遠くへ離れようとした。とくに子どもを抱える親たちは、避難者を受け入れてくれる自治体や、自分自身の親戚・縁者を求めて、北海道から沖縄までのあらゆる場所に移動したが、比較的避難者が集中したのは関東地方および日本海側の富山・

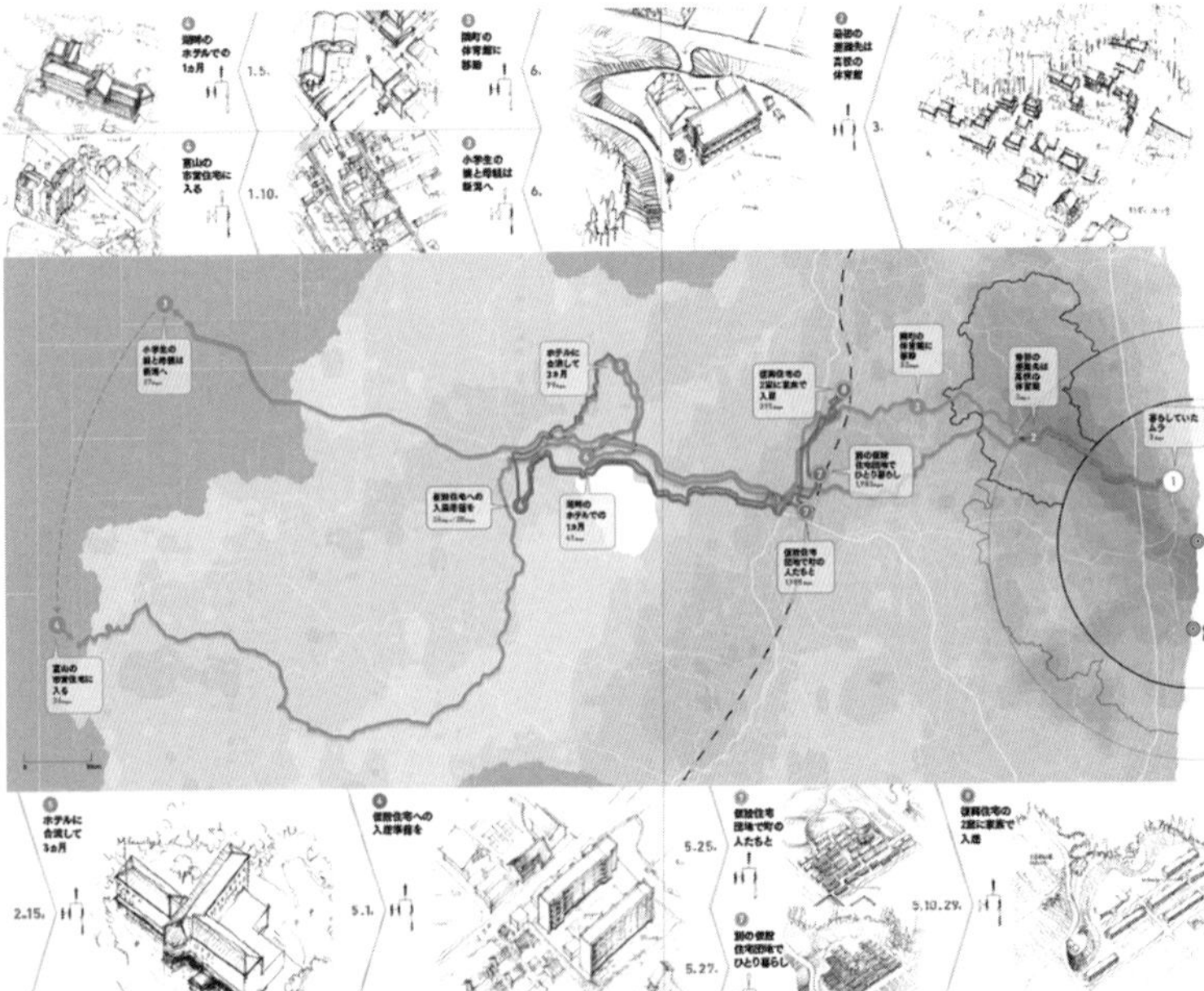

［図1］ある家族の移動と住まい：避難から復興住宅まで
（『福島アトラス02――避難社会とその住まいの地図集』2018年）

新潟・秋田などだった。こうして、初期の約三〜四か月間、避難社会は地理的にどんどん分散的に拡大したのである。これを避難社会の第一段階とみることもできるだろう。

しかし、発災から三〜四か月後にはすでに移動パタンは変化を示している。仮設住宅団地の建設状況や入居時期の情報が伝わり、そこに向かって線が収斂しはじめるのである。仮設住宅は県が整備するものだが、その団地は被災市町村ごとに立地を決めている。その立地が、被災一二市町村をとりまくように、人口数万から三〇万程度の主要都市に選ばれており、各市町村の郷里へ片道二〇〜四〇分程度で通える距離が一般的である。ここから二〇一七年春くらいまでが大きくみれば避難社会の第二段階ということになるだろうか。仕事や学校などの事情を抱える比較的若い世帯が新しい住居を構えようとしたのもこのような主要都市群であることに留意したい。仮設入居の時点ですでに高齢者とのあいだの分岐ははじまっており、これは第二段階を通じて進んだ。

この間、いわゆる除染事業が進められていたわけで、二〇一七年春には多くの避難解除準備区域では避難指示が解除されて帰還がはじまる。ここからが第三段階だろう。高齢者が仮設団地から郷里に戻りはじめ、若い世帯は主要都市圏に定着を強めるのだが、しかし週末には故郷に帰り、親や近隣の高齢者たちを訪問したり、家屋、墓地、農地や山林などの管理・修繕をしたり、人々と情報交換をしたり、お祭りを運営したりする関係が広く維持されている。つまり、第三段階の避難社会は、複数の拠点の間を往復する人々の集合体であり、多拠点的な状態で今後の家族や地域のあり方を中長期的に模索するコミュニティのありようを示している。典型的なのは葛尾村で、一二〇〇人の人口は地震前の一五〇〇人より少ないが、村内に三〇〇〜四〇〇人、避難先の三春町周辺に八〇〇～九〇〇人が住み、移住者が増加して数十人から二〇〇人に迫ろうとしているという。拠点の立地や性質は、勤務先あるいは生業など個別の事情によって当然多様だが、重要なのは避難社会が地理的に郷里と避難先との両方にまたがったかたちで展開しており、新規移住者もあり、全体としてはさまざまな新しい機会や生活が生み出される可能性が増えた面もある、ということだ。それは農村の生産者が都市消費者と身近に接する機会を増やしたこととひとつをとっても決して無意味でないことが想像できるだろう。

復興はこのような避難社会の動きの延長線上にしかない。その動きは、深いところで近世以来の地域の歴史とつながっており、直接には発災前の地域共同体の変形としてある。すでに衰退の現実と再生の努力を経験しつつあった地域共同体が、避難のプロセスのなかで自らを変化させてきたのである。その避難社会の変形パタンをさらにその先へ展開させていくような思考こそが、復興像をデザインするうえでは求められる。言い換えれば、動態としての避難社会こそ、復興デザインが踏まえるべき地域文脈のひとつなのだということである。

4 領域的世界性をもつ空間環境の文脈

では、このように刻々と変化していく避難社会は、自らの郷里の空間をどのように読み直していくのだろうか。

まずその前提としての歴史的蓄積の厚みはやはり無視できない。この点で注目すべきは、「部落史」などと呼ばれる、いわゆる大字単位の歴史が住民によって紡がれてきた例が少なくないことだ。先に迫と呼ばれる谷戸地形にふれたが、これも浜通りのある集落に仮設住宅団地からいち早く帰還を決めた方が教えてくださったもので、彼の集落では彼自身も執筆者として参加した立派な部落史がある。同書に含まれる集落図（地図）はきわめて興味深い。そこには一般的な地図には決して載ることのない小さな地名の数々が丁寧に採集されている。迫にも名前がある。「兎迫」「どじょう迫」「松太郎迫」などという具合で、これらは小字名とは別にある。こうした迫は大迫とも言われ、これに連なるより小さな谷戸は「小迫」と呼ばれるというが、これは同図にも載っていないから、いわゆる民俗的知識の襞の深さ、いわば表面積の大きさを思い知らされる。もちろん、溜池にも名前があり、そこから河川に注ぐ小さな沢に沿ったひとつの大迫が空間環境のひとつの単位をなしている。

つまり、地球がつくってきた地形が先行し、分水嶺で囲まれた小さな谷戸の世界に分節される。これを見出した人が入植し、山裾に屋敷を構え、北西にイグネと称する防風林を植え、谷戸の要に溜池をつくり、向かい合う山に手を入れて、そのあいだに挟まれた谷を不連続な水平面が連接する農地へと改変して営んできた。こうした美しい秩序のまとまりを『福島アトラス』プロジェクトでは「環境世界」と呼んでいるが、これは地域文脈デザインの単位ともなる。一定の境界があり、その内側が領域として認識され、緊密な秩序をもって編成・運営されていること、つまりその全体性こそが「世界」という言葉を使う理由である。

こうした環境読解の格子を手に入れるには、何よりも住民との対話が近道であり、なおかつ実り

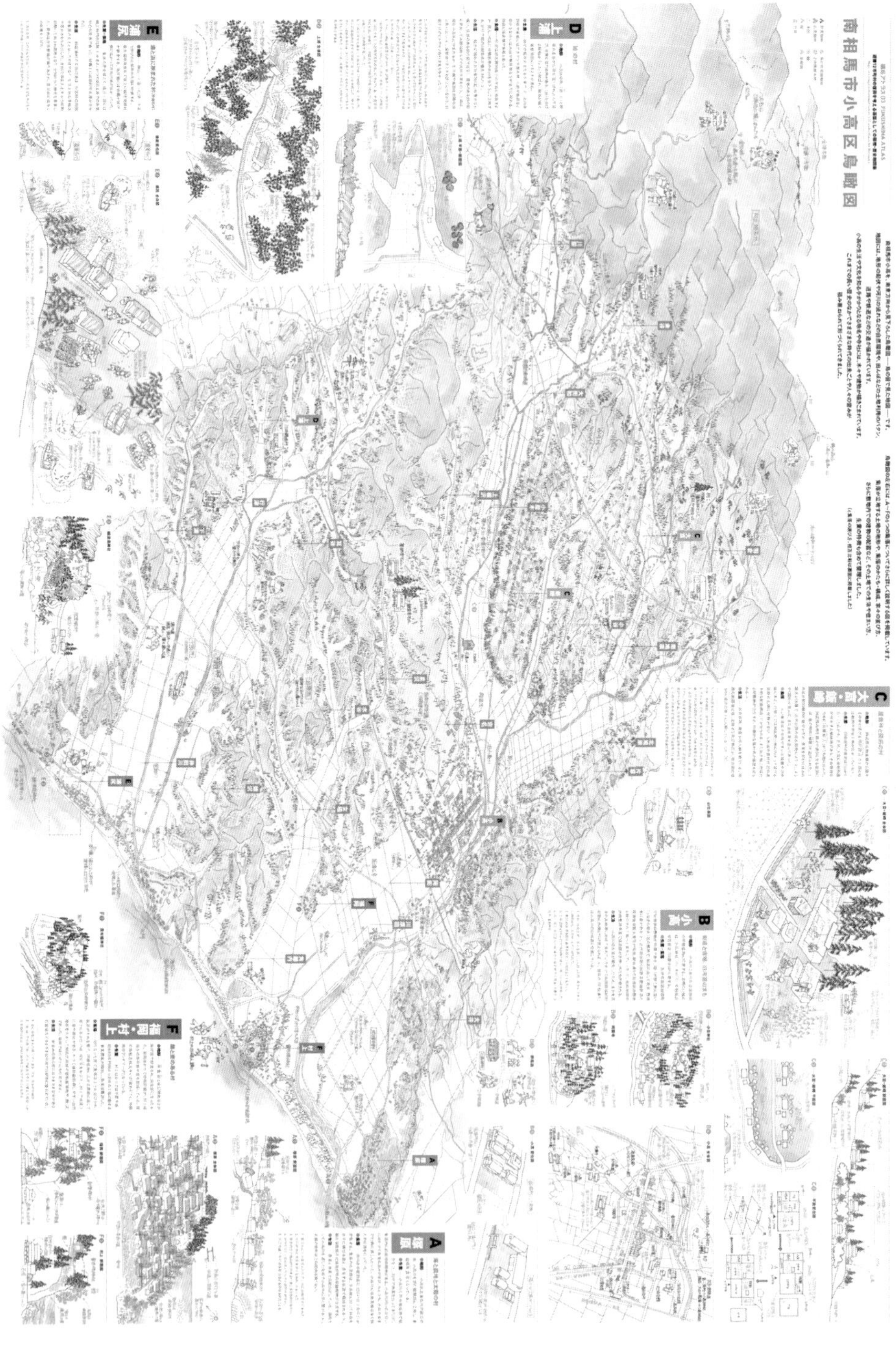

［図2］地域の全体鳥瞰図
（『福島アトラス03——避難12市町村の復興を考える基盤としての環境・歴史地図集：南相馬市小高区』2018年）

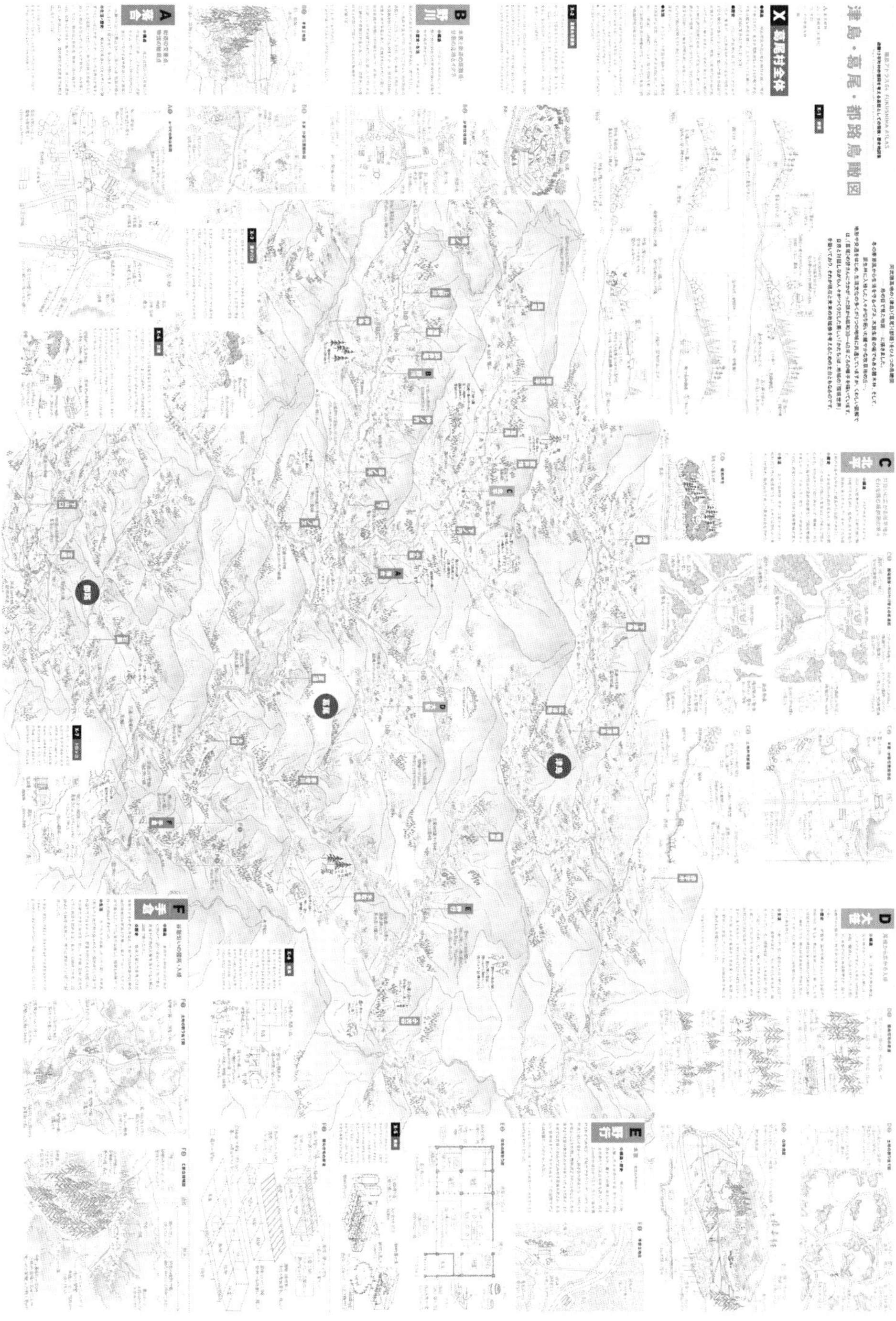

［図3］ 地域の全体鳥瞰図
（『福島アトラス04――避難12市町村の復興を考える基盤としての環境・歴史地図集：津島・葛尾・都路』 2019年）

多い。ロングインタビューを繰り返しながら、語りのなかの独自の言葉を引き出し、図を描いて単位や仕組みを捉えるという地道な作業で、特別なスキルが求められるわけではない。ただ、いま求められているのはたんに空間や景観の視覚的な特質を読むことではなく、やや強い言葉でいえば「生存」の構造を読むことである。実際、環境世界の秩序とは生存の組み立てであり、それゆえに世界性をもち、美しいのである。実際のインタビューは、話し手の人生を聞くスタイルで行われる。人生に沿って記憶を引き出していくと、それが環境世界の要素とひろがりを次々に展開していくことになる。祖父のこと、両親のこと、兄弟のこと、結婚のこと、子供のこと、出稼ぎのこと……を聞いていくと、彼らの人生が、環境世界を構成するあらゆるモノに、それらの大きさや長さや広さに、それらのあいだにある関係性や階層性に、いかに確実に碇をおろしているかがわかってくる。何がこの世界で手に入り、何が外から調達しなければならないものかもわかる。人生のインタビューはたんなる手段ではなく、本質的な意味をもつのである。そして問題は、これまでの生存の組み立てであったその環境を、原発災害後の、それからの生存の様式とどう結び合わせうるか、である。

5　汚染と除染

しかし、ここでいったん放射能汚染と除染事業についても簡単にふれておきたい。

まず重要なのは、汚染とは放射性物質によって環境が「汚される」ことであるが、これもまた環境世界の文脈構造に沿って動的に理解されるべきものである。まず大きくみると、山で囲まれた地形のまとまりは、放射性物質の挙動の単位領域でもある。雨や落葉や土砂流出などによって、要するに水の動きに沿って、放射性物質も下へ下へと流れ集まるからである。ただし、福島原発事故の主要な放射性物質であるセシウム一三四、一三七は、黒ぼく土と呼ばれるこの地域の支配的な土壌を構成する花崗岩由来の粒子に物理的に吸着され、放出されることはない。つまり山の木々の葉に降った放射性物質は樹種によってリズムは異なるがやがて山の地肌に落ち、土壌に吸着され、泥土として流れてダムや溜池に流れ込んで底にたまる。一部は河川に沿って流れ落ちるが、小さな堤の底にもたまり、蛇行する流路のいわゆる攻撃面にもたまったりし、それ以外が海に流れ出す。農地は土壌を保持するようにつくられているが、二種類のセシウムは吸着されており、植物にカリウムを吸わせるなどの方法で危険性はじゅうぶん下げられるという。

　つまり、ここで確認したいのは、放射性物質もま

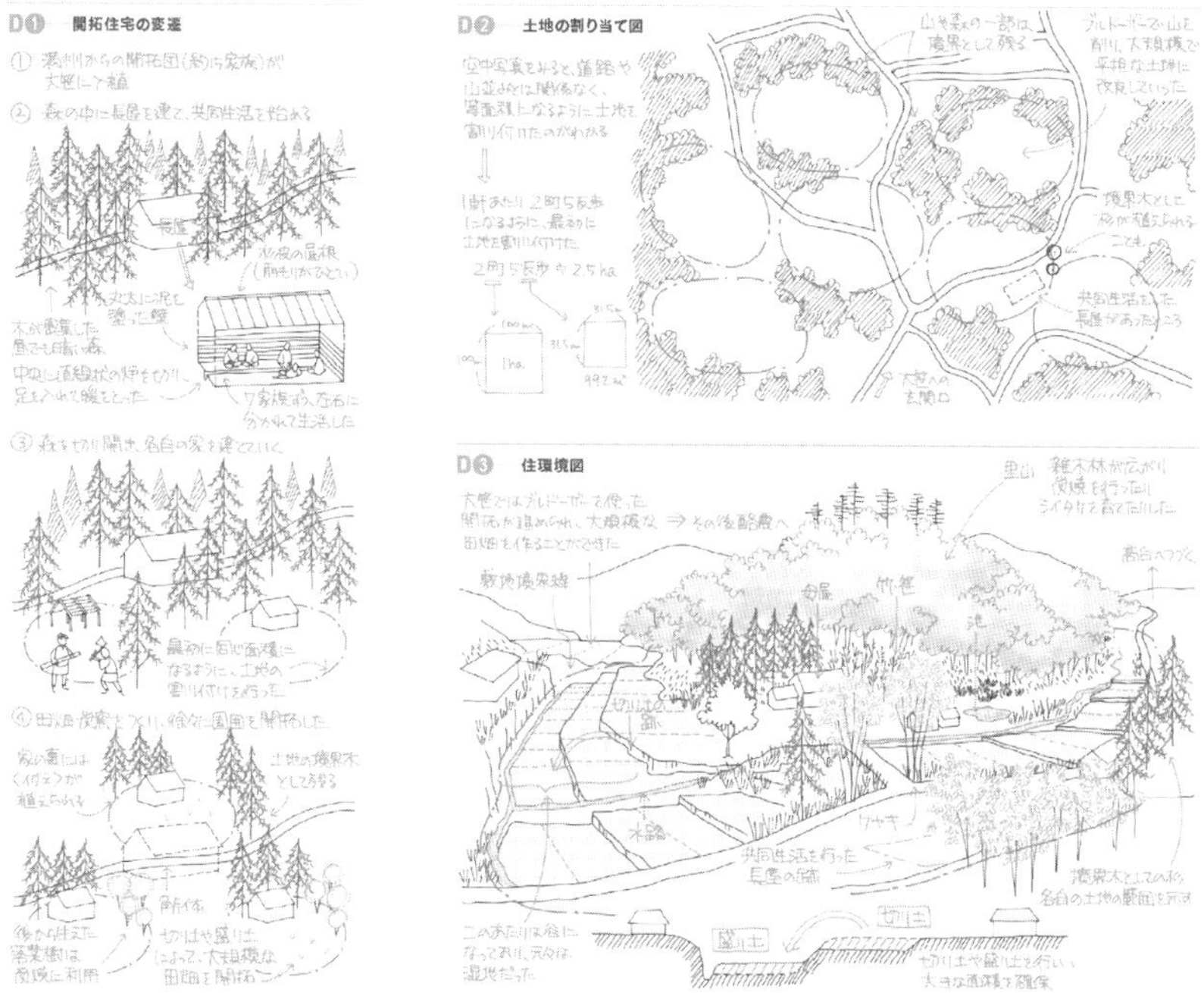

［図4］地形・集落・屋敷の構成：戦後入植者集落の場合（前掲『福島アトラス04』）

た、自然の地形と、人間がそれを読み取り加工してつくってきた生存の環境の組み立て、つまり地域の文脈に沿って振る舞っているのだという視点に沿った科学的な理解が重要であるということだ。

そして、もうひとつ指摘したいのは、除染事業は必ずしもこの文脈に沿って組み立てられていない、あるいはまったく異質な考え方で貫かれている、ということである。除染は環境ではなく人権を根拠としている。つまりまず身体があり、住居があり、農地がある。生活道路は対象になり、山はそこから二〇メートルの範囲だけが除染される。国民身体の被ばく線量を一定水準以下におさえることが眼目であり、その視点から、いわば身体のまわりに、除染対象としての「生活環境」の範囲が定められる。また、実際の除染範囲はこのガイドラインに沿った住民と環境省との交渉により合意される。徹頭徹尾、問題は国家による国民の権利の保障であり、国民と政府という図式からは、じつは環境の成り立ちという視点が抜け落ちるのである。もちろん本稿は実際に除染がどの範囲でどの程度必要かを云々するものではない。ただ、環境の文脈と人体の文脈はまるで違うということであり、放射能汚染のような問題ではじつは人間中心主義的な価値観を相対化して、環境的な領域単位に立って、地形や水、動植物などをフラットに捉えることが重要なのではないか、ということである。

6　福島原発被災地のこれから——地域文脈デザインの可能性

福島の復興は、第一に避難社会の動きと変化の先に、それ自身のさらなる変形として考えるほかなく、またそれは環境世界との新たな結びつきをつくり出すことになる。平たく言い換えれば、「移動の線をいかに描き足すか」と「生存の様式をどう組み立てるか」であり、このふたつをいかに組み合わせてひとつの実践のラインを描くか、である。前者も後者も地域の歴史的な歩みの上にあるのだから、各地で実践されているのは、いったん社会と空間とに分離されてしまった地域文脈を再びいかに撚り合わせて新しいかたちに至るか、ということである。

この点で、一〇〜一五年時間が早回しになってしまったといわれる人口の減少は、たとえそれが地域の社会のいわば進化形であったとしても、きわめて深刻である。たとえば先にふれた一五軒の家で構成されるひとつの「迫」という単位を、三軒の高齢化した農家で継承できるだろうか。もちろん後継者がいなければ集落は早晩途絶えてしまう。しかし、彼らが避難社会という、過去には経験してこなかった社会の変形過程を通って現在に至っていることを想起しよう。多くの集落は多拠点的に分散した広域的なネットワーク型コミュニティの状態にある。一五軒中、すでに五軒程度が都市に匿名化してしまっていたとしても、帰還が三軒、残る七軒が車で三〇分の都市圏に住んで郷里との関係をつないでいるとしたら、この一〇軒で新しいかたちの農村を運営できるかもしれない。加えて、地域の集団営農、あるいは個人営農の規模拡大と大型機械の導入、さらには移住営農者や企業の迎え入れといった可能性はないだろうか。いや実際、営農再開を支援する施策に後押しされながら、これらは現実に進んでいる。

他方で、近代がつくり出してきたインフラの維持負担に押しつぶされないために、それらを部分的に放棄するとともに、高速情報インフラによる在宅医療や、太陽光発電・風力発電などによる売電など、むしろ近現代の先端的な技術が駆使されうる。これもたんなる想定ではなく、現に検討ないし実装されつつある選択肢である。自然景観と一体化した生存のための即地的な環境領域に、グローバルに流通する機械、情報テクノロジー、環境技術、医療サービスなどが組み合わされつつある。すでに簡単に言及した農業の変容とあわせて、いま福島原発被災地の社会空間構造はある意味でSF的な変貌の可能性を呈しているが、しかしそれらの多くが地元の人々による地域文脈デザインであり、避難過程においても途切れることのなかった郷里への関わりなしにはかたちをなしてくるはずのかなった動向であることを忘れてはいけない。

福島のような危機的現実に直面すれば、実験的にプロジェクトを走らせて地域文脈の変化をみていくような進め方が不可欠である。そして、日本の地方がまもなく辿るだろう未来、あるいはすでに辿りつつある地域文脈のダイナミックな再編を考えるためにも、福島の経験はきわめて重要である。

［注釈］

＊1　福島アトラスの制作チームの概要は以下のとおり。企画・発行：特定非営利活動法人福島住まい・まちづくりネットワーク、監修：青井哲人、制作：篠沢健太、川尻大介、一瀬健人＋野口理沙子（イスナデザイン）、明治大学建築史・建築論研究室、デザイン：中野豪雄＋保田卓也ほか（中野デザイン事務所）、協力：日本大学工学部浦部智義研究室、井本佐保里ほか（東京大学復興デザイン研究体）。これまでに次の六点を発行してきた。『福島アトラス01―原発事故避難12市町村の復興を考えるための地図集』（二〇一七）、『福島アトラス02―避難社会とその住まいの地図集』（二〇一八）、『福島アトラス03―避難12市町村の復興を考える基盤としての環境・歴史地図集：南相馬市小高区』（二〇一八）、『福島アトラス04―避難12市町村の復興を考える基盤としての環境・歴史地図集：津島・葛尾・都路』（二〇一九）、『福島アトラス05―避難12市町村の復興を考える基盤としての環境・歴史地図集：飯舘村』（二〇二〇）、『福島アトラス06―避難12市町村の10年――環境世界の再生へ』（二〇二一）

おわりに

本書の出版に至るまでの経緯については、「はじめに」で詳細に記述したとおりである。一九九九年度に設置された都市形成・計画史小委員会を起点とし、二〇一八年度まで活動を継続した創造的地域文脈小委員会を終点とする二〇年にわたる議論の成果をとりまとめたものである。

二〇年の間に、委員会名は「都市形成・計画史」から「地域文脈形成・計画史」、「地域文脈デザイン」、そして「創造的地域文脈」へと移り変わっていった。都市や計画から地域文脈へ、形成からデザイン、創造へという方向性の変遷であった。地域文脈の概念は、「環境から読み取るもの」から「環境をデザインしていくもの」へと広がっていった。本書の構成にもこうした主題の展開が反映されていた。つまり、読解（第Ⅱ部）から定着（第Ⅲ部）へである。ただし、第Ⅳ部で再び新たな状況に対峙し、読解へと向かったように、地域文脈デザインは、今後も読解と定着を繰り返していくことによって、都市地域計画の方法として洗練、発展していくのではないだろうか。

本書が扱った対象のなかには、すでにこの二〇年という時間が生み出す文脈が見出されるものもある。しかし同時に、読解と定着の繰り返しのサイクルは、第Ⅰ部で波と表現したとおり、過去と未来の間を漂う、お互いを行き来する持続的なプロセスを想起させる。現在を中心に行き来する過去と未来をいかにこの手で紡ぎ合わせるのか、に腐心し続ける。動き続ける現在に合わせて、紡ぐ地域文脈も移ろっていく。そうした地域文脈デザインを探究し続けていくことで、このテキストもまた、「おわりに」であると同時に、次の「はじまり」となる。

本書の出版にあたっては、当初の企画段階では当時鹿島出版会におられた川尻大介氏に相談させていただき、編集段階では同出版会の渡辺奈美氏に担当していただいた。多数の執筆者がいる委員会の研究成果ゆえ、編集には多大なご苦労をおかけしたと思う。ここに記して、感謝の意を表します。

二〇二二年一〇月

編集幹事一同

日本建築学会

都市計画本委員会

委員長　野嶋慎二
幹事　阿部大輔　佐藤宏亮　松川寿也　三輪律江
委員　（省略）

地域文脈形成・計画史小委員会

（二〇〇九年四月―二〇一三年三月）

主査　木多道宏
幹事　土田　寛　中島直人
委員　青井哲人　阿部大輔　鵜飼　修　宇杉和夫
　　　岡　絵理子　岡部明子　川島智生　黒田泰介
　　　篠沢健太　高村雅彦　中野茂夫　松山　恵

地域文脈デザイン小委員会

（二〇一三年四月―二〇一五年三月）

主査　木多道宏
幹事　土田　寛　中島直人
委員　青井哲人　岡　絵理子　黒田泰介　篠沢健太
　　　清野　隆　田中　傑　中野茂夫　平田隆行
　　　松山　恵

創造的地域文脈小委員会

（二〇一五年四月―二〇一九年三月）

主査　土田　寛
幹事　中島直人
委員　青井哲人　有田智一　木多道宏　篠沢健太
　　　清野　隆　田中　傑　中野茂夫　平田隆行
　　　松山　恵　山口秀文

地域文脈と空間変容ワーキンググループ

（二〇一九年四月―二〇二一年三月）

主査　土田　寛
幹事　中島　伸　中島直人
委員　青井哲人　篠沢健太　清野　隆　山口秀文
　　　松山　恵

（五〇音順）

執筆者略歴

土田　寛　つちだ・ひろし

東京電機大学教授／アーバンデザインスタジオＬＬＣ代表。博士（工学）。一九六一年生まれ。都市環境研究所（土田旭氏に師事）を経て、東京電機大学大学院博士後期課程修了。東京電機大学准教授を経て二〇一二年より現職。実務に汐留シオサイト、Ｍ大学基本計画、ＮＩ大学キャンパス計画など都市デザインの構想・計画から景観設計など。著書に『まちのようにキャンパスをつくりキャンパスのようにまちをつかう――大学キャンパス再生のデザイン』（共著、日本建築学会、丸善出版）

［執筆担当：刊行にあたって、第Ⅲ部1～5章・カタログ8］

中島直人　なかじま・なおと

東京大学大学院・准教授／一九七六年東京都生まれ。東京大学工学部都市工学科卒、同大学院修士課程修了。博士（工学）。東京大学大学院助手、助教、慶應義塾大学専任講師、准教授を経て、二〇一五年四月より現職。専門は都市計画。主な著作に『都市計画の思想と場所　日本近現代都市計画史ノート』、『アーバニスト　魅力ある都市の創生者たち』など。

［執筆担当：第Ⅰ部3章、第Ⅱ部カタログ8、第Ⅲ部カタログ7、第Ⅳ部1・2章、おわりに］

清野　隆　せいの・たかし

國學院大學観光まちづくり学部准教授。一般財団法人エコロジカル・デモクラシー財団理事。／一九七八年山梨県生まれ。東京工業大学大学院社会工学研究科社会工学専攻修了。博士（工学）。共著書に『住み継がれる集落をつくる』（学芸出版社、二〇一七）、『はじめてのまちづくり学』（学芸出版社、二〇二一）。

［執筆担当：第Ⅱ部カタログ4、第Ⅲ部1～5章・カタログ1・2］

青井哲人　あおい・あきひと

明治大学理工学部教授。一九七〇年生まれ。博士（工学）。専門は建築史・建築論。単著：『彰化一九〇六』、『植民地神社と帝国日本』。共著：『津波のあいだ、生きられた村』、『明治神宮以前・以後』、『世界建築史15講』、『日本都市史・建築史事典』、『近代日本の空間編成史』ほか多数。

［執筆担当：第Ⅰ部1・2章、第Ⅱ部カタログ4・12、第Ⅳ部4章］

鵜飼　修　うかい・おさむ

滋賀県立大学地域共生センター教授。一九六九年東京生まれ。大手ゼネコンに一二年半勤務後、大学教員に転身。地域診断法とコミュニティビジネスのノウハウを活かしたまちづくり活動の創発・経営や、建築士の知見・技術を活かした古民家リノベーションを各地で実践。一級建築士、技術士（都市及び地方計画）、博士（学術）。

［執筆担当：第Ⅲ部カタログ3］

木多道宏　きた・みちひこ

大阪大学大学院工学研究科教授、博士（工学）、一級建築士。大阪大学大学院工学研究科修士課程修了後、日建設計、大阪大学助手等を経て二〇一二年より現職。専門分野は国内外の集落・都市における「地域文脈」を継承した建築・都市デザインとまちづくり、大災害に対応した事前の復興計画、アフリカ非正規市街地の改善など。

［執筆担当：はじめに、第Ⅱ部カタログ6、第Ⅲ部カタログ4・5］

窪田亜矢　くぼた・あや

一九六八年東京生まれ。東京大学工学部都市工学科、同大学院都市工学

専攻修了。博士（工学）。アルテップにて都市設計実務に従事、工学院大学講師・准教授、東京大学准教授・特任教授等を経て、二〇二一年より東京大学生産技術研究所・特任研究員。東日本大震災以後は、大槌町や福島県南相馬市小高区の現場に関わってきた。

［執筆担当：第Ⅱ部カタログ9］

篠沢健太　しのざわ・けんた

工学院大学建築学部教授。一九六七年生まれ。博士（農学）。ＲＬＡ登録ランドスケープアーキテクト。専門は生態学を基礎としたランドスケーププランニング、デザイン。共著：『復興の風景像』、『団地図解』、『図解パブリックスペースのつくり方』ほか。国営高田松原津波復興祈念公園や「福島アトラス」などに関わってきた。

［執筆担当：第Ⅰ部4章、第Ⅱ部1～5章・カタログ7、第Ⅲ部カタログ6］

田中　傑　たなか・まさる

一九九六年、慶應義塾大学経済学部経済学科卒業、一九九八年、東京大学大学院工学系研究科都市工学専攻修士課程修了、二〇〇三年、同博士課程単位取得退学、二〇〇四年、博士（工学）。その後、ソウル大学校、東京大学、芝浦工業大学、東京理科大学、京都大学の各機関に所属、二〇一六年、京都大学を退職。

［執筆担当：第Ⅱ部カタログ1・10］

中島　伸　なかじま・しん

東京都市大学都市生活学部・大学院環境情報学研究科准教授、都市デザイナー。一九八〇年東京都生まれ。二〇一三年東京大学大学院工学系研究科都市工学専攻修了、博士（工学）、専門：都市デザイン、都市計画史、公民学連携のまちづくり。著書：『時間の中のまちづくり　歴史的な環境の意味を問い直す』（鹿島出版会、二〇一五）ほか

［執筆担当：第Ⅱ部カタログ2、第Ⅳ部3章］

中野茂夫　なかの・しげお

大阪公立大学大学院生活科学研究科教授。筑波大学大学院社会工学研究科修了、博士（都市・地域計画）。主著書に『企業城下町の都市計画』（筑波大学出版会、二〇〇九）、『モデル・コミュニティ』（西山夘三記念すまい・まちづくり文庫、二〇二一）。

［執筆担当：第Ⅱ部カタログ3］

野澤　康　のざわ・やすし

工学院大学建築学部まちづくり学科教授。博士（工学）、技術士（建設部門）。一九六四年生まれ。東京大学大学院工学系研究科都市工学専攻博士課程修了。東京大学助手、工学院大学工学部助教授などを経て、二〇一一年より現職。著書に、『まちの見方・調べ方－地域づくりのための調査法入門』（共著、朝倉書店）、『建築系のためのまちづくり入門』（共著、学芸出版社）など。

［執筆担当：刊行にあたって］

山口秀文　やまぐち・ひでふみ

神戸大学大学院工学研究科助教／地域計画・都市計画。一九七四年生まれ。一九九六年神戸大学工学部建設学科（建築系）卒業、一九九八年同大学院自然科学研究科博士課程前期課程修了。博士（工学）。

［執筆担当：第Ⅱ部カタログの位置づけ・カタログ11］

地《ち》域《いき》文《ぶん》脈《みゃく》デザイン　まちの過《か》去《こ》・現在《げんざい》・未来《みらい》をつなぐ思想《しそう》と方法《ほうほう》

二〇二二年一一月二五日　第一刷発行

編者　日本建築学会

発行者　新妻　充

発行所　鹿島出版会

〒一〇四-〇〇二八　東京都中央区八重洲二-五-一四

電話　〇三-六二〇二-五二〇〇

振替　〇〇一六〇-二-一八〇八八三

印刷・製本　壮光舎印刷

ブックデザイン　伊藤滋章

ISBN978-4-306-07362-3 C3052

本書の内容に関するご意見・ご感想は左記までお寄せください。

URL: https://www.kajima-publishing.co.jp/

e-mail: info@kajima-publishing.co.jp